一切都是
心智操控

如何明智决定，
逃出抑郁或上瘾的陷阱

罗伯特·鲁斯蒂格（Robert Lustig）/ 著
朱宁雁 / 译

The Hacking of the American Mind

华夏出版社

图书在版编目（CIP）数据

一切都是心智操控：如何明智决定，逃出抑郁或上瘾的陷阱 /（美）罗伯特·鲁斯蒂格（Robert Lustig）著；朱宁雁译 . -- 北京：华夏出版社有限公司，2023.10

书名原文：The Hacking of the American Mind: The Science Behind the Corporate Takeover of Our Bodies and Brains

ISBN 978-7-5222-0503-8

Ⅰ . ①一… Ⅱ . ①罗… ②朱… Ⅲ . ①心理状态－自我控制 Ⅳ . ① B842.6

中国国家版本馆 CIP 数据核字（2023）第 062750 号

THE HACKING OF THE AMERICAN MIND (THE HACKING OF THE CONTEMPORARY MIND)；
The Science Behind the Corporate Takeover of Our Bodies and Brains by ROBERT LUSTIG, M.D.
Copyright ©2017 by Robert Lustig, MD, MSL
Illustrations copyright © 2017 by Glenn Randle and Jeannie Choi, Randle Design
This edition arranged with JANIS A. DONNAUD & ASSOCIATES, INC. through Big Apple Agency, Inc., Labuan, Malaysia.
Simplified Chinese edition copyright ©2023 Huaxia Publishing House Co., Ltd.
All rights reserved.

北京市版权局著作权合同登记号：图字 01-2018-0765 号

一切都是心智操控：如何明智决定，逃出抑郁或上瘾的陷阱

作　　者	[美]罗伯特·鲁斯蒂格
译　　者	朱宁雁
责任编辑	张　平
出版发行	华夏出版社有限公司
经　　销	新华书店
印　　装	三河市少明印务有限公司
版　　次	2023 年 10 月北京第 1 版 2023 年 10 月北京第 1 次印刷
开　　本	710mm×1000mm　1/16 开
印　　张	17.5
字　　数	280 千字
定　　价	69.00 元

华夏出版社有限公司　地址：北京市东直门外香河园北里 4 号　邮编：100028
网址：www.hxph.com.cn　电话：（010）64618981

若发现本版图书有印装质量问题，请与我社联系调换。

献 辞 | **The hacking of the American mind**

谨以此书敬献给我逝去的母亲朱迪丝·鲁斯蒂格·詹纳。母亲给了我写作此书的灵感。我的母亲不是一个特别幸福的人。当年那个忧郁的女婴必须快快长大。她不曾拥有真正的童年,她的童年在她4岁那年就突然停止了。因此,终其余生,她都在努力弥补这份缺憾。在她看来,金钱是通向幸福的必由之路,而她确实不缺钱,但是钱财却未曾带给她真正的幸福。她当然享受过快乐时光,那是美食、佳酿、珠宝和赌场带来的,还有全球各地充满异国情调的风景胜地。但是,她的功成名就以及她所拥有的一切财富,鲜有能令她感到心满意足的。她能体验到的真正的幸福只与她的儿女和孙辈们,还有她和第二任丈夫迈伦·詹纳先生历时8年的婚姻有关。只可惜"彩云易散琉璃脆",上帝过早地将他从母亲身边夺走了!遍尝人世辛酸的母亲,到了人生尽头竟然还要承受莫大的折磨——她罹患了一种神经系统疾病。不断恶化的病情使她的身体彻底垮了下来,但她的神志却清明如故。妈妈,您安息吧!在另一个世界,您将拥有此生求而不得的幸福,对此,我深信不疑。

目 录 | The hacking of the American mind

前言

第一部分　芸芸众生还是缺点慧根　001

第 1 章　人间乐园　003

"幸福"的别称　004

宗教层面的解释　005

幸福美满的结局？　006

大众追逐幸福的风潮　008

认知混乱的根源　009

理清思路　010

第 2 章　净在错误的地方寻找爱　012

我的脑子？在我最钟爱的器官里，它排名第二　014

本有可能一展身手的神奇药物　018

感受不到爱？ 020

文学和影视作品中的爱情 023

爱上了瘾？ 025

第二部分　奖赏——心醉神迷之后是剧痛　027

第 3 章　欲望与多巴胺，快乐与阿片类药物　029

我可以得到加倍的奖赏吗？ 031

钟形曲线上的冰火两重天 032

来点刺激，让我爽一下！ 035

物极必反 040

忍不住去挠痒痒，你就会一直痒下去 042

第 4 章　杀死蟋蟀杰明尼：压力、恐惧与皮质醇　044

压力山大 045

神经高度紧张 046

执行功能紊乱 047

刹车失灵 049

真希望我能酣睡一场 050

脆弱的儿童 051

第 5 章　堕入地狱　052

神经兴奋小分队 053

机体自我休整 054

万劫不复不归路 055

当下人人自危 057

目 录

"成瘾"行为真能让人上瘾吗？ 059

成瘾转移 061

史海钩沉——关于成瘾转移的那些事 062

第 6 章　戒瘾　065

成瘾简史 066

丧心病狂的招数 067

另一种白色粉末 068

红口白牙一气否认 070

当"想要"变成"必需" 073

第三部分　满足感——幸福的青鸟　075

第 7 章　满足感与血清素　077

跌入谷底 078

藏在化学式里的幸福密码？ 080

神圣的科学：细说血清素 082

总要看到生活中光明的一面 085

第 8 章　敲开永生幸福之门　087

喝下令人兴奋的"酷爱"牌饮料 088

政府突击检查了这场狂欢派对 091

有尊严地死去，现在有了新希望？ 093

受体特价啦——买一赠一！ 094

嗑药后遗症 097

生物化学提高生活品质？ 098

第9章 吃好喝好终益己,精心装扮空悦人 099

吃得好才有好睡眠 100

你吃的牛肉到底是什么东西? 102

我算什么,被虐千百遍的肝脏? 103

情况越来越糟糕 104

肠道决定你的感受 106

健脑食物 107

编织梦幻般幸福的原材料 110

第10章 自酿苦果:多巴胺-皮质醇-血清素之间的联系 111

一个情绪恒定器? 112

"破坏"神经元"很糟糕" 114

压力把我们推到了崩溃边缘 116

睡眠不佳万事休 117

一味追逐快乐招致大不幸 118

第四部分 "机器的奴隶":我们是如何被操控的? 121

第11章 图生存、求自由、谋幸福? 123

放弃《独立宣言》赋予的权利? 124

托马斯·杰斐逊 vs. 乔治·梅森:汲汲求富贵 127

晚安,亲爱的王子,让一群天使的歌声来伴你入眠 131

是治疗疼痛的医生,还是另类毒贩? 133

整个国家都步入歧途 135

目 录

第 12 章　国民不幸福总值？　137

来啊，炫个富！　139

每个人都幸福？　140

我一点儿也不满意　144

第 13 章　把移花接木、偷换概念玩到了极致——目睹华盛顿之怪现状　146

权力的博弈　147

企业"正义"　148

"人民"的权利　152

立法机关腐败了，人民就没有指望了　154

第 14 章　你是"爱它"，还是"喜欢它"？　157

但愿幸福长长久久　157

看似触手可及的"享受"，却是实实在在的"威胁"　160

唯有套路得人心　161

揣在衣袋里的"老虎机"　163

疯狂的手机　164

欺凌"胜地"　165

一味点"赞"，早晚变成"坐以待毙的鸭子"……　166

非理性繁荣　168

市场能承受的极限代价　169

最廉价的刺激物质　171

第 15 章　死亡漩涡　173

合法的庞氏骗局　174

侵蚀金字塔塔基　176

从此，他们过着幸福的生活 177

公地悲剧 179

健康保障成了疾病保障 181

活下去 183

重新划定阵营 185

第五部分　挣脱头脑的桎梏，追寻幸福4C法则　187

第16章　人际连接（宗教、社会支持与交谈）189

感知到的才是事实 191

信念之力 191

找到志趣相投的人 194

心怀慈悲 195

害怕被人拒绝 197

社交网络乎？ 197

重要的不是你在看什么，而是你看到了什么 201

第17章　乐于奉献（自我价值感、利他主义、志愿精神与乐善好施）202

一夜暴富的人过得可能并没有你想象的那样滋润 203

请瞪大眼睛仔细看 204

消费者称：这体验不佳 205

省一分，长一智 206

我来告诉你：职场中什么最重要 207

基于道德考虑…… 208

利他主义与怨恨 209

目 录

  人间兄弟情深　210
  资产管理中见道德决策　211
  做善事的回报　212
  善心有善报　213

第 18 章　积极应对（睡眠、正念与运动）　215

  给蟋蟀杰明尼抛个救生圈　216
  睡出你的巅峰状态　217
  睡觉时声响大作　218
  多任务处理的神话　220
  不要整天忙忙叨叨的，停下来放空自己！　222
  心念对身体的影响　225
  运动不仅能塑形，还能重塑你的大脑　226
  听说有一个专门针对……的 App，嗯嗯，真的有吗？　228
  再论主要"嫌疑对象"　230

第 19 章　烹制美食（为自己、朋友和家人下厨）　231

  给点甜头　232
  少放点糖　235
  忌肥甘厚味　236
  对用糖大户开战，打赢攻坚战　238
  糖的大众"洗脑"策略　240
  加工食品：一个失败的实验　242
  这些"秘笈"，你妈妈应该都知道　244

后记　245

致谢　249

前言 | The hacking of the American mind

幸福与良好的品行不是一回事，幸福也不等同于快乐或者别的什么东西，幸福只和成长有关。我们因成长而感到幸福。

——约翰·巴特勒·叶芝对儿子威廉·巴特勒·叶芝的告诫，1909 年

曾经，我们都是孩子。大家的情况很可能都一样，童年时代那些重要的幸福时刻也一直让我难以忘怀。时至今日，回忆过往，我的脸上还会浮现出笑容，眼里有时还会泛起泪花。童年时期是心智成长的重要阶段——不仅是各类知识的积累，孩子们对周边世界的体验也日益丰富。他们的求知欲旺盛，不断尝试新想法，形成新策略。童年应该是这样一个时期：幸福这个气球还未被俗世的尘埃沾染，它在空中高飞。对于大多数孩子来说，能让他们感到幸福的东西不外乎一个花生酱三明治、一辆自行车或一个睡前小故事。我选择成为一名儿科医生，从某个角度来说，就是为了重温并且引导孩子们体验成长的神奇和喜悦。

40 年的光阴如白驹过隙，我眼见一茬接一茬的孩子长大。但令我痛心的是，就在我工作的儿科医院里，我看到过各种各样的孩子，他们的个头不见长高，而身材反倒一味地横向发展。有些孩子需要服用以前只供成人服用

的药物，比如治疗2型糖尿病的二甲双胍或者治疗高血压的贝那普利。而那只幸福气球，连带童年特有的所有奇妙的东西，现在漏气漏得如此厉害，再也没有足够的浮力能托起它。它再也飞不起来了！更有甚者，没了幸福气球，孩子们却不得不接受外界强加于他们的一些替代品——以这种或那种形式呈现的某些令他们不堪其重的俗世的快乐。时下流行的东西是果倍爽、网飞和快拍。

你可能会说，那种变化意味着进步。你看，我们的生活更便利了，那就是技术的力量，那就是我们全新的"即时满足的文化"——花钱买快乐，我们的幸福感就水涨船高了。但是，假如出现以下情况，我们又该如何应对？假设有人打着增进你们福祉的旗号，刻意营造并兜售那些能带来快乐的东西，其实际结果却与你们的愿望背道而驰。再假设一下，那些东西最终反而剥夺了你的幸福，甚至改变你的大脑，就此让你与幸福渐行渐远。又或者，今天的孩子们实际上只不过是煤矿里的金丝雀[1]。再者，假如大脑的这些变化还会殃及你的同事、朋友、家人，甚至你自己。这样的结果到底是好是坏？或者更准确地说，到底是谁在其中渔利？

快乐和幸福很相似，因为它们都让人感觉良好。但是，叶芝知道，这两者不能混为一谈。有史以来，哲学家们一直试图将这两种积极的情绪彻底研究明白。快乐和幸福这两种人类特有的情绪在我们的意识当中、文学作品中、国家中以及世界话语体系中举足轻重——它们或联合发力，或各行其是。在过去的三千年间，哲学家和社会评论家一直在为我们定义、再定义这两个词，而一些很不寻常甚至可以称为"邪恶"的力量已经附着在这两种互相联系却又截然不同的积极情绪上。

在过去的40年里，人们见证了这两种情绪的极端负面效应：成瘾（快乐过多导致）和抑郁（源于幸福感不足）。然而，同样在这40年间，脑科学的发展已经使我们能够在生物化学层面对这两种情绪进行剖析。人们普遍出现成瘾和抑郁问题，这种现象是否正常？这两个问题是否有关联？它们是凭空出现的抑或由某种外界压力导致的？是什么或谁把现代社会带进这种"新

---

[1] 由于这种鸟对一氧化碳等有害气体非常敏感，以前，露天煤矿工人经常携带这种鸟下井作业，以作预警之用。

前　言

常态"的？我们又该何去何从？整个西方社会都被劫持了，为了少数人的利益而不惜牺牲大多数人的利益。更有甚者，你不知道自己被劫持了，这如何是好？

"黑客"这个词出现在现代词汇中的时间不长，其含义历经了一些变化。人们第一次提及这个词要追溯到1955年，那是在麻省理工学院（我的母校）铁路模型俱乐部的一次会议上。当时的"黑客"一词意味着"恶作剧"，肇事者在恶作剧的过程中标新立异，炫耀自己的足智多谋和奇思妙想。偷盗车辆是一种重罪，可是，也有例外的时候：从波士顿警察局偷出一辆警车，把它大卸八块并扛着所有汽车零部件吭哧吭哧爬上五楼——麻省理工学院大圆顶[1]的楼顶，然后在那里重新组装这辆警车，最后还在警车前座放上一个真人大小的警察人偶和一盒甜甜圈，这种行为被称作"黑客"行为。最近，硅谷那些人借用了这个词，以指代能解决难题的聪明办法——它被称作"白帽子"黑客行为。当然，也有"黑帽子"黑客行为，不过，其历史要追溯到1963年。当时，有人未经授权远程控制了麻省理工学院的计算机。随着互联网和计算机技术的发展，一些心术不正的人开始制造病毒并传染给其他计算机，于是，黑客行为开始沾染上一些阴暗和居心叵测的意味。正如我们在2016年大选灾难中所看到的那样，当今的计算机黑客行为包括3个步骤。第一步是恶意钓鱼，也就是将病毒伪装成压缩文件或网址，放在貌似无害的指令性电子邮件里，发给毫无戒心的受害者。如果受害者点击该邮件，他的计算机就会受到攻击，黑客就此"黑"进该计算机。第二步是将某种形式的恶意代码输入受害者的计算机。第三步是劫持某些东西，这个视黑客的目的而定。例如：劫持计算机里的资料（如民主党全国委员会的电子邮件[2]），利用它们对

1　它是MIT的标志性建筑，也是黑客们最爱造访的地点。

2　背景是2016年美国民主党全国委员会的内部邮件被解密网站公开，也称"邮件门2.0"事件。此事件披露了19252封电子邮件和8034份附件，涉及7位民主党重量级人物，泄露了民主党全国委员会与多家重量级媒体的互动、希拉里和桑德斯的竞选活动以及政治献金情况。此事件影响了美国总统大选两位主要候选人的支持率。有网络安全公司及美国情报官员宣称此事件为俄罗斯情报部门所为，目的是帮助特朗普赢得大选。

003

受害者进行羞辱或者勒索；劫持计算机里的可执行文件，利用它们要挟受害者、索要赎金。他们甚至可能将目标对准受害者的硬盘——摧毁整个硬盘，即抹去里面的所有数据，而这是最恶劣的黑客行径。

呃，你可能会说，你说的都是电脑……可是，这跟人的身体还有大脑，又有什么关系呢？这一切到底是怎么发生的？劫持或操控一个人的心智，并不见得一定要通过什么计算机代码，很多东西都会对人的大脑直接产生影响，毒品就有这种功能。那么，这些被巧妙伪装过的信息，比如虚假的信息、过度的宣传以及虚假新闻，后者是最新出现的控制人心智的方式，是否也能达到这种目的呢？这些信息是否也能充当恶意钓鱼的工具呢？说不定这其中的某一类信息就能够起到控制人心智的作用！这些信息会改变你的大脑吗？又或者，看似无害的东西，比如食物，能做到这一点吗？你会提出上述林林总总的问题。

在这本书里，我将分别从科学、文化、历史、经济和社会等角度进行论证和对比论证，然后得出我的结论：我们的心智已经被操控了。我还要披露一个事实：这种操控——他们煞费苦心、步步为营，混淆了快乐和幸福的概念和定义，并企图将之混为一谈——已经侵入我们大脑的边缘系统（大脑中控制情绪的部分），并且导致相当高比例（25%~50%）的人慢慢走向崩溃，从而严重危害了社会。我还要说明一点：这种操控并不是偶发的，这实际上是一个阴谋。也就是说，这种操控并不是什么纯粹的恶作剧，而是在利益驱动下精心设计和实施的阴谋。

为了使读者信服我所说的每一个论点，首先我会从神经科学的角度来解释快乐和幸福这两种积极情绪的前世今生（放心，我会使用简单的术语）。它们有时看起来何等相似，但是，更重要的是，它们又有何区别。此外，我会解释在我们体验这两种情绪时，其背后隐藏的作用机制是什么以及它们是如何互相影响的。接下来，我会解释商界和政府如何利用神经科学的这些特性来操控我们的决策能力，进而改变我们每一个个体以及群体的福祉。但是，请不要害怕，尽管这个阴谋在各行各业都普遍存在，但我们还是有办法保护自己不受操控的。因为一旦我们懂得快乐和幸福的神经学原理，知晓它

前　言

们彼此之间的联系，以及我们当前的食品、技术和媒体环境是如何操控它们的，我们就能更清晰地明白个中缘由，进而开展自我疗愈，并对那两个社会痼疾（成瘾和抑郁）对症下药。

我不是精神科大夫，也不是治疗物质成瘾的专家。我不是励志演说家，也不是流行文化偶像。我不是佛教徒，更不是自助疗愈大师。我绝对不是奥兹博士[1]或菲尔博士[2]那样的电视明星，而且我也不想成为那样的人。那些人也各有其世俗烦恼之事。我本人不贩卖什么精神活性物质，更坚决不碰那些东西（不过，为了写这本书，我曾经向一些专家讨教过）。还有，对于本书倡导的理念，我自己没能全盘照做。当然，在兜售快乐或幸福理念的市场上，我并没有自己的一摊买卖。天哪，我自己还有一堆烦心事呢！

我在加州大学旧金山分校的一个医学研究中心工作。我是一名儿童内分泌科（治疗儿童身上的激素失调问题）医生，同时也做肥胖症研究。内分泌科在过去的30年间经历了翻天覆地的变化——原先它是一个能给人带来巨大欢乐和满足感的科室，而今，放眼四望，它已然败落为最令人沮丧的科室之一。在日常工作中，45%的医生会感到筋疲力尽，而有这种体验的内分泌科医生的比例则是75%。我们的工作就是治疗那些永远不会变瘦的肥胖症病人和永远不会好转的糖尿病患者——他们中绝大多数人完全不顾医嘱。他们不仅毁了自己的身体，还让自己的大脑严重受损。内分泌科医生的工作看上去像极了巫术和江湖医生的骗术，因为激素是一种肉眼看不见的化学物质。就拿吸烟的损害来说，人们通过X线片可以看到吸烟对他们的肺部造成的损害，通过心电图可以看到吸烟对他们心脏造成的损害。但是，你看不到激素变化对肥胖和糖尿病产生的影响。因此，人们不相信医生说的话。对很多人来说，"眼不见即心安"。此外，庸医总有办法让人们看不到他们想要知道的东西。

1　奥兹博士，美国心脏手术领域的知名专家，长期专注于心血管疾病、健康管理等领域的研究与实践。他主持的《奥兹医生秀》是一档风靡美国和其他国家的健康节目。

2　菲尔博士，临床心理学博士，曾经常出现在奥普拉的脱口秀节目中，后来创办了自己的脱口秀节目。现在，《菲尔博士脱口秀》是全美最火爆的日间电视节目之一。

我不是一个天生的阴谋论者。说到阴谋，这可能意味着官商勾结以及整个行业居心叵测，上上下下的企业沆瀣一气、狼狈为奸。在揭露水门事件的危害及公布这件丑闻的确凿证据之前，伍德沃德和伯恩斯坦不得不煞费苦心地在众多信息中寻找证据链、还原事件真相。同样，在官方出面公布烟草业高管串谋欺骗公众之前，举报人杰弗里·威根德不得不历经波折公开那些"烟草行业文件"。在本书的后续章节中，我必须向大家展示大量事实之间的联系（生物化学、神经科学、遗传学、生理学、医学、营养学、心理学/精神病学、公共卫生、经济学、哲学、神学、历史和法律等）。尽管有迹象表明，某些始作俑者（如烟草业那些大鳄）之间有勾结，或者至少步调一致、心照不宣地基于一些协定行事，但是我在这里郑重宣布，由于现在还没有确凿的证据（除了吸烟，其他还都不是"实锤"），所以我不会冒险扬言：一些行业和政府相互勾结，不惜戕害公众。尽管如此，我还是会证明：某些行业确实在搞阴谋，企图掩盖他们的产品和某些疾病之间的联系，并故意混淆快乐和幸福的概念，其唯一的动机就是牟取利益。之后，我会把这些看似没有关联的事实联系在一起，让读者相信这些行业已经炮制了一批妄想李代桃僵的"事实"。我在科学、历史和政治等方面都找到了有足够说服力的实证和旁证。在本书接下来的部分里，我将从各个方面加以详细阐述和论证。

有一种物质促使我去思考一些问题，不限于营养、健康和疾病等范畴，还包括"我们的情绪是如何被操控的？"。早在2006年我就已经看出了它隐蔽的罪恶特性，它就是白糖。白糖，这种白色的粉末，可以说，它是一种另类的毒品。正是对白糖展开的科学研究让我明白了一件事情：与肥胖（暴食和懒惰）相关的行为事实上是体内生物化学的变化造成的，而后者又是环境变化的结果。你可能在此前阅读过我的另一本书《希望渺茫》[1]，书中提出了

---

[1] 此书是《纽约时报》的畅销书，全名为：*Fat Chance: Beating the Odds Against Sugar, Processed Food, Obesity, and Disease*，译作《希望渺茫：抵抗糖和加工食品的诱惑、战胜肥胖和疾病》。台湾已有译本《杂食者的诅咒：一卡路里不是一卡路里，食品工业的黑心糖果屋》，连纬晏译，大牌出版社，2014年4月出版。

前 言

两个问题：为什么我们所有人都变得如此肥胖、健康堪忧？为什么这一切就发生在短短的30年间？《希望渺茫》是一部关于肥胖和代谢综合征发生机制的论著，书中还有据此对人们生活方式和政策制定提出的建议。

可以这么说，正是基于对脑科学的理解，我才得以将所有的信息整合成一个自成体系的假设，而这又促使我努力去教育公众——澄清那些似是而非、导致肥胖问题严重发生的说法。错误的认知也误导了政策制定者：他们没有将重点放在解决弊端四出的食物供应大环境上，而是一味徒劳地企图调整我们的行为习惯——而这正是生物化学作用（与我们吃下的食物息息相关）的结果。这就意味着：如果我想熟知现有政策并试图影响政策，我就需要了解与公共卫生相关的法律。所以，在年届花甲之时，我跨进了法学院的大门。

写作《希望渺茫》一书，其实也是一个科学论证营养和身体健康的关系的过程。在这期间，我清楚地看到：营养对于行为健康有着重要的作用。这方面的信息浩如烟海，然而大多数医生和患者几乎都视而不见。更糟糕的是，由于受到利益的驱使，所有相关的行业、企业和政府都会向毫无戒心的服务对象兜售享乐型（能产生奖赏的）商品和行为，而这只会将人们从幸福身边越推越远。同时，我也意识到，现代医学的一些基本原则只是一堆垃圾——它们可能听起来很正确，但是它们禁不住科学的检验。

本书与《希望渺茫》很相似，它们都运用生物化学知识来引导读者关注我们身处的具有危害性的环境——时至今日我们才发现，或许更重要的是，我们要如何继续在这个环境中生存下去。（如果《希望渺茫》一书中的论点是正确的，那么其最令人警醒的一句话就是：此事与个体责任无关，但是你只能奋起自救，因为没有人能帮你。）因为快乐和幸福是完全不同的人类情绪——尽管它们看起来很相似，并且它们的终极功能是完全对立的。事实上，快乐很容易就滑向耐受与成瘾那一端，而幸福是长寿的关键所在。但是，如果我们不明白自己的大脑实际上发生了什么变化，我们就会成为牺牲品，成为那些号称为我们谋幸福、实则利用我们成瘾而牟取暴利的行业的牺牲品。

现在，我们很有必要给快乐（pleasure）和幸福（happiness）这两个词下定义，并澄清其各自的含义。对于不同的人来说，它们有着不同的意味。

韦氏词典将"pleasure"定义为："享用喜爱的事物、从中感受到的愉悦或者欣慰；满意感；奖赏。""pleasure"有一系列同义词，而我们将集中探究的是其奖赏特性，因为科学家已经发现大脑中有一条特定的"奖赏通路"。还有，我们已经掌握了大脑调节机制的神经科学。而"happiness"则被定义为："使人幸福的特质或处于幸福的状态；欢欣；心满意足。"虽然"幸福"也有很多同义词，但是我们将在本书解析的则是亚里士多德最早提出的幸福（eudemonia）的状态，即内心感受到的满足感（contentment）。满足感是幸福的最低要求，是一种"夫复何求"的状态。在1970年上映的电影《恋人与其他陌生人》中，已婚中年夫妇碧翠丝·亚瑟和理查德·卡斯特尔拉诺被问到一个问题："你们幸福吗？"他们的反应是："幸福？谁幸福啊？我们只是非常心满意足。"科学家现在弄清楚了，大脑中存在一种特定的"满足感通路"，它与大脑中的快乐或奖赏通路各自独立运行。当然，它们所受到的调控是完全不一样的。快乐（奖赏）是这样一种情绪状态：你的大脑说，这感觉很好，我还想要更多的。而幸福（满足感）则是另一种情绪状态：你的大脑说，这感觉很好，我不想继续要更多的了，或者我别无他求了。

奖赏和满足感都是积极的情绪，人们非常珍视这两种情绪，这二者都是人们积极进取和不断自我完善的动力。如果一番努力之后你并没有从中获得快乐，那么你就很难感到幸福。但是，这正是我们在各种成瘾案例中看到的情况。如果你长期得不到满足，就像我们在临床抑郁症患者身上经常看到的那样，你可能就会失去改善自身社会地位的动力，并且几乎不可能获得继续努力所需的奖赏。奖赏和满足感是互相依存的关系。然而，它们终归不能混为一谈。可是，由于成瘾和抑郁的患病率持续攀升，奖赏和满足感都已经慢慢地、神秘地从我们的视野中消失了。

重头戏要来了……无须赘言，且让我们看看奖赏和满足感的7个区别：

（1）奖赏是短暂的（持续时间大约一个小时，比如一顿美餐）。你得到了它，体验一番，过后就不再思量了。你不会记得昨晚吃了什么，不就是这

前　言

么一回事吗？相反，满足感持续的时间要长得多（可达数周至数月，甚至数年）。如果你拥有美满的婚姻，或者你亲眼见证了风华正茂的儿女从高中毕业，那么你就会有这种体验。如果这种成就感或者目标达成的喜悦能让你志得意满，那么在接下来的很长一段时间里，你很有可能一直拥有这种满足感，这种感觉甚至有可能伴随你终生。

（2）奖赏会导致身体的本能反应，其特性是刺激身体产生兴奋感（下赌场、观看足球比赛或者去脱衣舞俱乐部也有同样的作用）。它会激活身体里的战或逃系统，导致血压升高、心跳加快。相反，满足感会让人放空情绪、获得心灵的平静（倾听舒缓的音乐或者静看潮起潮落同样有这种效果）。它会让你心率放缓、血压下降。

（3）可以让人体验到奖赏的东西很多（海洛因、尼古丁、可卡因、咖啡因和酒精，当然还有糖），每一样东西都会刺激大脑的奖赏中枢。以上列举的东西，有些是合法的，有些则不然。相反，满足感与摄入某种物质无关。一般来说，能让人产生满足感的是一些事件（比如从大学毕业，或者自己的孩子可以自立了）。

（4）奖赏与"索取"有关（比如从赌场中获利）。赌博绝对能给你带来强烈的奖赏刺激：当你赢钱时，你很有收获，不仅钱袋丰盈了不少，人也很亢奋。等到第二天，当你再次来到同一张赌桌前，虽然你还会亢奋起来、跃跃欲试，但是，昨晚的快乐并没有延续到此刻。再比如，你去梅西百货买了一条漂亮的裙子。一个月以后，当你再度穿上这条裙子时，心中是否还有最初的那种喜悦之情？与之相反的是，满足感通常与"给予"联系在一起（比如给慈善机构捐钱，或者花时间陪伴孩子，或者把时间和精力投入到一个有价值的项目上）。

（5）奖赏是属于你的，只属于你个人。你体验到的奖赏，并不会马上影响到他人，而满足感就不一样了。无论你是心满意足还是愤懑不平，通常都会直接影响到他人，甚至会影响到整个社会。那些极端不幸福的人（比如哥伦拜恩校园枪击事件中的枪手），他们会把自己的不幸宣泄出来，并将痛苦加到别人身上。在这个节点，我们应该意识到，快乐和幸福绝对不是泾渭分明、毫无瓜葛的。坐在湾区的米其林三星酒店"法国洗衣店"餐厅里享用一顿晚餐，会让你同时产生快乐和满足感，前者是美食佳酿带来的，而与伴侣、家人和朋友共进晚餐则会给你带来一种满足感。不过，当账单递上来的时候，你可能会有那么一点点心痛。

（6）无节制的奖赏会把我们带进万劫不复的境地，比如成瘾。物质滥用（如沉迷于食物、毒品、尼古丁、酒精）或者一些不由自主的行为（如沉迷于赌博、购物、上网和性爱），将会使奖赏通路不堪重负，最终导致的结果可能不仅仅是通路堵塞、崩溃，或者沾染疾病，甚至可能是意外死亡。而反过来，在树林里散步、与孙子孙女或者宠物玩耍（只要事后不需要你去把他们/它们拾掇干净）会给你带来满足感，而且最重要的是，这些事情不会让你陷入悲惨的境地。

（7）最后一点，也是最重要的一点：奖赏是由多巴胺驱动的，而满足感则是由血清素产生的。这两样东西都是神经递质——产生于大脑、能左右人的情感和情绪的生物化学物质，但是，这两样东西大相径庭。虽然多巴胺和血清素分别推动大脑的不同活动过程，但是，这两者在哪些地方有交集，又是如何相互影响的，则构成了本书研究的核心内容。两种不同的化学物质、两种独立的大脑通路、两种独立的控制方式产生了两种截然不同的生理和心理结果。这两种化学物质如何起作用？它们对大脑的哪些部分起作用？还有，它们是协同作用还是互为消长？以上几点是我们在对快乐和幸福的终极研究过程中至关重要的问题。

本书不仅阐述奖赏和满足感是怎样在生物化学水平上起作用的，还揭示这两者之间的区别——这关乎你个人的身心健康，还关乎全体民众是否健康。在开始正文之前，我必须声明3点。

第一点：目前这两种情绪的科学研究主要依赖于动物实验。谁敢说老鼠承受的压力能跟人的压力相提并论？或者在成瘾问题上，动物能和人一样吗？老鼠有性瘾吗？

第二点：目前能看到的以人为研究对象的研究大多是研究相关性而不是因果关系的。相关性只能表示在特定的某个时刻这两样事物之间存在联

前　言

系——称其"存在联系"甚至都可能有些牵强，说不定它们之间没有任何联系。打一个比方，冰激凌的消费量与溺水事故多发有相关性。这难道能说明吃冰激凌就会让人溺水？又或者说，那些溺水后幸免于难的人会狂吃香蕉船[1]来对抗自己的悲伤？更有可能的情况是：一方面，因为天气炎热，所以我们要吃冰激凌；另一方面，因为天气这么热，所以我们会去游泳，而一些不幸的人会在游泳的时候溺水。难道能仅仅因为两者之间有相关性就推断它们一定有因果关系吗？

当研究对象是人时，还有其他使问题更复杂的因素要考虑：

（1）针对情感及心理疾病开展因果性研究非常有难度。要确定因果关系就意味着要在一段时间内对病人的病情发展情况进行追踪评测，而很少有病人会在他们的精神疾病发作前做磁共振成像（MRI）或者正电子放射断层摄影（PET）等检查。

（2）很多研究都会测量这些神经递质导致的血压变化，然而，这些物质对于大脑的作用很可能与它们对血液循环的影响不一样。

（3）脑部神经影像研究需要特殊的设备，有一些甚至要用到放射性同位素，因此，要开展这些研究，费用往往昂贵得惊人，并且通常不能马上拿到影像结果。

（4）并不仅仅是多巴胺和血清素在起作用，还有其他物质，它们也会在很大程度上影响我们如何思考以及产生怎样的感受，它们也是奖赏通路和满足感通路的组成成分，因此，整个情况就变得更加复杂了。

（5）所有这些情感通路和脑神经化学物质都受基因、表观遗传学（它会影响 DNA 的表达，而不是 DNA 的序列）和实验条件等影响，因此，不同的研究对象会得到不同的研究结果。

（6）国会和美国药品食品监督委员会禁止血清素研究已经长达 40 年的时间。我将在书中展开讲这个问题。可是，这也意味着我们在血清素对行为

1　也称"香蕉圣代"，即纵向将香蕉剖开、一分为二，在上面缀以冰激凌、坚果、酱汁等。

的影响问题上拥有的信息非常少。

第三点，也是最后一点：我们的情绪和情感与合理的公共政策之间的联系很复杂，并且它们是一种间接的联系，容易被人忽视。人们并不是那么言听计从。假如有人要求我跳起来，身为一名纽约人，我承认，我的第一反应不是"要跳多高"。但是，为了避免我们的心智被操控，即便希望非常渺茫，我们也还是要尝试一番。首先，我们必须弄清楚：心智操控是什么？它是如何运作的？

在第一部分，我将探讨奖赏和满足感之间的差异，它们的含义是如何被混淆甚至被混为一用的，而它们确确实实是站在彼此的对立面的。我们还将探索在奖赏和满足感的体验过程中，大脑的哪些部分会参与其间。在第二部分，我将详细介绍奖赏的生物学机制以及多巴胺的科学知识。我会解释，多巴胺会带来快乐的体验，可是过多的多巴胺会导致攻击性上升和烦躁不安。好东西过量了也不见得是好事，它甚至能带来灭顶之灾。当你处于某种极端情绪时，这种状态会促使你寻求更多的快乐，这样你就很有可能滑向成瘾的深渊。在第三部分，我将探讨满足感的生物学机制和血清素的科学知识，以及奖赏与满足感这两种体系是如何有交集的（或者没有交集）。例如，一定量的血清素激动剂可以改善情绪，而其他促进血清素分泌的药物（SSRIs）可以治疗抑郁症。在第四部分，我将从个体、历史、文化和经济的角度揭露这个阴谋如何让我们一步步陷于如今这个境地。在过去的半个世纪里，美国和大多数西方世界的人都离幸福越来越远，健康每况愈下，内心支离破碎。营销、媒体和技术彻底绑架了我们的大脑，并最大限度利用这个机会，带我们远离追寻幸福的道路，转而去追逐快乐。当然，这有利于他们利益的最大化。鼓励我们追逐快乐只会加剧非传染性疾病的蔓延，如糖尿病、心脏病、癌症和痴呆症。这些在现代人类社会肆虐的常见疾病正在侵蚀我们的健康、损害我们的医疗保障体系和我们的社会结构。最后，在第五部分，我将给大家提供每个人都可以上手的简单的解决方案，以抵御用心险恶的兜售快乐的行径。我还将给大家传授减缓压力的方法，压力会导致成瘾和抑郁。我希望这些方法能够尽可能帮助大家追求幸福圆满。我将探讨以下问题：为什么及

前　言

如何以多种方式驯服多巴胺和提高血清素的功效，为了享受健康（比现在更健康）、快乐（有时候追求快乐）和幸福（无时无刻不享受幸福），我们应该如何重新审视我们的生活和人生目标。但是，如果你不知道问题症结之所在，你就无法解决问题。这就是本书要解决的问题。

人类说着不同的语言，拥有不同的审美标准，信奉不同的神灵，但是他们体内隐藏的生物化学物质及其起作用的机制是完全一样的。我们所有的行为都是受生物化学物质驱使的外在表现。要想把我们自己和我们的孩子从当前岌岌可危的境地——人为的深渊边缘——拉回来，我们首先必须了解其中的科学。

The hacking of the American mind

第一部分
芸芸众生还是缺点慧根

第 1 章
人间乐园

曾经，我们都是幸福的人。然后，那条蛇出现了。从那以后，我们就陷入了万劫不复的境地。马德里的普拉多博物馆收藏有希罗尼穆斯·波希的画作《人间乐园》（成画时间在公元 1504 年），那幅三联油画向我们传达了一个寓言式的警示：当我们浪掷上帝恩赐的幸福时会发生什么——我们舍弃幸福的伊甸园，转而去另一个花园里追逐肉身的快乐，必将落得个永远被诅咒的下场。看看画中的人物！幸福啊，这个我们人生中最辉煌的目标似乎是一个幻梦，对我们普罗大众来说遥不可及。不过，富人也不见得有多幸福（这稍微让人有些宽慰）。幸福似乎是海市蜃楼，我们对它孜孜以求。为此，我们不停地去翻开岩块、亲吻青蛙并努力打开幸福这把魔法大锁。

我们在自己的那座充溢着尘世快乐的花园里踯躅而行，苦苦追寻看似永远无法得到的超凡脱尘的幸福的极乐体验。一路行来，我们当然也有不少乐趣。或者，我们至少努力让自己快乐。我们购买耀眼夺目的东西，我们玩强力球、与朋友一起畅饮，有时候也独酌一番。那么，为什么有如此多的人感到栖栖惶惶呢？我们是否只能在感官快乐的深渊里陷得更深，终至无法自拔？我们难道注定无望觅得真正的幸福吗？这一番寻寻觅觅终将落得个徒劳无功的下场吗？很多人拼死努力也要抵达那个心满意足、内心安宁的奇妙秘境——它的名字就叫作"幸福"。但是，如果我们终将无法抵达彼岸，那么，这一切努力又有何意义？

如果我告诉你：幸福就在你面前，就在你心念一转之际，你又作何想？

在某些人眼里，快乐和幸福的差异就是个伪命题，像稻草人那样可笑，根本不值一提。嘿，这两样感觉都很好，你为什么非要掰扯清楚？呃，眼前就是赏心乐事。至于幸福嘛……可能没那么幸福，而且幸福也不会来得那么快。

但是，这个问题确实意义重大，不仅对你个人，对整个社会而言也是如此。将快乐和幸福这两种积极情绪的差别解释清楚，这就是本书的主要内容。

"幸福"的别称

快乐有多种表现形式，自然也就出现了很多"快乐"的同义词：满意、开心、纵情欢愉、愉快、点燃激情。但是，快乐是一种自然流露的情绪，它是名为"奖赏通路"的大脑特定区域活动的结果。实际上，人们体验到快乐要经历两个过程：首先，人们有了获取某种特定奖赏的动力；接着，人们得到了这种奖赏，而他们自然就体验到了一种情绪——那就是我们所说的"快乐"。为简单起见，我会在本书中将"快乐"一词也称作"奖赏"（reward），如此一来就可以妥善地兼顾社会科学和神经科学领域。

正如古老的谚语所说："美存在于善于发现美的眼睛中。"幸福也是如此。幸福只存在于能体验到幸福的大脑之中。它在大脑中有属于自己的区域，人们称之为"满足感通路"。但是，幸福作为一个哲学概念，其存世历史很悠久——自从人类社会出现以来，人们一直绕不过"幸福"这个概念。"幸福"这个大筐里装了一大堆随时间不断变化的定义和词汇变形。幸福（happiness）的词根是"**hap**"，意思是"运气"。我们在其他与偶然事件有关的单词中也会看到这个词根，例如偶然（***hap*penstance**）和可能（per***hap*s**）。生活在人类早期社会的人不是很幸福：毕竟饥荒、瘟疫和战争频仍，没有多少幸福可言。幸福是一种运气，转瞬即逝。在任何社会中，幸福似乎都只垂青少数幸运儿。

宗教层面的解释

自从人类有宗教以来，宗教就一直充当着快乐和幸福的仲裁者的角色。以下对相关宗教历史的简要梳理绝对做不到详尽无遗、面面俱到，但是，只有明白我们的来路，我们才能知道自己将何去何从。

传统的犹太教的教义称：研习律法书[1]是通向幸福的必经道路，因为"它的每一条训诫都能带来内心的平和"。只要谨遵教义，人们必将收获幸福。根据史书记载，希腊人是经营快乐和幸福的鼻祖。公元前3世纪，在享乐主义的风潮中，他们彻底将"幸福"这一概念弃若敝屣。享乐主义生活哲学秉持的理念是：生活的目标就是追逐纯粹的快乐（坚决杜绝痛苦）。亚里士多德扩充了犹太人对"幸福"的定义。他认为：幸福意味着要做一个道德高尚的人。要展示理性和美德。他还创造了表示幸福的"eudemonia"一词，它是"满足感"的同义词，而"满足感"是本书论述的核心概念。斯多葛主义的创始人芝诺在此基础上做了一点引申——判断失误导致不幸，而真正的圣人是不会招来这种"不幸"的。其言下之意就是：如果你不幸福，那你就算不上是圣人。伊壁鸠鲁还补充道，幸福是这样一种状态：内心平和，没有恐惧，没有痛苦，而且有知心朋友拥簇在身边——这种理念历经岁月沧桑延绵至今。

接着是基督教的说法。幸福这个主题也出现在基督教众多训诫里——幸福不在此时此地，不过它将会在另一个地方等着你。人生在世没有乐趣可言，可是，如果你这辈子是一个谨遵教规、品格正直的基督徒，那么天堂在等着你。肉身快乐是人世间的魔鬼，谦卑和敬奉上帝看似一种磨难，却是通往幸福的天

---

[1] 指希伯来《圣经》的第一部分，亦称"摩西五经"。

堂生活的必由之路，这样你才有资格接受上帝的这份礼物。巴哈伊教说：我们从一出生就是高尚的，并且能够在这个世界以及来世不断修炼。因此，我们要让这个世界变得更加美好，以后去了天堂，还要继续努力让那里也变得更好。

东方的宗教指引的道路略有不同，它们更重视想方设法追求现世的幸福而不是把希望寄托在以后，因为没有身后的世界——至少，没有西方宗教里的那种天堂。印度教以"（业力）轮回"理论达到"修炼成正果"的目的——（做个好人），来世你就不会变成一只青蛙。而信教的终极目的是努力跳出这个轮回。佛教在此之外还规定了特定的修行内容来帮助我们摆脱这种轮回以实现"涅槃"（nirvana），或者说，"得大自在"[1]。由此看来，在历史文化层面，快乐历来被视作幸福的对立面。而在科学眼里，这些论述没有什么差别。

事实上，"幸福"没有一个统一的定义。幸福意味着什么，人们的理解相去甚远。幸福与否取决于你所生活的年代、你所处的宗教和文化环境。还有，你所使用的语言可能对此也有影响。譬如，在某些语言里，"幸福"的定义是"好运与有利的外在环境"（一切均在你的控制之外），而在其他语言中，"幸福"指的是"良好的内心情感状态"（多少在你的控制之中）。显然，这使得"幸福"这篇文章很难写，因为其定义和内涵一直处于变化之中。

幸福美满的结局？

幸福是大多数人声称自己真正想要得到的东西：你的伴侣能搞定那些你不能应付的事情、带门廊和白色栅栏的房子、儿女双全（他们能包揽中学里

---

[1] 原文是"liberation"，意为"永得解脱，自由自在"，此处译作"得大自在"。"得大自在"为佛教语，指进退无碍、心离烦恼，多指自由自在、无挂无碍的境界，或者超凡脱俗。"得大自在"是涅槃的另一种说法。按照佛教的观点，人生是苦的，一切都不自由。人都要受生死轮回之苦，所以是不自在、不能解脱的。而一心向佛、远离尘世间的烦恼，则可以得到心灵的宁静，但这是小的"自在"、暂时的"自在"，而真正的自在是涅槃，那才是"大自在"。

第1章 人间乐园

的所有奖项,然后去常春藤联盟上大学)、与家人一起出去看世界、退休生活没有后顾之忧。我一直很喜欢心理学家丹·吉尔伯特出镜的保诚集团[1]的广告,里头有一句话是这样说的:"退休就是全身心去做你喜欢的事情、与你的伴侣健健康康地一起变老。然而,现如今的父母们奢望的只是收到最低一档的精神诊疗账单、不用入住康复医院、没有犯罪记录,儿女们的简历上有好大学的名头,他们的后代既不欺凌别人也不受人欺凌。然而,自从我们有历史记录以来,几乎没有多少篇幅记录人们是多么地幸福。"部分原因是:谁想要读到这样的东西?这可以说是重点所在。我们嘴上都说:我们想要幸福。但是,只是读一些别人如何幸福美满的事情,多少有些乏味。没有冲突的故事并不能让人追捧,也不能成就一部引人入胜的迷你剧。

　　文艺复兴以来,幸福一直是人们重点强调的生活目标,好好做人、争得天堂的一席之地已经退居次位。世界各地的人——从美国到斯洛文尼亚——在被问到最渴望的东西时,都把幸福放在首位。可是,尽管这500年来我们一直盯着这个最高奖励,但是,总的来说,我们终归是错过了这个目标。在所有书店(我是说,所有幸存下来的实体书店。书店消失本身就是我们集体丧失幸福的标志)的自助类书籍区域里,放眼看去,大部分都是探索快乐或幸福议题的书籍——如何获得快乐或者幸福、快乐或幸福的价值所在及其能给人带来什么。不过,每个主题都各自为战。毫无疑问,出版快乐或幸福主题的书籍已经成了一个利润丰厚的利基市场[2]。

1　世界知名大公司,主要经营保险投资业务。

2　niche market,利基市场,指在较大的细分市场中具有相似兴趣或需求的一小群顾客所占有的市场空间,也就是被大企业忽略、需求尚未得到满足、力量薄弱、有获利基础的小市场。菲利普·科特勒在《营销管理》中给"利基"下的定义为:利基更窄地确定某些群体,这是一个小市场,并且它的需求没有被服务好,或者说,它"有获取利益的基础"。niche 来源于法语。法国人信奉天主教,在建造房屋时,常常在外墙上凿出一个不大的神龛,以供放圣母玛利亚。它虽然小,但边界清晰,洞里自有乾坤,因而后来被引来形容大市场中的缝隙市场。在英语里,它还有一个意思,指悬崖上的石缝。人们在登山时,常常要借助这些微小的缝隙作为支点,一点点向上攀登。20世纪80年代,美国商学院的学者们开始将这一词引入市场营销领域。

大众追逐幸福的风潮

20世纪，马丁·塞利格曼和他的同事们在墨西哥的海滩上开创了名为"积极心理学"的一个全新研究领域。这门学科旨在引导我们专注于生活中积极正确的一面，而不是盯着错误消极的一面。积极心理学研究积极的情绪、积极的人格特质、积极的社会环境，旨在让人生变得更加丰盛、健康和积极向上。这个思路是充分利用你的优点，而不是强调你的弱点或过往所受的伤害。（为了过上一种卓有成效的、充实的生活，你可以做一个在线"真实幸福度"测试。）塞利格曼认为，你幸福与否取决于你本质上是谁、你的自觉行动和你所处的环境。泰勒·本·沙哈尔的《积极心理学》课程一直是哈佛大学最受追捧的课程，看样子，它今后也将保持这种态势（有可能是因为选这门课很容易得"A"吗？）。显然，聪颖的脑子和风华正茂的年华也不能保证人一定会幸福。

索尼娅·柳博米尔斯基进一步推动了积极心理学的发展，她将幸福的决定因素一一分解并画出了一张饼状图。在这张图中，她指出，幸福50%是由遗传决定的（这是至为关键的因素），40%取决于你的行为，10%取决于外部环境（所在国家或文化区域、人口情况、性别、种族、个人经历和其他生活状况变量，如婚姻状况、受教育程度、健康状况和收入水平等）。最近的研究表明：幸福的遗传决定性占比（例如对生活的满意程度与身体健康程度）在32%~36%之间。一个全基因组分析发现：与主观幸福感（如满足感）相关的有2个遗传变量；而另一个研究报告显示，除此之外，至少有20个变量。所有这些研究结果说明，我们不会很快从基因工程方面破解幸福的谜题。至于"你的幸福10%取决于你所处的环境"这个论点，考虑到我们所处的生活环境，并且我们不时被"拥有××才幸福"的广告狂轰滥炸的现状，它很难被论证。

市面上的大众心理学方面的书籍如雨后春笋般涌现。可以这么理解，那是因为人们想要知道如何变得更幸福。这类书籍无一例外地都将幸福视为一种现象，而且大多数将快乐与幸福混为一谈。除非你能分辨出这两种情绪，否则你无法认识到这两种情绪中哪一种才是独一无二的，而且你也无法理解问题出在哪里，更不用说为自己或家人解决问题了。

认知混乱的根源

如果你用谷歌搜索"幸福"（happiness），你会得到如下解释："快乐""愉悦""兴奋""极乐""满足""喜悦""享受""满意""满足感""幸福"（pleasure, joy, exhilaration, bliss, contentedness, delight, enjoyment, satisfaction, contentment, felicity）。请注意：在这个定义中，快乐与幸福的概念被混为一谈了。不管怎么说，我们先来看看：这个谜之难题到底始自何方？是谁最早将快乐与幸福混为一谈的？政府和企业又是如何利用这种混乱达到自己目的的？（见第13章和第14章）我将很快解释一下词语是怎样被人利用进而发挥作用的。（肮脏的手段！）亚里士多德提出："追求幸福和避免痛苦是人生第一要义；因为如此行事，我们才能做成自己想做的事情。"接着就是18世纪的政治哲学家兼经济学家杰里米·边沁的理论。边沁好奇心重，富有探索精神，醉心于"将个体的情感体验量化并予以科学的解释"这一设想——其实现手段是编制一张《幸福统计分析表》，而且他有一股子"不达目的誓不罢休"的劲儿。他可以被称作"功利主义的教父"。"功利主义"这个词是约翰·穆勒在19世纪创造出来的，用来指代"人生在世，享乐第一"这种一味追求世俗快乐的处世哲学。边沁认为，每个人都应该郑重地对待他人的福祉，无人我之别。但是，边沁的论述将亚里士多德的格调拉低了："人类生来就逃脱不了痛苦和快乐这两个至高无上主人的统治，这恰好就是事实……利益、优势、快乐、美好或幸福，所有这些归根到底就是一回事。"根据边沁的说法，任何能最大限度减少痛苦并将快乐最大化的东西，从本质上来讲，都增进了幸福。进入神经科学时代后，从边沁的视角来看，任何能刺激多巴胺或阿片类物质分泌并起作用的东西（见第3章），都算得上可以带来幸福的东西。

甚至有学者也混淆了快乐和幸福的概念。例如,《斯坦福大学哲学百科全书》指出,幸福有两个独立的"解释":(1)享乐主义(将快乐最大化);(2)生活满意理论。并将它们置于同等地位。难道我听错了吗?从什么时候开始,享乐主义竟然能与幸福相提并论?亚里士多德的棺材板都快压不住了!

既然你们已经了解了这些词的历史,那么,它们是如何被混淆的?甚至连大众心理学家和谷歌也无法分辨其差异。现在让我说说,我是如何定义它们的,因为我有脑科学依据。在本书接下来的内容中,"快乐"(pleasure)——这个词源自法语"plaisir",意为"使人愉悦"——被定义为人的欲望得到满足或得到奖赏时的感受。这个定义的关键内涵是:(1)它是即时产生的;(2)它能带来一定的兴奋或乐趣;(3)它取决于环境。与之相反的是,幸福(happiness)被定义为亚里士多德阐述的"eudemonia"这个概念,即"满足""康乐""健康幸福",或者如《前言》中引用的叶芝的用词"成长"——身体和(或)精神上的成长。这个定义的关键内涵在于:(1)它关乎现世的生活而不是来世;(2)它更为关注的并不是人生中的大起大落;(3)它与外在环境无关。因此,它传达的信息是,每个人都有可能幸福,幸福并不仅仅是那些有钱有势人的专利。

理清思路

在神经生物学里,产生快乐和幸福的这两个相似但又相互冲突的方面相互作用,正是这种相互作用构筑起一个支点——我们的生活、我们的自我价值和我们内心的道德标准就在这里找到了平衡(见第10章)。现今,我们集体的心智在词源层面上对"奖赏"和"满足感"不加区分,并且没有意识到:在生物化学层面将这两个概念张冠李戴将给个人和社会带来怎样的后果。有一点很明确:长此以往,后果很严重。本书想要说明的问题不外乎这一点。长期过度地奖赏导致的最终结果是成瘾和抑郁,而这两种人生境况是幸福最大的敌人。

这种概念混淆也掩盖了当今最成功的营销策略的根本(见第 13 章)。在过去的 40 多年里,这是美国企业最见不得光的阴谋:它们绑架了美国人的心灵。纽约城市学院的社会学家尼古拉斯·弗罗伊登伯格为其中最野蛮发展的六大行业生造了一个新词——"企业–消费复合体"。这六个行业包括向我们兜售各式"寻欢作乐"的商品(烟草、酒精和加工食品)和容易导致不良行为的商品(枪支、汽车和提神物质)的行业。还应加上消费电子行业,它变本加厉地利用了我们的神经生物特征,并将产品一股脑都精心包装成麦迪逊大道[1]上那些奢侈品的范儿。于是乎,那些公司赚了个盆满钵满。你们源源不断地为这些公司做贡献,成就了它们令人咋舌、无与伦比的利润业绩。事实上,它们的赚钱门道还在不断精进:随着对奖赏的科学研究的不断深入,人们更精确地把握了其活动规律,神经营销的新技术正在主导整个营销市场。那些贴着价格标签的东西,只要宣称能给人带来幸福,它们的销量几乎都能节节攀升,并且那些公司从中尝到了巨大的甜头,而我们的幸福时光却已随风而逝。美国已经不复是那个人人满怀抱负、一心想要建功立业的"山上之城"[2]。现如今,美国社会已经沦落到成瘾和抑郁的双重可悲境地,而这一切都源于我们错将快乐当成了幸福。因为快乐变得廉价了。

---

1 位于纽约市上东区,是北美最大的豪华高端购物区之一。

2 常见于美国政坛人物演讲,意指美国在自由民主方面要做全世界的标杆和模范。相关典故是:1630 年,一批英国清教徒乘船去美国波士顿,船上的清教徒领导人,即马萨诸塞湾殖民地最初的统治者约翰·温斯罗普发表了一篇著名的布道词,题为《基督徒慈善之典范》。他引用了《马太福音》第 5 章第 14 节登山宝训中关于盐和光的隐喻:"你们是世上的光。城立在山上,是不能隐藏的。"意在警告大家,到了美国要努力工作,不要胡作非为,不能有损上帝的荣耀。正是因为这段著名的布道,波士顿也被称为"山上之城"。

第 2 章
净在错误的地方寻找爱

你可能会暗自揣测：这个家伙到底哪儿来的自信，竟然认为自己知道我的脑子里在想些什么。我自个儿的想法和情感，尽在我自个儿的掌控之中。确实，你掌控着自己的思想——那是你的想法，而且仅属于你。但是，你，还有这个地球上其他所有的个体，你们各自情绪产生的过程以及体验这些情绪的过程，遵循的全都是同一套模式。你所感受到的奖赏和满足感，只不过是你体内神经化学反应的结果罢了。

在治疗肥胖儿童之前，我曾经接受过 16 年以上的神经科学专业训练，其中有 6 年时间在纽约的洛克菲勒大学解剖和研究老鼠的大脑，剩下的 10 来年时间则待在麦迪逊威斯康星大学和孟菲斯的田纳西大学的实验室里——在培养皿里培养神经元。拜实验室里的那段岁月所赐，我对激素和人类行为之间的关系有了独特的看法。拿一个神经元过来，在它上面滴一种激素（雌二醇、睾酮或皮质醇），然后观察这个神经元是否有异常表现。我在培养皿中观察到的变化与正在读这篇文章的你此时此刻大脑中正在发生的变化是一样的。你的大脑不外乎是神经细胞之间的一堆连接，包括间隙连接、树突

第2章 净在错误的地方寻找爱

棘、轴突分支和突触。其中一部分连接是由于受到当下的刺激而形成的。然而，大脑内有很多连接在我们出生之前就已经形成了。大脑内的这些连接引发了攻击、隐忍不发、母性行为、性取向和性别认同等。我们几乎可以肯定地说，同性恋和变性青年很难从人群中一眼就识别出来的原因就在于此。人们连自身的性取向都无法辨识，更不用说"表现出来"了。他们的性取向是自身神经连接的结果，这是他们出生之前就已经注定的命数。但是，这种情况基于同一个原则：生物化学反应驱动人类行为。因为生物化学反应总是最先发生。

身为科学家，我既不看行为，也不看情绪。在我眼里，只有神经通路和生物化学反应。这本书存在的意义就是帮助你们也能看见它们。你看到的是学生的成绩下降了，而我看到的则是脑部线粒体不给力；你看到的是糖尿病大肆泛滥，而我看到的则是脂肪在肝脏和肌肉里堆积导致了胰岛素抵抗（insulin resistance）；你看到的是药物滥用，而我看到的则是突触前转运蛋白和突触后受体减少；你看到的是青少年沉迷于苹果手机，而我看到的则是他们的前额皮质功能失调——该区域负责保持人的注意力；你看到的是经济停滞不前和社会大众感受不到幸福，而我看到的则是边缘系统受损——那是大脑的一个原始结构，也是神经输入与输出的部位，它掌管着人类的快乐、兴奋、沮丧和无助等一切情绪。

你看到的是结果，而我看到了原因。如果舍本逐末，只盯着结果去治疗，那就注定无功而返，毕竟马已脱缰，一切都已为时过晚。再说，只处理表现出来的问题不过是在隔靴搔痒，因为导致问题的原因还没有被触及。要妥善解决问题，就必须先了解症结之所在。这就像要处置阁楼上的黄蜂，一只一只地扑杀黄蜂与干脆端掉黄蜂的老巢，哪个更奏效？你必须从源头上解决问题，而这就需要先补课。我们先来上一堂非常简短的（这个我可以保证）神经科学课。

我的脑子？在我最钟爱的器官里，它排名第二

大脑不断进化，形成了成百上千个负责不同功能的区域。顶叶分析外界刺激，额叶控制肌肉运动，枕叶掌管视觉，颞叶主管听觉。那么，人的喜怒哀惧以及厌恶，又是在哪里被感知的呢？在本书中，我们将关注大脑边缘系统——主管情绪的部位。这个系统位于大脑深处，由一组相互连接的具有特定功能的结构组成。而正是这些连接决定了我们每个人所特有的情绪模式。

大脑由上百亿个神经元（神经细胞）构成，这些神经元通过一个构造精巧的神经网络保持密切的联系。神经元都由细胞体与神经递质构成：细胞体可以产生蛋白质，使神经元保持活力；神经递质则帮助各个神经元建立联系。每个神经元都有一些树突。这种特殊的附属物是用来接收信息的，其上面有很多受体。神经递质和受体的关系可以描述成钥匙和锁的关系，前者是飘浮游离的钥匙，后者则是能被打开的特定的锁。每个神经元还都有一条长长的轴突——一种传递信息的特殊纤维。当神经元内部产生神经冲动的时候，神经冲动会一直被传到轴突的末梢——那里有一小簇一小簇等待释放的神经递质（钥匙）。这些神经递质当即就被猛地释放出来。它们通过突触间隙后，就会与下一个神经元树突上的受体（相当于锁）结合。

在这一整本书中，我们将探讨3个特定的大脑边缘系统（见图2-1、2-2和2-3）。

大脑边缘系统，或称情绪调节系统。边缘系统由三类主要通路构成，它们发送和接收能转化为积极和消极情绪的化学信息。这三类不同的大脑通路之间的相互作用决定了人们对情绪的感知以及由此产生的行为反应。

（1）第一个系统是"奖赏通路"（图2-1）。在中脑里，有一个称作"腹侧被盖区"（VTA）的古老的大脑部位（这意味着，不是你在控制着它，而是它在控制着你），神经元（发送和接收信息的大脑细胞）在这个神经核（同类神经元的集合体）中合成多巴胺这种神经递质（用于信息沟通的化学

第 2 章 净在错误的地方寻找爱

物质），这些神经元就形成了"奖赏通路"。当腹侧被盖区中的神经元产生神经冲动时，它们将自身的多巴胺送入另一个叫作"伏隔核"（NA）的大脑区域，由此产生的激励会参与奖赏过程。伏隔核也是一种"学习"通路——学会通过哪些物质或行为（购物、酒精、手淫）让人产生舒服的感觉。随后，那些神经元释放一组神经化学物质——"内源性阿片样肽"（EOP）[1]，它们对大脑产生的作用与制造快乐或愉悦感的吗啡、海洛因如出一辙。

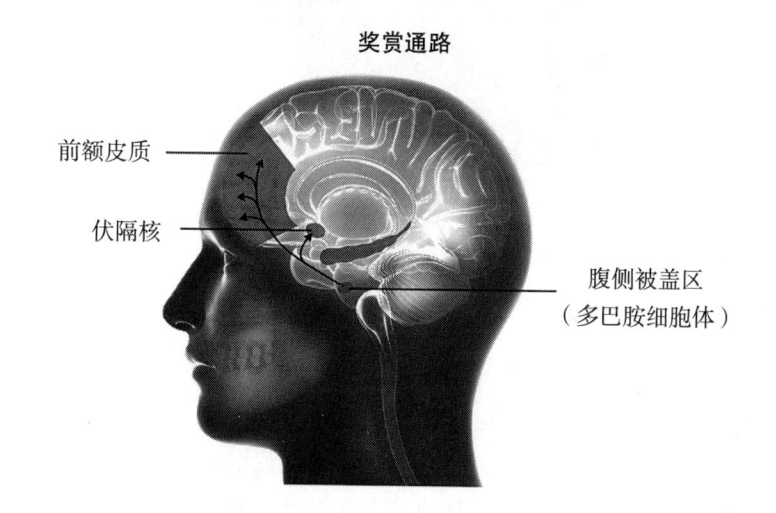

奖赏通路

- 前额皮质
- 伏隔核
- 腹侧被盖区（多巴胺细胞体）

图 2-1：奖赏通路利用多巴胺这种神经递质在腹侧被盖区的神经元和伏隔核的多巴胺受体之间建立联系，由此生成的动力会参与奖赏和学习过程。

（2）**第二个系统是"满足感通路"**（图 2-2）。中脑里还有一个古老的大脑部位，称作"中缝背核"（DRN），那里的神经元会分泌血清素并将其扩散到整个大脑皮层。大脑皮层是大脑进行思考的地方，是帮你处理体验和做出判断的地方，比如做出"这很好"或"那很糟"这样的判断。血清素对不同的神经元有不同的作用，具体取决于各神经元的功能及位于其表面的受体的类型。受体是一种特殊的蛋白质，它接收信息并与分子结合，从而改变下一个神经元放电的方式。

---

[1] 存在于体内的具有阿片样作用的多肽物质。

满足感通路

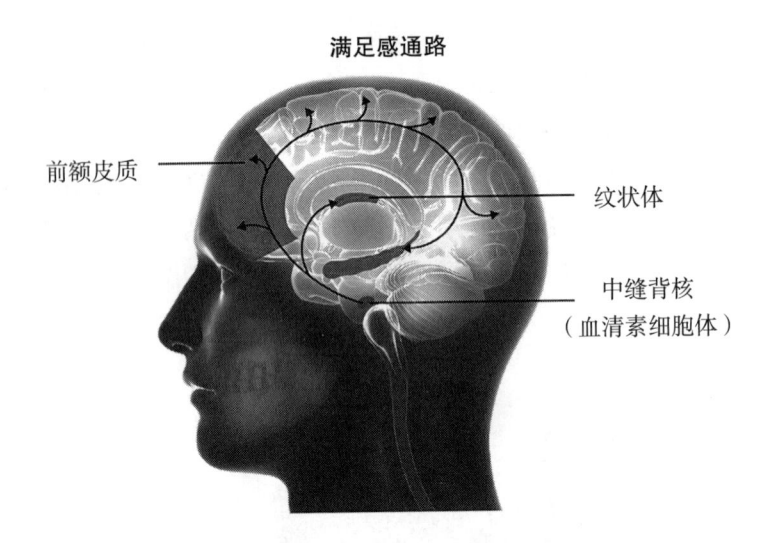

前额皮质　　　　　　　　　　　　　纹状体

　　　　　　　　　　　　　　　　　中缝背核
　　　　　　　　　　　　　　　　（血清素细胞体）

图 2-2：满足感通路利用血清素这种神经递质将中缝背核的神经元和整个大脑皮层的多个部位联系起来——大脑皮层会分辨神经冲动是"好的"还是"坏的"。

（3）第三个系统是"压力 - 恐惧 - 记忆通路"（图 2-3）。

　　大脑有 4 个区域会参与到这个通路中来。杏仁核是大脑的压力或恐惧中枢，是一个核桃形区域，分列大脑两侧。你走在黑洞洞的胡同里时，你的杏仁核会处于亢奋状态。杏仁核与其他三个区域互有联系。位于大脑底部的下丘脑控制着你身体里的所有激素，包括压力激素[1]即皮质醇[2]。它可以让你的身体准备好承受极端的压力。它还会向你的交感神经系统（会做出战或逃的反应）发送信息、抑制迷走神经（减缓一切活动、令人放松下来的神经）兴奋。海马体是你的记忆中心。你的记忆，无论好坏，都存放在那里。杏仁核和海马体互相起作用。比如，你的杏仁核会做出一个判断——那是一个不快乐的经历，而这些信息最终会存储在海马体里（如"我以前看过这部电影"）。你

1　压力激素指人体在压力状态下维持正常生理机能必需的应激激素。这些物质能促使人血管收缩、血压升高，使人警醒，从而应对紧张的事件与活动。压力激素实质上是皮质醇激素。

2　皮质醇也可称为"氢化可的松"，是肾上腺在应激反应里产生的一种类激素，包括去甲肾上腺素、肾上腺素等化学物质。

童年时期被滚烫的炉子烫过的那种惨痛的记忆就保存在这里，同样存放在这里的还有你上次看的那部恐怖电影。最后一个，也就是第 4 个区域——前额皮质（PFC，Prefrontal Cortex），它是大脑的智慧区域，它会阻止你不再去做愚蠢的事情——比如侮辱你的老板，或者再去看别的什么恐怖电影。这 4 个大脑区域共同作用，以帮助你保持稳定的情绪、清醒的头脑和得体的行为。

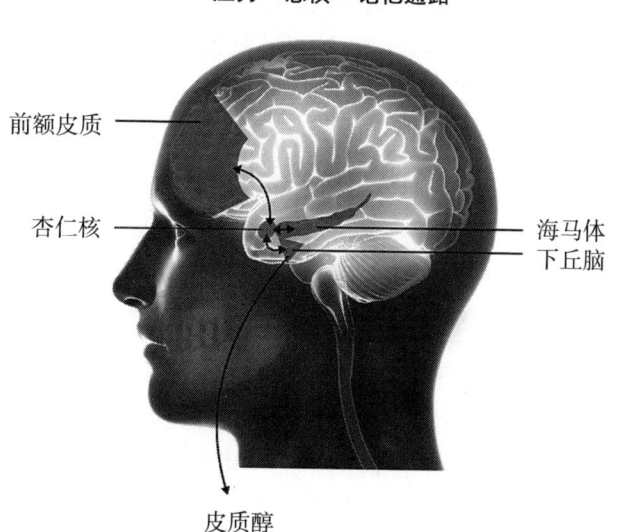

压力 – 恐惧 – 记忆通路

前额皮质

杏仁核

海马体
下丘脑

皮质醇

图 2-3：压力 – 恐惧 – 记忆通路由 4 个大脑区域构成。你的压力中心杏仁核与下丘脑（位于大脑底部）有联系，后者控制压力激素（皮质醇）的分泌。你的记忆中心海马体将记忆区分为"好的"和"坏的"。杏仁核与海马体互相起作用。第 4 个区域是前额皮质，这是大脑的智慧区域，可以控制给你带来危险的行为。这 4 个区域共同控制着你的行为。

这 3 种通路可以说几乎产生了人类的所有情绪，尤其是那些与奖赏和满足感有关的情绪。当多巴胺信号到达伏隔核的时候，人就会受到刺激，想要得到奖赏。能产生奖赏信号的刺激物很多（如权力、赌博、购物、互联网及容易产生依赖性的物质）。但是，无论外界的刺激物是什么，人体内部的奖赏感觉却几乎是一样的。这就是几乎所有的刺激达到极致时都会导致成瘾的原因。你可能会染上毒瘾，但是你同样也很容易对某种行为上瘾，比如赌博或者上网。

相反，虽然幸福这种体验是基于血清素信号的，但是人体解读这个信号却并非那么简单。解读还取决于接收该信号的受体——它会改变人的情绪体验。这正是各种积极的情绪（属于幸福的范畴）彼此各不相同的原因：聆听某些类型的音乐会产生积极的情绪，但是它不同于人们大学毕业时体验到的那种幸福，而后者又不同于为"人类栖息地"[1]项目建造一个家园引发的积极情绪。这可能也是幸福有这么多不同定义的原因所在——这一路上有很多不同的匝道入口，也有很多条不同的道路，而每条道路上的限速还各不相同。但是，它们都有一个共同且唯一的目的地，那就是满足感。而其他积极的情绪（不属于幸福的范畴），如快乐、兴高采烈、狂喜以及神秘体验，很可能走的是同一条道路，但其最终的出口却千差万别。

本有可能一展身手的神奇药物

为了揭示奖赏和满足感这两种情绪的本质、区别以及它们是如何被人利用的，我首先要告诉你的是，任何情绪的产生都取决于大脑的运转。现在我给你举两个例子以说明前述3种通路对你情绪状态产生的影响及其作用范围，还有，如何通过外部操控（使用药物）或内部操控（不受抑制的激情）使人纯粹处于一种积极的情绪状态，并使之变成一种极具杀伤力的武器。

我先给你出示"证据甲"：利莫那班[2]。

如果不是为了得到奖赏或者心存得到奖赏的希望，我们可能会因为深重的苦难和难以抚慰的哀伤而自杀。大约10年前，人们检验过这个假设——在欧洲放开抗肥胖药物利莫那班[3]的使用。在获得欧洲药品管理局（相当于

---

[1] "人类栖息地"是一个非营利组织，旨在帮助社区内和世界各地的人建立一个他们可以称为"家"的地方，或者帮助他们改善居住环境。

[2] 利莫那班在原文中有两种写法：rimonabant 和 accomplia，此处用的是 rimonabant。

[3] 此处为 accomplia，是该药品的商品名，无中文译名，由其成分"利莫那班"指代。该药品由赛诺菲 - 安万特公司生产。

第 2 章　净在错误的地方寻找爱

美国食品药品监督管理局）批准作为一般性药物使用之前以及整个审批过程中，这种药物给了人们莫大的希望。利莫那班是首款内源性大麻素拮抗剂，属于抗大麻类药物。事实证明，前述很多大脑通路都拥有四氢大麻酚（大麻中的活性化合物）的受体，当四氢大麻酚与名为 CB1 的受体结合时，人的精神得到提振，焦虑得以缓解，这就在一定程度上解释了人吸食大麻时为何会感到如此飘然若仙。同时，它还会加速快感的转导，这就解释了为什么这么多聚众吸食大麻的人会在吸食之后有淫乱行为——这就相当于人们事后享用的小点心。可是，大自然母亲为什么要在我们的大脑里植入大麻的受体？事实还证明，我们自身能够合成名为"大麻素"的内源性大脑化合物，它能够与 CB1 受体自然结合，让我们不断进食，并使我们大多数人的社会功能大打折扣，即便我们本身不吸食大麻。但是，那些确实吸食了大麻的人，他们压抑的焦虑会在吞云吐雾之际随风而逝，留下来的只有无限的快乐。

利莫那班阻断了 CB1 这种"让人感觉良好的小点心受体"。这种药物于 2006 年获得欧洲委员会的上市批准。作为一种减肥药，它非常有效，而且很好地降低了肥胖的并发症。这些数据无可争辩。很多人的体重大大下降了。不过，他们的食欲也降了下来，不再吃垃圾食品。他们也丧失了对食物的所有兴趣，食物再也不能给他们带来任何快乐了。事实上，他们在任何东西身上都不能获取到快乐了。而另一方面，他们的焦虑显著增加了。在利莫那班获得批准之前的 5 年时间里，它是肥胖界所有人士的唯一指望。他们都希望利莫那班成为爆品。然后，利莫那班真的"爆炸"了：它在欧洲上市后，数据显示，服用它的人有 21% 患上了临床抑郁症，并且其中有人自杀了。当然，如果吃不能给你带来任何乐趣，那么你减肥肯定会成功。但是，你同时也失去了获取奖赏的动力，而这意味着你丧失了生活的动力。因此，利莫那班很快就被勒令撤出了欧洲市场，而美国食品药品监督管理局根本就不批准它上市。

利莫那班的例子给了我们什么教训？首先，它清楚地表明：生物化学变化是行为及情绪的驱动力。利莫那班通过阻断 CB1 受体致使很多人罹患临床抑郁症，并导致少数人自杀。焦虑是奖赏和幸福的死对头。难怪人们吸食大麻的现象飙升——人们视其为降低焦虑的首选方法，指望它能取代酒精来对抗焦虑，这直接导致很多州将吸食大麻合法化。毕竟，对于整个社会来说，大麻和酒，哪个危害性更大呢？由于美国大多数州的议会现在都由婴儿潮那代人把持，所以这种态度的转变并不奇怪。其次，它向我们表明：寻求奖赏的行为是一把双刃剑。这种行为是确保物种生存的要素之一。但是，它显然不能保证任何个体都能存活下来。事实恰恰相反。扼杀快乐，我们会陷入绝望的深渊。然而，太多的快乐会导致成瘾——我们将在本书第二部分看到这一点，它同样会把我们带入绝望的深渊。你可以把奖赏发挥作用的效能视为一条钟形曲线（参见第3章），只有中间那个点是最佳点[1]，而处在其他任何一点，你都是在玩火。最后，它向我们展示：干扰大脑边缘系统正常运作的东西会增加焦虑，减少快乐。一旦快乐被严重剥夺，就可能导致人抑郁甚至自杀。**没有快乐就意味着没有幸福**。打个比方，幸福就像一杯饮料，快乐是用来搅动这杯饮料的吸管，而焦虑则会融化冰块。我们都需要奖赏，因为奖赏可以抑制焦虑……不过，作用仅限于很短的一段时间。经历了利莫那班的滑铁卢事件，大型制药公司开展了很多试验，希望找到能破坏内源性大麻素系统的药物，不过，到目前为止，仍一无所获。而在另一方面，销售药用大麻的药房像野草般蔓延。

感受不到爱？

现在，让我们把注意力转到几乎每个人都或多或少体验过的一系列情绪上——这组情绪能清楚地显示奖赏通路和满足感通路的差异。我还想请大家注意：一旦将这两者混为一谈，你会如何一步步陷入水深火热的困境中。

我向你展示"证据乙"：爱。

"我爱你。""现在让我们做爱吧。"这是两个不同的陈述句，分别源于大脑内部不同的生物化学反应。除了"爱"这个词之外，这两句话几乎没有相

---

[1] 也叫"甜蜜点"，指在给定条件下各种因素联合作用产生最佳效果的那个点。

第2章 净在错误的地方寻找爱

同之处。爱会带来满足感，而拥有满足感会让人感受到爱。但是，性则是由奖赏的需要驱动的。

变形虫可以无性繁殖。它们不需要大脑边缘系统，甚至不需要大脑。但是，哺乳动物确实离不开大脑边缘系统，也不能独自繁衍后代。哺乳动物不仅需要性伴，而且还很享受性伴的存在。身体的擦蹭就其本身而言，并不见得多么令人快乐，但是如果扔进来一些性激素，你可以爽翻天。这就是哺乳动物拥有生殖器神经的原因——其传递的感觉放在身体其他部位可能是不堪其扰的、可恼的，而就特定部位来说，前戏就颇能让人春情荡漾。即便是雄性大鼠，在交配以及最终插入（即大鼠的射精行为）之前，它们也有前戏。诚然，这种情况只有在睾酮起作用时才会发生。没有睾酮，也就没有性趣。雌性大鼠只有在它们的胁腹部被触摸时才会弓起背以吸引对方的注意——称作"脊柱前凸"，以示已经做好交配准备，但是这也离不开雌激素的作用。除了脊柱前凸，大鼠的整个交配过程与人类行事并无二致。用点心想想吧！如果没有最后那点销魂的甜头勾着，刚刚步入成人世界的青葱少年和妙龄少女，凭什么甘冒可能被拒绝的痛苦，耐着性子忍受味同嚼蜡的闲聊、漫天要价的酒吧账单、让人掩鼻的狐臭和口臭？最好有一个大大的犒赏在等着他们。一切都是睾酮和雌激素在作祟。在青春期之前，也就是性激素在体内肆虐汹涌之前，所有这一切都是无法忍受的。而在这之后，一切都关乎焦虑（性方面的）。这再次证明，生物化学物质是最重要的。

在人类所有的历史之中，到处可见爱的踪迹。难道不是吗？唔，也许不是这样子的……蒂娜·特纳[1]早在1984年就告诫过我们："情情爱爱算什么，不过就是被动情绪！"这说明：爱根本算不上人们一切努力的出发点和归宿。这种对待爱的态度可能让我无法在阅读女性情爱小说[2]时获得最佳体验，

---

[1] 美国女歌手。蒂娜·特纳被认为是最成功的女性摇滚艺术家，并被《滚石》杂志称作史上最伟大的歌手之一。其丈夫发现了她的音乐天分，两人组成乐队并共同迎来事业的巅峰。后来，蒂娜在忍受丈夫家暴多年之后与其离婚。

[2] 也译作"小鸡文学"或者"小妞文学"，指由女性撰写并且主要面向二三十岁的单身职场女性的文学作品。

但爱这件事真的只关乎生物化学反应。

要剖析爱的通路，另一个重大问题就是词源问题。因纽特人用56个词来表示不同状态的雪，但是我们用来表示雪的词只有1个。与这种情形相似，希腊人有3个表示"爱"的词，比起我们仅有的那个词，它们更接近各自对应的生物化学状态。第一个词"Eros"，表示一段爱恋关系开始之初你对伴侣的强烈迷恋。这通常与性密不可分。它建立在睾酮、雌激素和脱离现实的基础上。这种炙热滚烫的情感需要同时具备两个条件：奖赏通路多巴胺的增多及满足感通路血清素的减少。从生物化学角度看，它类似于一种短暂的痴迷。第二个词"Philia"，表示你对朋友和家人更"冷静"的情感。这里的家人指你的父母和你的老夫或者老妻，而这里所涉及的情感可能有爱，也可能有失望。至于母亲和孩子之间的爱，调节它的是一种不同于一般激素的名为"催产素"的激素，并且起作用的情绪通路与本章讲述过的3种通路都不同。对动物进行的催产素研究，无论是通过基因敲除催产素，还是通过药理抑制催产素，都有这样一个结果：一个原本对子女关怀备至的母亲现在对她的子女完全丧失了兴趣，经常不管不顾，甚至到了坐视其饿死的境地。我们将在第14章中看到这条通路如何受到多巴胺的荼毒，甚至连人类也无法逃脱这种危害。第三个词"agape"[1]，表示人们对上帝的爱。但是，当它被多巴胺劫持时，由此产生的狂热之情，再加上借着宗教的名义，可能会摧毁整个人类（见第16章）。爱是一种情感吗？或者，它只是一些生物化学物质恣意妄为的外在表现？说到底，这一切都没有区别。

我们现在使用PET扫描这种新的成像技术可以看到一类人——恋爱中的人（或者说被爱冲昏头脑的人）的大脑。我们看到的图像是：多巴胺（神经元）的放电状态就像前额皮层这家瓷器店里闯进一头公牛——大脑的前额皮层本该帮助你稳定情绪，而现在，它变得异常冲动和富有攻击性（见第4章）。同时，血清素水平下降，导致任何可能抑制焦虑的满足感都降低了。

---

[1] 希腊文为agapē，指神对人以及人对神的无私大爱。在《新约圣经》里，agapē被解释为"仁慈、无私、利他与无条件的爱"。

第2章　净在错误的地方寻找爱

沉浸在爱恋中不可自拔的人会表现出焦虑、压力大和想法怪异的症状，这是迷恋 – 强迫失调状态下的情绪和行为，是一种与血清素水平低有关的精神病症状。

文学和影视作品中的爱情

现在，有些人可能会说：嘿，等等！爱是一种人与人的连接，爱是与一名异性（或者同性）有意义的连接。在这个过程中，一切付出都是值得的。爱也是所有行为的驱动力。显然，你从未用 Tinder[1] 跟人约会过。如果你曾经以为快乐和幸福是一回事，性会让你明白：事实并非如此。性会给一段关系（多巴胺在起作用）带来奖赏，如果你幸运的话，它可以发展成满足感（血清素在起作用）。但是，满足感并不能保证一个物种的生存或者推动其进化，而奖赏可以做到这一点。我们不知道爱情是否是人类独有的情感，我们也无从得知老鼠是否开心，我们更不知道灵长类动物是否幸福。我们只知道：它们是社会性动物。我们知道，它们在一起聚居；我们知道，这个群体里有雄性头领和一些依附于这个头领的个体，这显示了它们是有等级观念的群体；我们知道，它们会表现出同情心，这说明它们确实有情感。但是，我们真的不知道：它们是否幸福，或者什么会让它们幸福。哦，不不不！不是这样的！其实是奖赏在驱动初级 DNA 指令，是奖赏成就了物种的生存。然而，在一段互动关系中能收获满足感，这当属意外之喜。对于我们这些凡人来说，只有少数人有这个福气。如果你已经拿到了这份"红利"，不用怀疑，你就是个幸运儿。对已婚夫妇的研究表明，对一段关系全情投入会产生满足感，而这种满足感对个人的健康有好处：拥有良好婚姻关系的人往往寿命更长，患病概率也较小。相比之下，那些从未结过婚的人或者离了婚的人则健康堪忧，前者患病的概率要高上 2.59 倍，而后者要高上 3.10 倍。那些拥有

1　一款社交软件，tinder 意指"火绒；易燃物"。

积极的社会关系和有归属感的人会更幸福，因此也更长寿。

然而，我们还是很难从人类的历史或者文学作品中挖掘和解析"爱"（love）和"恋爱"（in love）之间的差异。亚当爱夏娃吗？我想，在她吃掉那个苹果之前，也许亚当是爱她的。你可以做一个大致的判断。毕竟，识字忧患起，无知乐逍遥。然而，在这之后呢？估计在那个地方也无所谓什么爱不爱的。你可能想在荷马的《伊利亚特》中追寻人类最早有文字记载的男女之爱，也就是把希望寄托在帕里斯和海伦之间的爱情上，尽管在深入研读之后，你可能会得出另外的结论。海伦毕竟是有夫之妇，而帕里斯迷恋她的唯一原因就是阿芙洛狄忒许诺给他世间最美的女子。这听起来更像帕里斯鬼迷心窍，而不是真正爱上了海伦。

大多数作家会故意将迷恋（或欲望）与爱情混为一谈。迷恋是多巴胺在起作用，它是奖赏机制的变体，是一种原动力，我们是身不由己地被吸引了过去。我们这么肯定，部分原因是：我们每个人都曾经有过这样的经历。意乱情迷是一个大卖点，那些浪漫爱情小说兜售的就是这点玩意儿。《50度灰》[1]之所以风靡一时，也是这个原因。另一个没有摆到桌面的噱头，就是它的重口味。

爱是一件无聊的事情。这不算糟糕，只不过这样远远不能勾起读者阅读的兴趣。哦，我就知道，我这么说，你肯定会把埃里奇·西格尔的《爱情故事》（1970）甩到我的脸上，你会告诉我，爱情和意乱情迷一样，都很有市场。而我要笃定地告诉你：几乎每一部主打爱情牌的成功的作品，其结局都是男女主人公阴阳两隔、生死两茫茫。来吧，吞下你的毒药吧！罗密欧这样做了。拉里·麦克默特里的《母女情深》（1975）呢？艾玛得了乳腺癌。约翰·格林的《无比美妙的痛苦》（2012）是怎样的结局？格斯的"毒药"是他罹患成骨肉瘤，需要化疗。还有一种情况，主人公中没有人不幸殒命，但其遭遇了惨烈的意外事故导致瘫痪了，就像电影《金玉盟》（1957）的结局

---

[1] 美国情色小说，讲述了一名纯真的女大学生安娜塔希娅·史迪尔采访企业家克里斯蒂安·格雷而与其交往的故事。

一样。哦，不！你还要加把劲儿，再去找找有说服力的例子。意乱情迷有卖点，那是因为痴迷就是一发不可收的"奖赏"，而长期坚贞不渝的爱等同于"满足感"。主人公"领饭盒"下线或者身体有了残缺，这样书和电影票才卖得动。音乐剧《魔法黑森林》向我们展示了所有那些"从此以后，他们幸福地生活在一起"的结局不过是人们的一厢情愿。

也许这段来自路易·德·伯尼埃尔的小说《柯莱利上尉的曼陀林》的话最能解释"爱"与"恋爱"的区别："爱不是屏声静气赔小心，也不是兴奋到无以名状；爱不是公然承诺激情一定永恒，也不是每天分分钟都要痴缠在一起……那是典型的热恋的表现，傻瓜都可以做到。就本质而言，爱就是轰轰烈烈的恋爱的火焰归于静寂之后还能幸存下来的东西。它既是一门艺术，也是一种意料之外的幸运。"

爱上了瘾？

1986年，罗伯特·帕尔默在他的MV中唱道："你还是面对现实吧，你爱上瘾了。"嘿，你猜怎样？YouTube上至少有3000万观众购买了它（伴舞的那五位褐发女郎会让任何人着迷的）。好吧，如果迷恋是由多巴胺引起的，那么，爱真的会上瘾吗？牛津大学神经伦理学家布莱恩·厄普也通过描述两种不同的"爱"来探讨这个问题。厄普称第一种爱是"暴风骤雨般的爱"，其特征是陷入"恋爱"中，强烈而有激情，换句话说，就是"迷恋"，或者用言情小说里的话说，就是"欲望、渴求"，它导致的大脑化学变化类似于药物成瘾。几乎可以肯定，这是多巴胺在起作用。当然，如果"恋爱"成瘾，就会导致严重的后果，其危害不亚于真正的毒瘾。我们都在报纸上读到过激情肆虐的后果。厄普称第二种爱为"成熟"的爱。在这种爱里，人的社会能力和认知水平都会得到发展，这很有可能是血清素在起作用。真正决定"爱"这种情感的是满足感，因此，爱本身不会让人上瘾。

以当今社会的世俗标准衡量，也许拥有婚姻是一个人幸福最明显的标志。然而，相对来说，婚姻中有爱的存在，这是一件比较新鲜的事情。历史学家斯蒂芬妮·孔茨表示，婚姻的出现是为了确保有合法的后代、获得最强大的姻亲来建立家族联盟，以及扩充家庭的劳动力队伍。毕竟，即便在当今这个时代，某些地区/国家/社会里的婚姻也仍然是由媒人出面安排的。正如百老汇舞台剧《屋顶上的小提琴手》[1]中特维[2]对1905年的俄国社会状况所做的评论："爱？那可是一种新风尚。"

今天的婚姻，其重点甚至也不在婚姻本身，而在婚礼。小女孩在幻想婚姻时，能想到的就是举行婚礼这个盛大无比的日子：戒指和礼服、来宾座位的安排和合适的摄影师的挑选、伴娘和DJ的人选、婚宴上保温锅里的菜肴和吧台。这是为多巴胺系统量身定做的营销方案，它与血清素无干，甚至不一定着眼于服务某一位新娘。至于信用卡被刷爆、与礼服搭配的鲜花枯萎之后会发生什么，谁都不会去考虑。婚宴上的摇滚乐？它是这番努力之后的回报（奖赏），它可不会保证幸福能长长久久。

迷恋和爱之间的差异只不过是奖赏和满足感之间存在天壤之别的一个例子而已。就迷恋而言，人们首先体验到的是一种动力，接着是去追逐目标，通常也伴随着身体欲望和性反应的达成所带来的本能奖赏阈值的提升，伴随着以性释放的形式达成的全部奖赏体验的圆满。而真正的爱会随着时间的推移，由于人际连接和精神层面的交流而最终迎来满足感和巨大的幸福感。

这是两种不同的神经递质（多巴胺与血清素）、两个不同的大脑区域（腹侧被盖区与中缝背核）、两个不同的作用目标（伏隔核与大脑皮层）、两套不同的受体以及两种不同的调节系统。但是，它们会彼此影响，其结果是同时削弱了快乐和幸福。当这两条神经通路各自的作用被发挥到极致时，你要么被带上最高的山巅，要么坠入最深的谷底（成瘾、抑郁，这时，你会被痛苦淹没）。本书第二和第三部分与大脑神经科学有关的内容将对此进行论述。

---

1 *Fiddler on the Roof*（1964）。

2 剧中男主角。

The hacking of the American mind

第二部分
奖赏——心醉神迷之后是剧痛

第 3 章
欲望与多巴胺，快乐与阿片类药物

与歌舞片《狂欢节》(1960)的主题曲相反，爱情确实没有能力推动这个世界发展。然而，同是歌舞剧的《歌厅》[1]里的说法却是正确的：金钱是推动这个世界运转的力量。因为金钱可以买到声望、权力、性和"那些大型玩具"(飞机、游轮和汽车)。所有这些都可以归结为同一件事情：奖赏。不管是什么物种，争取奖赏(吃、争斗、交配)的动机都几乎贯穿了其整个进化过程，并且最终都完整地保留了下来，分毫没有改变。这是有道理的：奖赏是一种非常强大的、抑制不住的情绪驱动力，人们一以贯之地对它孜孜以求。这个世界有层出不穷的奖赏等着人们去争取，其中有很多是由文化、宗教和真人秀电视节目灌输的。然而，其中暗含的、亘古不变、放诸四海皆准的真理就是得到奖赏的动力永存。起床的动力通常是寻求奖赏，无论去工作是为了支付电费还是进入"魔多之门"摧毁魔

---

[1] Cabaret (1966)，根据音译为"卡巴莱"，指餐馆、夜总会晚间的歌舞表演和滑稽表演，也指提供这些演出的场所，如卡巴莱餐馆、卡巴莱夜总会。

戒[1]。而对我而言，那个奖赏是两杯咖啡。

事实上，人类的每一个努力背后无一不是回报（奖赏）在起作用。自从智人出现在这个星球以来，奖赏一直是人类行为的主要驱动力。事实上，我们的脊椎动物祖先从远古洪荒一路走来，奖赏一直是个体和集体行为的主要驱动力。如果我们不喜欢性和食物，就永远不会繁衍后代，也不会去吃任何东西。奖赏是人类（以及其他物种）做成一件事的手段，实际上关乎整个物种的生存问题。

奖赏清楚明了地表现为各种形式的个人成就（如成为商业巨头或总统）。你的薪水就是衡量你能力的普遍性指标。也就是说，你给别人提供（他们所需的）奖赏，与之相对地，你领的薪水也就是你得到的奖赏。从更大的方面来讲，奖赏还可以表现为成功的公司和国家的一些指数（前者为季度报告，后者为国内生产总值）。

现如今，无法获得奖赏对我们的社会不会造成什么伤害。我们已经把奖赏作为最高优先级的事物。现在，奖赏无处不在，时机也都正好，就等着你随意采撷，几乎不需要额外花心思，因为你已经拥有锁定和获取奖赏的手段：你需要的不外乎社交媒体、网络色情、你的药店、你的酒铺或者你的冰箱。

奖赏是首要的。奖赏就是目标。有时候，奖赏实际上成了你的最终目标。因为单独一个奖赏是远远不够的。如果奖赏成为压倒一切的首要目标，那么其最终结果可能就是成瘾——也许这是最大的不幸。因此，要想了解奖

---

[1] 此处的"魔多之门"（Gates of Mordor）与"魔戒"（the One Ring）出自英国作家、牛津大学教授约翰·罗纳德·瑞尔·托尔金（John Ronald Reuel Tolkien）创作的长篇奇幻小说《魔戒》（*The Lord of the Rings*，也译作《指环王》）。该书是《霍比特人》的续作，被公认为近代奇幻文学的鼻祖，讲述了黑暗魔君索伦在数千年前铸造了一枚具有无上权力的至尊魔戒，后来这枚魔戒辗转落到了天真无邪的男孩弗罗多的手里。弗罗多抵御住了魔戒的诱惑，在朋友们的帮助下最终前往末日山脉销毁了魔戒。魔多之门，也称"魔多黑门"（Black Gate），是进入魔王巢穴的大门，由两端的监视塔和巨大的铁门组成。在魔戒被摧毁的同时，黑门及监视塔都崩坍了，魔多大军也瓦解了。

第3章 欲望与多巴胺，快乐与阿片类药物

赏对个人或社会有何裨益，或是对这两者有何伤害，理解奖赏的内部运行机制就变得至关重要。

我可以得到加倍的奖赏吗？

奖赏通路囊括和呈现了我们最基本的一些生存本能，例如饮食和性。这条通路及其机制被认为已经发展到确保物种永续的重要程度——如果生育这件事没有任何乐趣可言，基因也就永远不会被延续。尽管刺激奖赏通路的物质和行为多种多样，但是，在所有情况下，奖赏通路的神经通路和信号传导机制都惊人地相似。在过去的30年间，得益于一些研究领域，如新型生物化学、分子生物学、药理学和成像技术的发展，科学家们已经能够逐渐弄清奖赏通路的驱动力及其起作用的部分，也明白如何利用它获得好的结果（也可以操控它得到不好的结果）。

直到最近，奖赏通路还一直被认为是一条通向快乐的单向高速通路。但是，新的研究表明，奖赏体验实际上有两个互相交织、前后接续的通路和体验，涉及两组神经化学物质和两组受体。虽然科学可以把这两者分开，但是我们会同时或连续快速地体验到它们。这两种现象可以概括为：（1）动机或欲望，神经递质多巴胺及其受体在其中发挥作用。多巴胺负责将人们"孜孜以求的"行为表现出来。（2）奖赏的兑现或快乐，协同起作用的是一类被称为内源性阿片肽的神经调节剂（内源性阿片肽、特别β-内啡肽、脑啡肽和强啡肽）及其受体，它们统称为阿片受体。这些内源性阿片肽在奖赏通路内产生的令人快乐的感觉都是身体内部的体验。因此，从外往里看，你能看到的就是多巴胺效应。

虽然还有几种脑肽和神经递质也参与了奖赏反应的生成，但为了解释起来更方便，我们将讨论集中在这条通路的诱发物质多巴胺身上。理解了多巴胺的作用就足以解释我们为何及何时会出状况。也就是说，几乎所有令人快乐的行为或物质（性、毒品、酒精、食物、赌博、购物、互联网）都利

用大脑中的多巴胺通路生成了动机。但是，一旦多巴胺过量，就会把人带向苦难的深渊。把"-aholic"这个后缀放在一些单词的末尾，我们就有了这些词——酒鬼、购物狂、色情狂、巧克力狂（alcoholic, shopaholic, sexaholic, chocaholic）等，这时，多巴胺通路就要大行其事了。

奖赏会让你的天平倾斜，扳动你的快乐开关，或者让你欲仙欲死，而多巴胺就是奖赏发挥作用的支点。动机通路是两个大脑深处结构——腹侧被盖区和伏隔核——的连接通路（见第2章）。多巴胺是大脑的一个中心传递给另一个中心的信号。我们体验到的"动机"是一种神经冲动，传递它的神经细胞体（神经元的主体，也称"核周体"）位于腹侧被盖区——那是大脑中一个古老的部位，是你控制不了的区域。腹侧被盖区有很多功能，其首要功能就是分泌多巴胺。细胞体将多巴胺信号发送到位于伏隔核以及其他地方的神经元的神经末梢。

在我们谈论多巴胺和奖赏时，我们谈论的是腹侧被盖区和伏隔核神经元之间的联系。腹侧被盖区分泌多巴胺，并穿过突触将其输送到伏隔核的树突。尽管还有一些神经递质和激素也会参与改变多巴胺信号的过程，但是我们可以将对"动机"的讨论仅限于多巴胺——其在传递神经冲动时不丢失任何信息。

钟形曲线上的冰火两重天

多巴胺是一种具有"双重人格"[1]的神经递质，缺少了它，你纯粹就是一个沙发土豆。而如果你的身体里有太多的多巴胺，你就会变得好斗和偏执。换句话说，像科学和医学领域的很多东西一样，多巴胺有一个最佳点（甜

---

1 双重人格，具有善恶两重性格。出自英国作家斯蒂文森的小说《化身博士》。书中主角是善良的医生 Jekyll，他将自己当作实验对象，结果却导致人格分裂，夜晚会变成邪恶的 Hyde。最后 Jekyll 以自己的自尽来停止 Hyde 的作恶。这部著作曾经被拍成电影、编成音乐剧，流传十分广泛，这使得"Jekyll and Hyde"成为"双重人格"的代称。

第 3 章　欲望与多巴胺，快乐与阿片类药物

蜜点），它在体验的动态范围内。多巴胺数值在最佳点时，系统运行在最佳水平。用一条钟形曲线可以清楚地说明这一点。多巴胺的数值向前或向后移动取决于你的生理和情绪状态（图 3-1）。如果你处于钟形曲线的低端（左侧），说明你几乎没有（争取）奖赏的动力。而当曲线向右轻微上扬——说明多巴胺含量上升，这时你的情绪会被调动起来，你会处于兴奋状态。

乐趣、注意力、现象

奖励

雌激素　雌激素　肥胖

Val^{158}Val　Met^{158}Met　压力

无精打采　　　多巴胺作用　　　烦躁易怒

抗精神病药物　　　　　　　　毒品
遗传学　　　　　　　　　　　压力

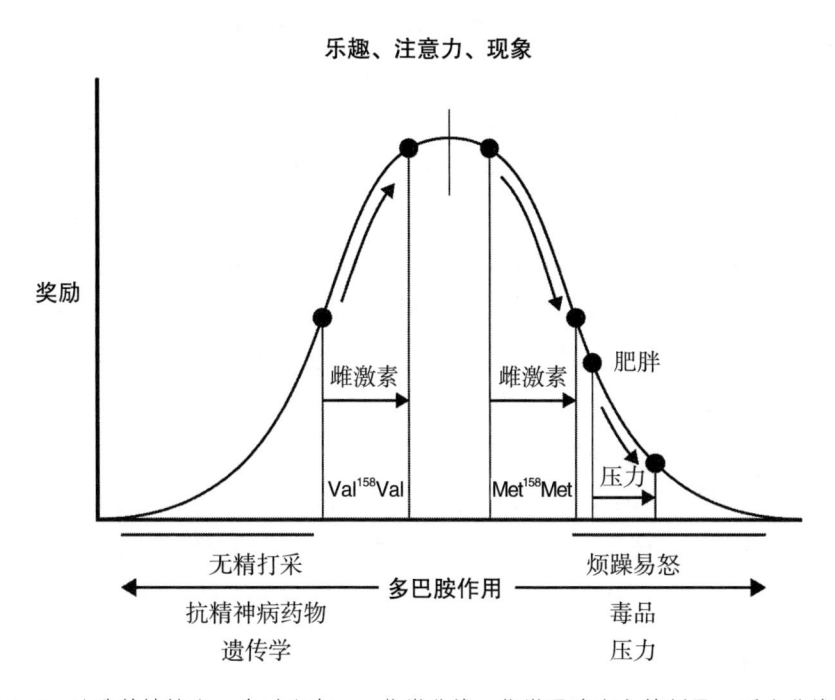

图 3-1：让我的情绪坐一个过山车——奖赏曲线。奖赏通路在它的剂量－反应曲线的中间位置能发挥最佳作用。奖赏不足，人会无精打采；奖赏过多，人会烦躁易怒。抗精神病药物（如利培酮）通过阻断多巴胺的作用会让人朝曲线左边移动，而多巴胺转运蛋白阻断药物（如可卡因）会让人朝曲线右边移动。此外，遗传多态性会改变你在曲线上的位置。Val^{158}Val 基因型的多巴胺受体会让人朝曲线左边移动，而 Met^{158}Met 基因型的则会让人朝曲线右边移动。肥胖的人会向右边移动，所以会摄入更多的食物，这意味着更多的多巴胺，导致奖赏更少。

如果你已经处在钟形曲线的顶端，而多巴胺还在继续增多，那么你就会转而进入另一种非常不妙的状态。此外，你在钟形曲线上的位置会根据你体

033

验到的东西而改变，包括你每天都要承受的压力和接触到的药物。现在，我举两个例子。

（1）**肥胖**。肥胖会立竿见影地严重破坏你的多巴胺系统。如果你体态臃肿，那么你已经超过了多巴胺曲线右边那个最佳点。压力会把你往右边推得更远（见第4章）。然后，扔过来一个食物诱惑（奥利奥的广告），你大脑里的多巴胺立马就会叫嚣起来，你无路可走，只能继续沿着曲线往下走。有一种激素叫瘦素[1]（由你的脂肪细胞分泌，它会告诉你的大脑：你已经吃了够多的哈根达斯冰激凌了），它通常会减少奖赏中心（腹侧被盖区）的多巴胺放电，并让其朝曲线左边移动（我想要冰激凌—我吃了冰激凌—耶！冰激凌！）。但是，如果你的神经元对瘦素产生了抵抗，如慢性肥胖症出现的情况，这时瘦素是不起作用的——它不能抑制多巴胺信号，多巴胺依然狂飙，你就会不断地吃下冰激凌，第二品脱、第三品脱和第四品脱……你还在希冀得到奖赏，而那奖赏却越来越少。（如果你想了解更多有关瘦素抵抗和肥胖的信息，请阅读我的书《希望渺茫》）此外，有些人的肥胖问题有遗传因素：他们的伏隔核范围更大，而他们的功能性磁共振成像[2]显示，面对食品广告，他们伏隔核的反应比那些体重正常的人更激烈，这导致他们对食物的兴趣更加浓厚。

（2）**雌激素**。至少有一半女性会告诉你，她们的月经周期产生的激素会给她们带来影响——她们在处理简单的任务时大失水准，而短期记忆也严重受影响。雌激素水平上升意味着多巴胺水平上升。在排卵时，也就是当雌激素水平达到峰值时，女性既可以集中注意力、干劲十足、一一做完清单上的待办事项，也可能狂虐家人——几乎能把人虐废了，导火索就是他们忘了顺便买点冰激凌。这到底是怎么回事？到底哪一个才是真实的你？这取决于你是从多巴胺钟形曲线的哪一点起步的，而这很有可能是由基因决定的。

1　一种由脂肪组织分泌的蛋白质类激素。人们之前普遍认为它进入血液循环后会参与糖、脂肪及能量代谢的调节，促使机体减少摄食，增加能量的释放，抑制脂肪细胞的合成，进而使体重减轻。

2　一种新兴的神经影像学方式，其原理是利用磁共振造影来测量神经元活动所引发之血液动力的改变。目前主要运用于研究人及动物的脑或脊髓。

大约 25% 的女性的原初数值是在曲线左侧的，因为她们体内的蛋白质属于 Val^{158}Val（每个细胞的每组染色体上的基因组合）基因型，它会消耗掉多巴胺。这就意味着她们体内的多巴胺含量较少，特别是在前额皮质——大脑执行计划的理性部分那里。在排卵期之前，在她们的雌激素水平上升时，这种基因实际上会把多巴胺带到曲线上的最佳位置，并且那段曲线变得更加突出和尖锐。而对于另外 25% 的女性，在一个月的大部分时间里，她们的多巴胺水平都处于曲线最佳位置。在排卵期，雌激素激增，这会将多巴胺水平推向曲线右侧更远端。这种变化可能让人变得茫然迷糊、烦躁和富有攻击性。所以，如果你的女朋友每月总有那么几天在很小的事情上都大发雷霆（那时她正处于排卵期，而且假设她没有采取节育措施），那可能是因为她携带的是 Met^{158}Met 基因。

来点刺激，让我爽一下！

不仅仅是你在曲线上的位置很重要，你能分泌的多巴胺含量也会影响你的反应。多巴胺通路有三种独立的调节模式，其中任何一种都可以让你变得疯癫无状，把你的多巴胺水平带到钟形曲线的左边或右边，进而影响你的情绪和行为。

（1）合成。多巴胺是由氨基酸酪氨酸在腹侧被盖区的神经元生成或合成的，很多食物中都含有氨基酸酪氨酸（图 3-2）。在理想情况下，腹侧被盖区中的多巴胺浓度的调节和平衡很严格。过多的多巴胺会引起无数问题，包括精神病症状。医生曾经使用药物来降低精神分裂症患者的多巴胺合成能力。虽然药物能有效改善患者的奇思怪想症状，但是它也会使患者情绪严重低落。最终，这些药物被禁止销售。医生还曾经使用促进多巴胺分泌（或释放）的药物来治疗慢性抑郁症。事实证明，这种做法对某些患者有帮助，但是对其他人的副作用很大——包括让人烦躁、变得有攻击性和偏执。人们还在研究影响多巴胺分泌的药物，希望能借以帮助患者找到钟形曲线的那个最佳点。

图 3-2：多巴胺的合成和代谢。在酪氨酸羟化酶的作用下，氨基酸酪氨酸接受了一个羟基形成左旋多巴[1]。接着，在多巴脱羧酶的作用下裂解掉一个羧基形成多巴胺。而在单胺氧化酶和儿茶酚氧位甲基转移酶的作用下，多巴胺被代谢掉了，其代谢产物是二羟苯乙酸和高香草酸。

（2）起作用。多巴胺（钥匙）从腹侧被盖区轴突神经末梢被释放之后，它穿过突触并在那里与伏隔核神经元上的多巴胺受体（锁）结合，并刺激后

---

1 以其为主要成分的药物"美多巴"用于治疗帕金森综合征。

第 3 章　欲望与多巴胺，快乐与阿片类药物

者，导致伏隔核神经元放电，从而产生奖赏。该受体的数量决定了奖赏的丰厚程度。有效的多巴胺受体数量多，意味着任何多巴胺分子与受体结合的机会都多，因此就会产生更多的奖赏信号——即使多巴胺释放得比较少。就像万能优惠券一样，在理想情况下，你会以小博大。但是，如果多巴胺受体数量减少，那么多巴胺分子与受体结合的机会就变少，因此产生的奖赏也就更少。这种非特定的现象在医学上被称为"质量作用定律"[1]，它旨在保护每个细胞免于过多暴露在慢性刺激中（见第 4 章）。它能监督一切变化。改变受体数量的某些因素，如遗传和药物，都会影响你的多巴胺水平在钟形曲线上的位置。

有些人的多巴胺受体基因发生了变化，致使他们的身体不能产生同等水平的奖赏。俄勒冈州研究所的埃里克·斯蒂斯研究了携带导致多巴胺受体变异的 TaqA1 等位基因患者的饮食习惯。他们的受体比其他人少 30% 至 40%。他们的突触中需要更多的多巴胺来结合这些数量较少的受体，因此他们需要更充足的动力以从中获取任何可能的奖赏。正如你所预料的，他们的多巴胺受体数量与他们的饮食行为和体重是负相关的：受体越少，意味着越有必要摄入更多的食物以生成奖赏，于是其体重就节节上升。他们需要更多的补偿，这样才可以生成与那些没有发生这种特殊遗传变异的人相同水平的奖赏。

除了多吃，还有一种办法：利用药物阻断多巴胺受体，从而使穿过突触释放的多巴胺永远不会与其目标（多巴胺受体）结合。这就是多巴胺拮抗剂的工作原理。在 20 世纪 50 年代，最初的抗精神病药物，如氯丙嗪和氟哌啶醇给精神病学带来了一场彻底的革命。在那之前，精神分裂症患者（1% 的人口）需要长期或永远待在精神科病房或护理机构里。多巴胺拮抗剂帮助很多患者重新回到了社会。但是，这些早期的药物有严重的副作用，如导致迟发性运动障碍（身体不受控制）。最新一代抗精神病药物，包括利培酮、奥

---

[1] 质量作用定律：抗原和抗体或受体和配体的反应达到稳定时，游离反应物的结合速度等于结合物分解的速度的规律。

氮平和阿立哌唑，均已成功消除了很多不良反应。在临床上，医生经常给成年患者开这些药物以增强他们服用的抗抑郁药的疗效。对于具有侵略性和破坏性行为（如患有孤独症、注意力缺陷多动症、强迫症和抽动秽语综合征）的易怒儿童，医生也会开出这些药物作为情绪稳定剂。但是，它们可能也有副作用，其中，可能出现的副作用是平台效应。受其影响，患者行事可能变得漫无目的、浑浑噩噩，像陷入了斯戴佛镇的阴霾里[1]。

这些药物还会诱发肝脏的胰岛素抵抗，使胰岛素水平升高，随之而来的是体重增加。在我的儿童肥胖诊室里，几乎每周都会看到这样的孩子：他们还不到10岁，为了能让他们正常上学，医生会开出某种情绪稳定剂对他们进行治疗。从那以后，孩子的体重就会开始上升。

（3）**清除**。多巴胺是被释放到突触中的，在那里，它可能与受体结合（钥匙入锁。受体越少，配对结合的就越少），也有可能不与受体结合。派对结束，熄灯，打电话联系网约车司机——现在该是大扫除的时候了。机体需要把多巴胺从突触中清除掉，这需要通过下述两个机制之一来实现：

其一，循环使用。多巴胺分子可以被带回到释放它们的神经元里，重新被装进小储存囊泡里，等待在下一场派对上闪亮登场。在其中，起作用的是多巴胺转运蛋白，或称DAT。多巴胺转运蛋白的运作类似于儿童游戏"饥饿的河马"[2]。多巴胺转运蛋白运送多巴胺，并将其重新吸收到神经末梢，然后将其从突触中移除，并为下一次刺激做准备。利用药物可以改变多巴胺转运

---

1 其出处是1972年的一本小说《斯戴佛镇上的妻子们》。小说讲述了一对年轻夫妇从曼哈顿搬到有钱人聚居的斯戴佛后，发现邻居太太们完美得都不像真人，没有什么情绪和个性。经过一番调查后，女主发现斯戴佛镇上的男人把自己的妻子一个个都变成卑躬屈膝、千依百顺的复制机器人。那些丈夫们为了使自己的妻子变得完美，不惜通过高科技手段使她们变成机器人，彻底地扼杀她们的人性。从某个意义上来说，她们已经死了。小说数次被改编成电影，派拉蒙影业公司在2004年制作发行了同名科幻喜剧片（也译作《复制娇妻》《超完美娇妻》《换妻俱乐部》等），由妮可·基德曼主演。

2 游戏设定：森林中的河马很饿，于是来到了河边。在河边，好多水果纷纷从天上落下。河马正准备吃水果，突然窜出几只猴子来捣乱，河马要躲开猴子的攻击吃水果。

第3章 欲望与多巴胺，快乐与阿片类药物

蛋白的功能，而这就是可卡因起作用的原因。可卡因通过不可逆转的方式与多巴胺转运蛋白结合在一起，然后让它出局。与可卡因的第一次不期而遇，你的快感会提升（有点像前戏的效果），但是，它不会持续很长时间，这就会让你想要更多的刺激。甲基苯丙胺（晶体甲基）也可以对多巴胺转运蛋白起作用，它骗多巴胺转运蛋白载上它而不是多巴胺。无论采取哪种方式，多巴胺溢出都意味着在突触中存在过多的多巴胺，而这会导致更强烈的欲望、更强的攻击性和更多的运动。下次如果你在地铁里看到某人打响指、抠脸，不要去问他的多巴胺是怎样起作用的，你只要知道这是多巴胺在起作用就行了。但是，多巴胺转运蛋白也可以作为多动症、抑郁症或嗜睡症的药物治疗的目标，因为其中有哌甲酯、安非他酮和莫达非尼在起作用，它们会增加动机，但是不用抠脸。

其二，降低活性。单胺氧化酶和儿茶酚氧位甲基转移酶（图 3-2）能降低多巴胺分子的活性。这些酶是你体内的"吃豆人"[1]，能吞噬多巴胺并完全去除突触释放的多巴胺。多巴胺被回收或者其活性被抑制后，欲望就会消失。相反，服用抑制单胺氧化酶的药物（如苯乙肼或某种早期的抗抑郁药），突触中的多巴胺水平会升高，这意味着抑制作用下降——更多的多巴胺——更期待奖赏——更多的动力。

如果遗传因素或使用违法药物影响了多巴胺转运蛋白和单胺氧化酶/儿茶酚氧位甲基转移酶（河马和吃豆人）的正常作用，你的钟形曲线可能会向右移动。由于清除工作受限，突触中会出现更多的多巴胺，这意味着有更多的多巴胺受体及其所附带的物质被激活（见第5章）。不幸的是，你的多巴胺转运蛋白和单胺氧化酶/儿茶酚氧位甲基转移酶不擅长确定你是走在前往派对的路上还是走在回家的路上。适得其反的情况是：如果它们过于活跃，它们就会在多巴胺到达目的地之前将其从突触中清除掉。如果多巴胺数量较少，或者它们与受体的结合不多，那就意味着动力和奖赏也会比较少。

---

1 出自《吃豆人》电子小游戏。游戏规则：吃豆人的大嘴巴在迷宫里移动，要避开每一关里的虫子，并把每一关里的小黄点豆豆都吃完。

物极必反

摄入助兴的药物，比如可卡因，是提高多巴胺水平立竿见影的做法。但是，摄入药物不是获得奖赏的唯一途径，而且药物滥用也不是奖赏通路被扭曲的唯一表现形式。人类的很多行为都可以对多巴胺传递产生相同的效果，其生成的冲动同样令人非常满意。不幸的是，其中一些行为很快就会让人上瘾，并且让人长期陷入困境。我们目前获得的数据表明：赌博是最有可能上瘾的行为。肯塔基州的德比赛马大会[1]带来的心跳体验是有目共睹的。观看比赛也是我们家每年不容错过的活动。它同样会生成多巴胺冲动，带来的刺激就像一气滑下陡坡、在萨克斯第五大道疯狂购物或吸了一轮可卡因那样，只不过冲动的强度不一罢了。轮盘转动一次，不会立马把你变成一个无可救药的赌徒，就像一块可卡因不会让你成瘾一样。但是，一次多巴胺冲动通常会演变成两次。而过不了多久，你可能就会像舞台音乐剧《红男绿女》（1950）中的马斯特森那样，拿整个农场当赌注，就为了赌哪一滴雨点会先落到窗台上。

但是，多巴胺只是神经递质的门户，就像一个触动开关。多巴胺冲动跟性爱的前戏（这个过程也释放多巴胺）有些相似。与巫山云雨相比，这种体验算不上酣畅淋漓——而前者的欲仙欲死和快乐感受，倚赖的是另一组化学物质内源性阿片肽——其细胞体位于下丘脑，那里是大脑控制激素和情绪的区域。内源性阿片肽中最有名的一种化学物质是 β-内啡肽，这种脑肽具有与吗啡相似的特性。像吗啡或海洛因一样，它会与相同的阿片受体结合，在伏隔核中生成快感信号。阿片类药物是对奖赏通路起实际作用的刺激物，你可以用氢可酮（商品名"维柯丁"）或羟考酮（商品名"奥施康定"）等阿片类药物达到这个效果。又或者，通过剧烈运动，你的身体会自然生成 β-内啡肽。而后者就是优秀运动员试图通过长跑达到的目的——获得"跑步者的

---

[1] 每年于美国肯塔基州路易斯维尔丘吉尔园马场举行的赛马比赛，是美国著名的赛马赛事，是美国三冠大赛的第一关（其余两关为必利时锦标赛及贝蒙锦标赛）。

第 3 章 欲望与多巴胺，快乐与阿片类药物

快乐"[1]。现在已经有证据显示：针灸能缓解疼痛，其原因是（大脑）奖赏中心释放的内源性阿片肽起作用了。内源性阿片肽和阿片类药物一样，能与其受体结合并产生快乐。但是，你猜猜，这里又会有什么情况？就像多巴胺一样，这些内源性阿片肽受体也会由于长期暴露导致功能下降（见第 5 章），虽然我们不确定这对那些长跑运动员是否也有同样的影响。

首先是动机，然后是得偿所愿。首先是欲望，然后是快乐。但是，这个模式是建立在你的大脑已经知道将要发生什么这个假设之上的。我们在动机和欲望满足方面的典型行为几乎如出一辙，但是，触发这些行为的因素却因人而异。让你飘飘欲仙的东西可能会给别人招致没顶之灾。或者，情况刚好相反。但是，在你找到扳机并扣动它之前，你可能不知道那把手枪有扳机。在你亲身经历之前——至少要有这样的经历，你不会知道自己喜欢什么、想要什么或需要什么。拿老鼠做实验——之前这只老鼠什么都没有经历过，让它体验可卡因、吗啡或者糖，并将记录电极植入它的腹侧被盖区。然后给它一个杠杆用于控制药量补给。在第一次体验到这些药物的刺激之前，老鼠对那个杠杆并不在意，它大脑里的那些多巴胺神经元也很安静。但是，在它第一次尝到那个滋味之后，奖赏信号就在它的大脑里扎下了根，并且神经元已经蓄势待发了。在那之后，只需给一个小提示（就像麦当劳牌子上那个金色字母 M），那些多巴胺神经元就会疯也似的放电，而老鼠就会不眠不休地去推那个杠杆。

就个人而言，我做儿科住院医师的时候，有一次因为鸡肉咖喱中毒导致胃溃疡，不得不住院治疗。急诊医生给我注射了一个标准剂量（15 毫克）的哌替啶（用于治疗中重度疼痛。其药品商标名为"德美罗"），那次我真的体验到了登天的感觉。我的受体从来没有接触过这类东西，并且这波快乐来得如此猝不及防。我根本不想从这么嗨的状态中出来了。哈利·波特拿到他的第一把魔法扫帚时，想必也是这种感觉。单单这个经历就足以让我明了这些神经化学物质的威力——它们塑造和改变了无数人的动机和行为。问题是

---

[1] 也作"跑者高潮"。

内源性阿片肽及其对应的药物——阿片类药物，也会通过密集作用降低其受体的敏感度。当阿片类药物受体敏感度下降时，你就会从"想要"状态过渡到"必须要"状态。从神经化学角度看，这就相当于成瘾。

忍不住去挠痒痒，你就会一直痒下去

奖赏的目标不在于动机，而在于欲望的满足。激活那些阿片受体就是这个目的。获得快乐是目标，欲望是驱动力。动机导致了外显行为，欲望的满足则是奖赏的内部表现。

让我举一个例子来说明奖赏通路是如何为我们服务及如何给我们带来负面影响的。写这些文字的时候，我住在巴黎的一所爱彼迎（民宿网站）公寓里（我知道，只能大致对此做个介绍，但是总得有人来做这件事）。那时正值8月，气温95华氏度，湿度90%。那是一栋有300年历史的老建筑，没有空调，没有通风设备。我浑身黏糊糊的。我困守在那个公寓里爬格子，等着我的妻子和孩子从卢浮宫回来。当时，我心心念念的就是一大杯巧克力冰激凌。我的多巴胺怂恿我去街角的糕点店买一大杯冰激凌，因为我完全有理由犒劳一下自己。我其实可以用瓶装水来代替，它可以给身体补水，并多少能降点体温。冰水可以解决我的身体需求，但是我并不是为了解决身体需求才来糕点店的。我来店里是为了获得奖赏。我在写作，我压力山大，我很热……我真的想要来点冰激凌。我并不是离了它就活不下去了，但是我想要它，而且非常想要。这就是动力，是多巴胺在作祟。我要了两勺，分别是榛子口味和开心果口味的（我觉得，巧克力味冰激凌还是太美国了）。下嘴的第一口竟然给了我一种接近极致的味觉享受，真是太奇妙了。这是β-内啡肽在起作用，它让我的伏隔核经历了一场食物带来的高潮。我很想再要一勺冰激凌，也就是第三勺，但是我放弃了。我太太刚从文艺复兴时期的艺术海洋中游弋归来，她问："两勺？这是真的？"我至少没有吃第三勺。试想一下，吃下三勺冰激凌，我获得的乐趣能比吃两勺多出50%吗？更切中要害

第 3 章 欲望与多巴胺，快乐与阿片类药物

的问题是：比起单吃一勺冰激凌，我吃两勺得到的乐趣就能加倍吗？那是源自压力的皮质醇在起作用，它将我的剂量反应曲线向右移了——动机—极点模式是非常司空见惯的，导致的后果比冰激凌本身更严重（见第 4 章）。面对妻子的不屑，我会做何反应？压力之下，皮质醇分泌得更多，导致的情绪变化反映到钟形曲线上就是"甜蜜点"向右移。现在，该巧克力羊角面包出场了。

总之，奖赏分为两个阶段：

（1）动机或欲望阶段（来自腹侧被盖区的多巴胺影响伏隔核）；（2）达成所愿或快乐阶段（下丘脑产生的内源性阿片肽影响伏隔核和大脑其他区域）。多巴胺是触发器，内源性阿片肽是子弹。要开枪，这两者你都需要，除非有别人替你开枪（就像急诊室里的杜冷丁）。内源性阿片肽的本质功能也是阻拦多巴胺进一步向伏隔核扩散，因为在理想情况下，一旦你获得奖赏，你就不会再有什么期待了。扣动扳机，开火，击中目标，在游乐园赢取毛绒动物。除非……你从来没有命中过目标。这种情况可能会发生——由于长期过度刺激和多巴胺受体数量减少，多巴胺或内源性阿片肽的信号不能有效传送到伏隔核。其导致的后果就是你想要（甚至一定需要）越来越多、越来越多的刺激物，而效果却越来越不尽如人意。还有什么现代特有的现象比其他事物更严重地影响我们的多巴胺水平呢？慢性压力。

第 4 章
杀死蟋蟀杰明尼[1]：压力、恐惧与皮质醇

压力避无可避，而苦难却不然。你的身体天生就能抵御强烈的压力。那些压力可能来自身体上的创伤（如遭遇车祸），也可能出现在对抗局面中（被一头狮子或者橄榄球比赛中的线卫[2]追着跑）。它可能是生理压力[3]（如高烧），也可能是精神压力（面临英语考试，或者你把周年纪念日忘得一干二净）。你的身体对压力有保护性反应，天生就能帮助你对抗或者逃离。它会让你的血糖保持稳定，这样你就不会晕过去；让你的血压保持正常，这样你就不至于休克，并能防止发炎。所有这些都是通过肾上腺释放皮质醇来调节的，肾上腺位于肾脏最上方。相对于其他激素，皮质醇可能是最生死攸关的一种。如果没有皮质醇，光是起床这个念头就够令人深恶痛绝的了。

皮质醇的短期内急遽释放既是人类生存所必需的，也对人体有好处。它

---

[1] 指 "Jiminy Cricket"，蟋蟀杰明尼。它在科普动画片《蟋蟀杰明尼》中以 "老学究" 形象出现。它也出现在迪斯尼经典名作《木偶奇遇记》中。蟋蟀真诚地劝告匹诺曹，让他做一个好孩子，不料却激怒了匹诺曹，被匹诺曹一槌子打死。

[2] 也称 "中后卫"。

[3] 指生物体对环境条件或刺激等压力源的应激反应，如高烧。

第4章　杀死蟋蟀杰明尼：压力、恐惧与皮质醇

能提高人的警惕性，改善人的记忆力，增强人的免疫力，并能重新调节人的血流，为肌肉、心脏和大脑提供能量。身体的天然构造能让你在任何压力下都释放皮质醇，不过，是在短时间内少量急遽地释放。时至今日，虽然我们遭遇到强烈压力的频度和程度均有所下降（大多数人在日常生活中都不太可能被一头狮子追着跑），但是我们所承受的慢性压力已经爆棚了。尽管我们有了（或者有可能就是因为有了）电力供应、电脑、汽车、空调以及随处唾手可得的食物，但是慢性压力依然存在，其普遍性和严峻程度以及随之而来的皮质醇效应正在给我们的健康带来严重的不良影响。我敢打赌，你百分百地不能幸免。

压力山大

身体长期分泌大量的皮质醇会害死你的……但是，这个过程很缓慢。如果压力无休无止地朝你袭来，你体内的皮质醇反应会持续数天、数月甚至数年。有证据显示：工作压力、心理困扰、皮质醇升高、抑郁和疾病之间存在联系，而且联系非常紧密。青春期的心理压力与成年后心脏病和糖尿病的发病风险有直接的联系。如第3章所述，慢性压力会直接影响奖赏通路，而且已经有证据显示，慢性压力会加速痴呆症的发病速度。

英国政府有一项研究：对29000名英国公务员的健康状况做了为期30年的追踪调查，结果显示，社会经济地位最低的人患慢性病的概率最高，而且他的皮质醇水平也最高。即使对一些行为（如吸烟）（变量）有所控制，也显示死亡率与高压力和经济堪忧等多重压力有直接联系。同我们在大洋彼岸的朋友一样，美国的中产阶级及更低阶层人士患糖尿病、中风和心脏病的比例也高。如果你不是白种人，与种族主义相关的压力会让这些影响变本加厉。这里肯定存在遗传因素，但事实是，就每种疾病而言，非洲裔美国人和拉丁美洲人的发病率都比白人高，而压力在这种泾渭分明的现象中扮演了一个重要角色，起了巨大的作用。

无论机制如何，压力都会促使身体产生更多的皮质醇，并且压力越大，内源性大麻素 CB1 受体激动剂和抗焦虑症的合成大麻素就分解得越多，而人会愈加焦虑。这时大麻就乘虚而入了——人们用它遏制日常生活中的焦虑（这取决于人们拿医生开出来的大麻派何用场）。像其他毒品一样，大麻作用于大脑的特定部位，而这又取决于你是否会由于吸上几口就变得偏执起来，它可能真的会帮助你放松下来。然而，长期使用大麻会对你的认知能力产生影响，甚至你的智商会下降 8 个点。所以到最后，你可能对现实有些许的麻木。也就是说，你感受不到那么多的压力了。

神经高度紧张

皮质醇的释放和你的身体对压力的反应，其实是一系列身体反应的结果。对外来威胁的感知首先出现在一个被称作杏仁核（见第 2 章）的胡桃大小的大脑区域，无论你是要从狮口逃生，还是想躲开乌泱泱的一群债主，你大脑里的杏仁核都会马不停蹄地评估外界环境中的威胁，并与大脑其他部位协商，决定你如何应对这个局面。在外界压力之下，你的杏仁核与大脑其他部位互动的方式决定了你的应对方式，无论是将身体蜷作一团还是放松下来。压力无处不在，你避无可避。你的杏仁核对整个环境的评估以及它如何与你的其他情绪联动，这些将决定你是能躲过一劫还是下场凄惨。如果你不能早日驯服你的杏仁核，它可能会给你带来毁灭性的打击。（驯服杏仁核的课程请在线搜索和参见本书第 18 章）

当杏仁核发现威胁时，它会有一系列反应。第一步，杏仁核会激活交感神经系统。交感神经系统会导致血糖和血压升高，为你的身体应对强大的压力做好准备。第二步，就像小孩子玩"打电话"游戏一样，杏仁核会把情况告诉下丘脑（控制激素的大脑区域），下丘脑再通知脑垂体，脑垂体继而要求肾上腺释放皮质醇，这个过程被称作"HPA 轴"（像不像电视连续剧《绯闻女孩》中的人物传八卦一样？）。但是，长此以往，这可能会

第4章 杀死蟋蟀杰明尼：压力、恐惧与皮质醇

损害你的动脉和心脏，导致高血压和中风。第三步，杏仁核通常是与海马体互通声气的，后者是大脑的记忆中心。皮克斯动画电影《头脑特工队》（2015）的情节设置有"海马体"背景。剧中，海马体里储存着染了色的记忆"气泡"，它们对应着不同的情绪。杏仁核和海马体理应互相检查和制衡，并相互反馈信息。

大脑一切功能运行良好时，你体验到的巨大压力会被转化为海马体中的记忆，它会提醒你，今后不能再置身同样的境地（一种沾染了"厌恶"情绪的记忆泡泡会提醒你：早上喝太多的龙舌兰酒会毁了整个早上）。或者，你能够意识到，门上昨晚的刮擦痕迹不是盗贼想破门而入，而是你家的狗想出门干自己的正事儿（求偶）。在大脑的所有部位中，海马体的细胞体可能是最脆弱的。你能想象到的几乎所有对大脑不利的情形（低血糖、能量匮乏或饥饿、辐射）都可以摧毁海马体的神经元，其中的一个杀手就是皮质醇。皮质醇水平保持高位的时间越长，海马体就会变得越小而且越脆弱，这会增加你罹患抑郁症的风险。这可能就是慢性压力与记忆力下降有联系的原因所在。我们可以看到，照顾蹒跚学步的幼儿的母亲，最后竟然是在冰箱里找到汽车钥匙的（这显然不是她的小小孩放进去的）。

执行功能紊乱

过大的压力以及长期处于压力之下会影响你的推理能力。前额皮质是你的大脑发出"高阶命令"或具有"执行功能"的部位（见第2章）。每个人都有自己专属的蟋蟀杰明尼——《木偶奇遇记》里的那个角色，它阻止我们沉迷于不良行为中，并抑制我们最基本的欲望。在无法控制的重压之下，杏仁核-HPA轴会命令释放神经递质——包括多巴胺（是的，又是它）。前额皮质陷入了这些神经递质的汪洋大海，让蟋蟀杰明尼闭上了嘴巴。这样一来，杰明尼就无法阻止你做一些狂野不羁的事情了。当你的前额皮质沦陷于皮质醇的包围时，你的理性决策能力不得不俯首称臣。你已然不能分辨即时

满足和延迟满足的区别。所以，如果有人抢占了你的停车位，在杰明尼原本会告诫你要"冷静"的当口，你更有可能意气用事。一时间，你那难以为继的正义感被激发了出来，就会像电影《油炸绿番茄》（1991）中凯茜·贝茨饰演的那个角色[1]一样行事（复仇女神托万达上身！）。

更糟糕的是，杏仁核接触的皮质醇越多，皮质醇对它的抑制效果就越差。你懂的，那就是质量行动效应。皮质醇越多意味着杏仁核中的皮质醇受体越少，杏仁核就更有可能向大脑其他区域发出信号。长此以往，日复一日的压力会削弱你内心蟋蟀杰明尼的作用，甚至会发展到杏仁核成为你外显的蟋蟀杰明尼的地步——即使最轻微的挑衅也能让你立马火冒三丈，因为你从不考虑后果。

确实是这样的，杏仁核负责你对压力和皮质醇释放做出反应。它还与腹侧被盖区（多巴胺神经元所在的区域）相互作用。压力和皮质醇同样也会将你的钟形多巴胺曲线向右移动（见第 3 章），接下来就是增加寻求奖赏的行为。压力加剧可以将一个原先很小的欲念变成多巴胺驱动的巨大欲望，只有毒品或食物，或者这两者同时上阵才能满足这个欲望。这就是比萨和啤酒成为典型的美国饮食的原因所在。

动物实验证实：压力或皮质酮（它对老鼠的作用相当于皮质醇之于人体的作用）增强了嗑药（如可卡因）的动力。增加老鼠或猴子的压力，有一种方法是将它们成群地关在一起。这里头总会有这样的一只猴子，它的聪明、狡诈或者一身蛮力让它脱颖而出，成为这个群体的雄性首领。它有能力控制同类，尤其是在享用食物和行使交配权方面。头领的皮质醇水平低于这个社群的其他成员。当研究者给它们提供可卡因并由它们自行管理时，那些处于进食等级最低端的动物就会成瘾。美国的中下阶层比社会其他群体更容易受到慢性压力的影响。他们不知道明天是否有足够的钱来付房租，他们打两份或者两份以上的工，他们面对重如泰山的信用卡债务，他们的饮食安全堪忧，他们内心有一种普遍的无力感……所有这些都会提高他们的皮质醇水

---

[1] 凯茜·贝茨饰演剧中的 Evelyn Couch，一个复仇者的角色。

第 4 章　杀死蟋蟀杰明尼：压力、恐惧与皮质醇

平。有人认为，他们不仅罹患肥胖症、心脏病和中风的风险更高，吸毒和染上毒瘾的风险也更高。

刹车失灵

机体在压力情况下释放的多巴胺也具有重塑前额皮质的能力，所以，现在的蟋蟀杰明尼再也做不成自己了。他活像一只臭虫，一根手指就能把他捻死。这些神经元（多巴胺受体栖身之处）的数量则变得越来越少。如果对它们的攻击足够猛烈，它们都将被杀死，而且没有机会再生（见第 5 章）。更有甚者，你需要更多的刺激，而获得的快乐却越来越少。通过刺激杏仁核和弱化你的认知控制能力，压力和皮质醇让你被诱惑控制的可能性大幅提升。做三下深呼吸还是吃下三个甜甜圈？这要视你的工作环境而定。

在你失去认知控制能力的时候，你同时也丧失了抑制追逐快乐的动力。压力会加快药物滥用成瘾的速度，这很可能就是药物成瘾者发现自己摆脱不了药物的原因。慢性压力会将前额皮质里的神经元赶尽杀绝，而这预示着未来的毒瘾复发。要不然康复中心怎么会都设在景区，而且特意将氛围营造得很轻松？瘾君子在结束治疗重新面对现实世界的压力时，有些人会毒瘾复发。这条规则也同样适用于食物。有证据显示，肥胖的人的前额皮质会变小，这可能是多巴胺长期分泌和慢性皮质醇的轮番刺激之下的继发症状。

那么，美国人应对压力的首选药物是什么呢？答案是离手头最近的那样东西。你猜对了，那就是糖。在承受压力或体验负面情绪的时候，动物和人类一样都会大吃特吃，无论饥饿与否。老板冲你大吼大叫？去卡卡圈坊[1]似乎是很好的解决之道。实际上，这么做是有道理的。高能量食物，又名"慰藉食物"（想想巧克力蛋糕吧），能在短时间内给大脑补充大量能量，并随之降低杏仁核的输出，压力也随之减小。压力影响进食可能有几种方式。例

---

[1] 美国第二大甜甜圈连锁店。

如，有饮食障碍的人容易表现出较高的皮质醇水平或者较强烈的皮质醇应激反应。

如果压力一直存在，并且某人倾向于将胡吃海塞作为应对压力的方式，那么肥甘厚味的美食，特别是那些添加了糖的美味，他就有可能吃上瘾。皮质醇是一种刺激食欲的物质。将皮质醇输注到人体内，人马上就会大量进食。那些因慢性病而释放出更多皮质醇的人，也会选择最能给人带来慰藉的食物来应对压力。情况就此变得更糟糕了。皮质醇实际上会杀死那些有助于抑制食物摄入的神经元。因此，压力和奖赏系统是紧密联系在一起的，食物（通常是糖）就是毒品，它造就了又一代靠吃东西缓解压力的人。赶快逃离本杰瑞[1]吧。

真希望我能酣睡一场

压力增加的另一个后果是睡眠时间减少和睡眠质量下降，这二者都会导致肥胖，而肥胖又会加剧这两种情况——好一个恶性循环！（见第10章）长此以往，睡眠时间不足的人的身体质量指数会上升。最近的一项研究表明，剥夺睡眠会让人每天的热量摄入增加300千卡，但是其能量消耗并不受影响。更有可能出现的情形是，在那些额外的清醒时段，你嚼着奥利奥，看着电视上关于减肥的专题节目（实为打广告），而你实际上应该利用这个时间去锻炼。为了更好地了解大脑不同部位的功能，科学家们一直在努力做研究。你可能看过恐怖片或者动作片里这样的场景：一个人被绑在床上，套着一个缠着密密麻麻电线的头盔，任由穿着白色实验服的人摆布。而在现实生活中，此类研究的安全管控很严格，并且此类研究对于理解我们大脑是如何运转动的有着不可估量的价值。健康的被试在实验室里待一个晚上并被剥夺了睡眠，其大脑成像显示：在选择食物时，其前额皮质被激活的程度较低，

---

1 美国第二大冰激凌制造商。

第4章 杀死蟋蟀杰明尼：压力、恐惧与皮质醇

而杏仁核则相当活跃。你觉得这些人会伸手去拿胡萝卜还是饼干？回到我当儿科住院医师的那些夜晚（博士后阶段的培训需要日夜待在医院里），薄荷味的米兰烟是我真正可以永远指望的唯一后盾。睡眠不好是肥胖人群很常见的问题，他们通常被阻塞性睡眠呼吸暂停（见章节18）困扰。比起健康人群，他们体内保留了更多的二氧化碳，这使得他们更加容易饥饿。吃得更多会让他们的肥胖和糖尿病症状雪上加霜，而且会给他们的心脏带来额外的负担。所以，压力导致睡眠剥夺，而睡眠剥夺会导致更多的应激反应和释放更多的皮质醇。皮质醇会改变你的多巴胺反应曲线。多巴胺增加容易让你吃得更多。你吃得越多，就越有可能变得肥胖。肥胖导致睡眠剥夺，而这会带来压力。真真一个恶性循环！

脆弱的儿童

压力和皮质醇对儿童的影响更甚，因为童年是一个人饮食模式形成的时期。童年的不幸和生命早期的压力——如受虐待，会极大地改变儿童的大脑，这些变化会给这些儿童埋下隐患——成年后，有肥胖和相关的身体功能失调问题。一些研究已经证实：压力与不健康的饮食习惯之间存在联系——后者包括青少年的零食摄入量增加。一项针对9岁儿童的研究结果显示，在实验中遭受到更大压力的儿童，最终会吃下更多的慰藉食物。压力之下的儿童将来不仅有肥胖的风险，还面临滥用其他物质的风险。

身处压力之中，你的皮质醇会上升，前额皮质会被抑制，多巴胺会飙升——所有这些会把你逼进巧克力蛋糕的怀抱或其他荼毒健康的东西那里。为了应对压力，你吃下的巧克力蛋糕会越来越多，而你获得的乐趣却会越来越少。你会越来越难受，而这会带来更大的压力。那些多巴胺受体需要更多的刺激，但是它们产生的快乐却越来越少。你的耐受性很快就会提高，更糟糕的是，你可能会上瘾。

第 5 章
堕入地狱

奖赏需要付出代价。以前我们用美元、英镑或日元来衡量，现在我们用神经元来衡量。奖赏的货币价格在下降，而其生理价格则在飙升，因为含有多巴胺受体的伏隔核神经元很脆弱。它们需要被触发，而这就是它们拥有多巴胺受体的首要原因。但是，它们非常敏感，不想被猛烈地击打。如果反复打开多巴胺的闸门，这些神经元就会自卫。

我们的目标是将多巴胺受体维持在最佳水平。即便是微不足道的多巴胺冲动（相当于去一趟美甲店），也能找到可与之结合的受体，并在这个过程中得到独特的快乐体验。显然，更强烈的多巴胺冲动（灌下几杯苏格兰威士忌或从飞机上跳下）需要更多的受体，并会生成更大的回报。但是，刺激多巴胺受体会刺激伏隔核中的下一个神经元，并且多巴胺频繁放电会过度刺激那些含有受体的神经元，使其进入驱动力过强的状态，导致细胞损伤或死亡，这被称为"兴奋性毒性"。为了保护自身免受非理性冲动的伤害，每个神经元内部都有一个亚细胞程序用于减少其表面的受体数量。源源不断地从腹侧被盖区神经元释放出来的多巴胺越多，伏隔核神经元上可与之结合的用于传递奖赏信号的多巴胺受体就越少，这就是质量作用定律——一切都处于受控状态。

神经兴奋小分队

当你体内的细胞死亡时，它们通常会被新细胞替代。而大脑一般不是这样运作的，除了少数例外（如海马体，它与抑郁症有关）。一旦一个原始脑细胞[1]变成功能神经元并开始产生神经冲动后，它就失去了再次分裂的能力。显然，对神经元的长期刺激会导致细胞死亡，并且它没有机会更新细胞，这样不符合你的最大利益。因此，大自然发展出了一个半保护性的备用计划。配体（与受体结合的分子，如多巴胺或皮质醇）几乎在全身各处统一调低它们自身的受体数量。换句话说，造物主就是这样设计的：锁可以被另一把钥匙重新打开，或者干脆封死通路。但是，这也意味着下次细胞的反应就不会那么强烈了。你需要的刺激越来越多，可得到的奖赏却越来越少了。

受体数量下调是一种"耐受"现象，这意味着接收端的神经元越来越能忍受过度的刺激。这种变化喜忧参半。其好处在于神经元不会死亡，其糟糕之处在于为了得到同等水平的奖赏，你下次必须得到更多的物质刺激。这就需要多下赌注。耐受是药物使用中的标准反应，并且几乎所有与受体结合的化学物质都会出现这种情况，无论在大脑、肠道、肌肉、肝脏还是在身体其他部位。耐受是细胞和你的机体自我保护的一种方式。

但是，当神经递质不停地集体攻击接收端的神经元时，它们会过度刺激并最终杀死那个神经元。这个机体设定的细胞死亡过程被称作"细胞凋亡"。在长期刺激下，几乎所有神经细胞都会凋亡。这是神经科学中的常见现象，而且这是一个很有必要的过程。细胞凋亡是机体内所有细胞的固有结局，这种自毁机制可以防止好的细胞恶化（如变成癌细胞）。

---

[1] 即"成神经细胞"或"神经母细胞"。

机体自我休整

细胞死亡的方式有两种：坏死（外界因素使其中毒）或者凋亡（内部自我毁灭）。通过药物可以达到这两个目的：药物可以直接毒害细胞，或者让细胞永远臣服于它们。细胞凋亡对于整个身体来说是一个很正常也非常重要的过程，它可以清除过度劳累和变异的细胞，或者清除自然衰老的细胞。这对于正在子宫中孕育的胚胎尤为重要。我们所有人都是从一个细胞开始的，生命始自一个受精卵。到成年时，我们体内拥有 10 万亿个细胞——在我们生长发育这一路上，它们分化成数百种不同的细胞类型。试想一下，我们可以将细胞凋亡视为在人体上制作盆景的手段。制作盆景是修剪盆栽树木的一门艺术，使其焕然一新、造型别致。否则，它们只不过是一堆废柴杂草。此外，我们身体里各式各样的器官——除了大部分的大脑——都有保持细胞分裂和再生的能力，甚至在细胞凋亡机制起作用的情况下，还能进行细胞更替。

成年人看起来比蹒跚学步的幼儿更聪明，原因有三：一是他们有更多的白质（white matter，大脑含有较多脂肪的部分，它能隔离神经元并协助大脑更迅速地传递冲动信号），白质是能提高信息传输速度的大脑组织；二是他们有更发达的前额皮质（大脑的执行功能中心，或者说大脑的蟋蟀杰明尼）；三是他们有更多的经验可借鉴。但是，大人和小孩的神经元数量是一样的。这就是一个人长到 4 岁就可以测试智商的原因所在。如果 4 岁时的那个你能看到现在的你，马龙·白兰度在《码头风云》（1954）中说的一句话毫无疑问是颠扑不破的真理："我本来可以出人头地的，而不是现在这个一无是处的可怜虫！"所以，让你的神经元终其一生都保持快乐和健康，这应该成为你人生的一个重要目标。

然而，我们当中的很多人都在用一些物质和行为攻击我们的突触。那些物质和行为要么通过质量作用定律下调受体数量（见第 3 章）；要么充当毒药（如酒精）摧毁完好的神经元；或者使用能带来不同刺激的物质，包括滥用非法药物；或者喝下太多的咖啡，承受过大的压力，睡眠不足。所有这些，要么由外而内迅速杀死神经元，要么更有可能的是，让神经细胞在体内慢慢地凋亡。然后，快乐就消散在风中了，因为那些神经元不会再生。这个过程与耐受性的发展有所不同。耐受是受体下调，不过受体还有数量回升的机会。可是，神经元一旦死亡，就再也不能回来了。体内的神经元数量减少了，而身体再也不能生成额外的神经元了。所有这些都会导致同样的后果：你需要的更多，但是得到的却更少。

我们举一个例子来说明这一点。我们挑选花生酱杯，这是所有刺激物中最便宜的那一个（也很有可能是一杯浓咖啡或伏特加）。就奖赏神经元而言，最初的剧本都是一样的：有了一个欲望（多巴胺）—欲望得到满足——阵短暂的冲动（内源性阿片肽）—耶，真爽！但是，伙计，花生酱杯太美味了。花生酱、盐、巧克力和糖的比例恰到好处。这一款为了击中你的爽点而特意调配的商品就像迈克尔·莫斯的书中所写的那样。来吧，再吃一杯，毕竟，两杯花生酱杯被包装成了一包。再爽一回呗！可是这一次得到的快感却没有第一回那么持久，因为受体减少了。明天，你去沃尔格林（美国一家连锁药店）再买上一包，它们就在架子上盯着你看呢，这是你第三回想让自己爽一次了，但是你怎么也不能找回最初那种"舌尖上的巅峰"体验了。你心里想：多吃点可能就会爽到了。于是到第二天，你一口气就买了六包。现在，额外的花生酱意味着你的受体数量下降得更厉害了。一不做，二不休，你做了决定：现在非实惠装不买。但是，它给你带来的快乐却远远不及你曾经的体验。西夫韦（北美最大的食品和药品零售商之一）的收银员现在都记住你的脸了。现在你体内转换奖赏的受体如此之少，你几乎都不笑了。你想要得到舌尖上的极致感受，但是，即便你在看电影《恋恋笔记本》（2004）的时候吃下万圣节特惠装的花生酱，再加上好几品脱的冰激凌，你还是不能心满意足。

万劫不复不归路

提高奖赏阈限的每一种物质和行为都会同样迅速降低你的奖赏感受能力。不同类型的奖赏，不管是长期刺激还是过剩刺激，都有同样的效果。为什么酗酒者的酒量会比普通饮酒者高出那么大一截呢？酗酒者的肝脏具有更高的耐受性，因为不断地大量摄入酒精，其代谢酒精的能力有所增强。而酗酒者大脑的耐受性也变得更高，因为酒精已经刺激了那些腹侧被盖区神经元，后者用多巴胺长期攻击伏隔核上的受体。想要再次体验飘飘欲仙的感觉，大脑就需要更多的刺激。酒徒畅饮一品脱波旁威士忌，他们所获得的快乐反倒不如普通饮酒者喝下一杯鸡尾酒。

如果在神经元泥足深陷之前及时悬崖勒马，那你就还有奋力自救的机会，就像一朵快要枯萎的花朵还有机会等待雨水的浇灌一样。如果突触后神经元只是受了一些损伤，但是它们依然活着，那么，随着时间的推移，多巴胺受体还可以再生。你可以拯救你的奖赏系统，一切都可以重新开始，尽管多巴胺受体需要至少12个月才能恢复到正常水平。造成过量现象的原因是瘾君子在康复机构或监狱的戒断期过后，会径直选择他们戒断之前的最后剂量。由于他们身体的耐受水平已经发生变化，所以，之前那个剂量现在对他们来说就过量了。

如果你还是一条道走到黑，有一天你的身体肯定会承受不住。接下来要讲的重点是"滚雪球效果"。你的腹侧被盖区多巴胺神经元是奖赏信号的驱动器，它们本身就存在驱动力过强的问题。在这种动力的驱使下，它们的细胞核正在努力分泌更多的酶，以生成更多的多巴胺（即便这时你的快乐指数几乎可以忽略不计，因为那些多巴胺受体数量是如此之少）。现在，你的多巴胺神经元和它们的靶受体正在互相作用，准备启动自毁程序。在这个过程的某个节点，它们终究会放弃努力。你现在拥有的奖赏通路要比以前少得多。你永远不会达到以前的奖赏水平，因为你的机体已经无能为力了（神经元不能再生）。你一直试图重温第一次"追龙"（吸食海洛因）"嗨"起来的感觉，但是你永远无法达成这个心愿了，因为那些神经元已经死了。当你只能用一个引擎飞行时，你更容易坠毁、失事燃烧。从非法物质魔爪中逃脱的人有一句座右铭："一旦黄瓜腌成了泡菜，它就再也不可能变回黄瓜了。"

但是，等等！我还有话要说！第三种现象往往跟耐受多少相关。有些我们喜欢的奖赏会建立在某些额外的痛苦之上。一旦进入耐受阶段，你就会花光所有薪水来维持自己的用药需要。而当你清醒时，你会觉得该是停止这一切的时候了。但是，神经元的变化业已产生。物质（咖啡因、酒精、麻醉剂和镇静剂）依赖遽然停止的话，可能会导致身体极其不舒服，即产生"戒断效应"。戒断症状一般会以生理退缩的形式出现，例如出汗、心跳加快、心悸、肌肉紧张、胸闷、呼吸困难、发抖和胃肠道不舒服（如恶心、呕吐和腹泻）等。有些戒断症状，比如酒精戒断引起的谵妄震颤，或者苯二氮䓬类药物（苯并芘）、巴比妥酸盐类药物（镇静剂）戒断引发的幻觉，它们都可能危及生命。有些戒断（如可卡因、大麻和摇头丸戒断）会引起集中的情绪退缩，其症状如焦虑、烦躁不安、易怒、失眠、头痛、注意力不集中、抑郁和社会孤立等，会影响到大脑。这些戒断症状严重得甚至打消了人们戒掉某种药物或行为的想法。这些症状也经常导致戒断的努力功亏一篑，很多成瘾者又回到了老路上。耐受和戒断是通常定义成瘾行为时绕不过去的九头蛇[1]。

当下人人自危

多巴胺过多时，你可能会有太多的动力去获取快乐。"想要"变得接近于"需要"。很多瘾君子不惜犯下大量罪行以获得他们所需的毒品，在这个过程中，他们经常会伤害亲人。他们酒驾，失去孩子的监护权，并且不出意外的话，还会陷入贫困。这种事情可能发生在任何人身上。我的一位朋友最近做了背部手术，医生给她开了羟考酮（阿片类止痛药，其商品名为"奥施康定"）。在很短的一段时间里，她就不需要这种药物来缓解身体的疼痛了，但是她仍然需要它来满足剩下的少数阿片受体。她成了一名专门找医生开药的"顾客"，殚精竭虑地找人开处方以满足自己下次用药的需要。她所承受

---

[1] 九头蛇在很多文化中都存在。古希腊的九头蛇也称勒拿九头蛇，因其所居沼泽在勒拿湖附近而得名。它被砍去一个头即长出新头，后为大力神赫拉克勒斯所杀。"九头蛇"被用来比喻棘手的复杂事物、难以根绝的祸患。

的痛苦不是来自她的背部患处，而是来自她费尽心思要弄到下次的药。她的多巴胺让她全天候处于渴求状态，而她弄来的羟考酮并没有达到她让自己平静下来的剂量。我们经常听说名人进出贝蒂福特中心戒酒。他们是因为上瘾才成名的吗？当然不是。滥用物质是为了应对日常生活的压力。显然，名人也有他们的压力。

人们经常说，成瘾是一种个人选择。毕竟，南希·里根认为，你"完全可以说不"。尽管有大量证据表明尼古丁会导致耐受和戒断反应，然而从20世纪60年代到90年代，烟草业还一直用"个人的自由选择"作为其核心抗辩言论。1994年，托马斯·桑迪富尔（布朗·威廉森烟草公司的首席执行官）、威廉·坎贝尔（世界上第一大烟草公司菲利普·莫里斯公司的首席执行官）和詹姆斯·约翰斯顿（美国第二大烟草公司雷诺兹公司的首席执行官）面对全国观众齐齐发誓赌咒："我相信尼古丁不会让人上瘾。"那么，烟草公司是怎样打着"尼古丁不会让人上瘾"这个旗号并且在这么长时间里置身事外的？这个言论到底该如何证实？好吧，他们不能否认耐受现象和戒断反应的存在，所以他们采取的策略就是：把其他东西都扯进来，把烟草与它们相提并论，从而淡化社会大众的忧虑。根据烟草公司的说法，"成瘾是一件跟情绪有关的事情，在界定成瘾这个宽泛的术语时，人们当然有可能把抽烟这种行为也划进去……当前的定义相当通俗化……它当然也适用于很多常见的、跟抽烟有相似药理作用的物质的摄入，比如咖啡、茶、巧克力和可乐等碳酸饮料"。嘿！别忽悠我们，可口可乐的情况也好不到哪里去！

无论是真明白还是误打误撞，实际上，他们说的还真是对的。社会上的每个人都能在形形色色的奖赏中找到乐趣，这件事情的主观性很强。其中，一些是物质，另一些是行为——我们特地去做这些事情，因为在这个过程中我们感觉良好。无论形式如何，这都没有关系，殊途同归的是多巴胺通路。有些行为是天生的，比如饮食和性；有些行为则是后天习得的，比如购物、入店行窃、赌博、玩游戏、发信息或在网飞上疯狂追剧（见第14章）。这些行为与滥用药物很相似，过度频繁地做任何一件事情，都会出现耐受现象（即一再去做某件事情，可是得到的奖赏却越来越少）。在多巴胺的驱使下，有些人行事会越来越极端，其目的就是要获得内源性阿片肽冲动——而它正在不断减弱。有些越轨行为甚至严重到足以让你接受法律的制裁的地步，或是直接送你去见上帝了。

怪异如斯的行为怎么就被认为是成瘾行为？虽然它们明显表现出了耐受性（事情越做越多，奖赏越来越少），可是它们都没有表现出戒断后特有的生理或情绪后果。没有戒断反应的耐受算成瘾吗？美国精神病学协会（APA）是精神病学家的专业协会，其成员都是这一领域的大师。他们编撰了权威的《诊断和统计手册》（DSM），此书对所有精神疾病和行为障碍下了定义并进行了分类。

"成瘾"行为真能让人上瘾吗？

近些年来，为了跟上精神病学领域的变化，DSM 几经修订，尤其是在成瘾的概念、诊断的标准以及什么导致成瘾等方面。在推进成瘾这个领域的研究方面主要存在两个问题，它们都与成瘾的定义和界定标准有关。第一个问题是：你沉迷的东西可以不属于实物范畴吗？第二个问题是：如果你表现出耐受，但是没有戒断的生理症状，你还可以算成瘾吗？针对这两个问题，人们花了将近 20 年时间，也就是印发 DSM-Ⅳ（1994）和 DSM-Ⅴ（2013）之间的时间进行研究和辩论。我敢保证，DSM-Ⅵ 面世后，它还会有更进一步的修订。这个领域一直在不断变化。

几十年来，APA 一直否认赌博类行为是成瘾的表现，因为依照成瘾的概念，需要耐受现象与戒断反应两者皆备。缺乏戒断反应意味着赌博类行为不符合标准。但是，经过几十年的讨论、政策制定以及政治活动，DSM-Ⅴ 已经取消了将戒断反应作为必要诊断标准的要求。经此变动，APA 现在已经改动了与物质相关以及成瘾性行为障碍的定义，并将成瘾行为也囊括在内。以下是目前 11 种症状的混合和匹配列表：

（1）耐受现象

（2）戒断反应

（3）渴望或强烈使用的欲望

（4）经常使用导致不能履行主要的角色义务（工作、学校、家庭）

（5）在危及人身安全的情况下（例如驾驶）经常使用

（6）不顾业已造成或恶化的社会或人际关系问题仍然继续使用

（7）摄入该物质或相关行为大量超过预期数量/次数或预期时间

（8）试图戒除或减少用量/次数

（9）花时间摆脱该物质/行为或企图从中恢复正常

（10）干扰日常活动

（11）不顾负面后果仍然使用

DSM-V的范式不再采用硬性和快速的标准，而是在严重程度上有所放松。出现上述两种或三种症状表明有轻度障碍，四种或五种症状表明有中度障碍，六种及以上多症状则表明有严重障碍。

人们总问：是否存在成瘾人格？他们真正想要知道的是成瘾是否遗传。很多父母酗酒的孩子会担心他们重蹈父母的覆辙。很多人都接触过酒精，但是他们并没有酒瘾。很多人（我也一样）在术前麻醉中使用杜冷丁，但是他们并不会海洛因成瘾。他们还想知道：如果我现在没有上瘾，我以后就没有危险了，是吧？成瘾是由基因决定的，还是由物质驱使的？毫无疑问，有些基因会让人容易沉迷于酒精或吸烟，但是，它们都会以某种方式影响多巴胺的产生。如果基因缺陷或基因变异导致多巴胺受体数量减少了，奖赏的动机水平就会提高（见第3章）。但是，到目前为止，还没有哪个基因能被百分之百预测。如果你的多巴胺受体有基因变异，那么你所面临的风险就会相对增加。但是，这还不是定论。

孰因孰果是另一个困扰成瘾研究的问题。显然，多巴胺的神经传递与耐受和戒断有关，但是，其中哪一个先起作用呢？是多巴胺导致成瘾行为的，还是成瘾行为带来了多巴胺的变化？最近的一项研究将目光对准了帕金森综合征患者，该病的成因是大脑控制运动的黑质（SN）区域的多巴胺神经元退化。帕金森综合征患者会出现严重的身体僵硬和颤抖，这些对他们的正常生活会产生很大影响。他们的 SN 中分泌多巴胺的神经元不仅功能失调，而且奄奄一息。医生给帕金森综合征患者开出的药物，如左旋多巴/卡比多巴（"信尼麦"是该药物的商品名）和溴隐亭（"佰莫亭"是该药物的商品名），会加强或模仿天然多巴胺发出的要求恢复运动的信号。很多人都听说过左旋多巴，那要拜电影《无语问苍天》（1990）所赐——这部电影是根据已故神经病学家奥利弗·萨克斯博士的著作改编的。这些药物并不会因其令人快乐的特性而被滥用。但是，这些药物并不是专门促进该区域的运动的，它们与该区域影响奖赏相关信号传导的多巴胺受体之间也会相互影响。事实证明，这些药物还会造成一系列副作用，即出现一些不受欢迎的行为，包括攻击性增强、偏执和冲动难以控制等。有些患者甚至会变成强迫性赌徒。激活多巴胺受体意味着奖赏动机被激活，随之而来的是一切相关的积极成效和消极后果。这些研究表明，是多巴胺先起作用：药物驱动多巴胺信号，而多巴胺信号最终驱动了这些行为的产生。

成瘾转移

出于某种原因，你无法得到自己最喜欢的"那盘菜"，那时又会出现什么局面呢？一旦多巴胺泵启动，它等待的唯有被释放。戒断一种物质的人经常发现自己身不由己地被卷入另一种完全可以产生同样效果的药物或活动（如性、赌博）中。正如无酒不成宴，没有咖啡、摇滚明星、饼干和在后面吸烟，这样的聚会就算不上真正意义上的嗜酒者互诫会。一旦沉迷于一种物质，你的多巴胺受体数量就会下降。可是一转身，你同样也很容易沉迷于其他物质。这种现象被称为"成瘾转移"。

成瘾转移是一种标准的替代方案：当你的成瘾行为不能被你自己、你的配偶或社会接受时，你只好另辟蹊径。一个有理性的人往往会选择那些社会更容易接受的替代品或替代行为，远离那些更容易上瘾、更危险和更不见容于社会的物质或行为。有种现象很常见：戒烟的人会开始暴饮暴食，大多数人的体重不可避免地会增加。很多人都有成瘾转移的经历。例如，人们的沉迷对象从香烟转移到食物（"我有口腹之欲"）。拿威廉·比尔·奥赖利来说，他是长岛的共和党顾问（不是那位比尔·奥赖利[1]），他亲身经历了成瘾转移，并将自己的经历发表在《新闻日》："不能去碰糖，我抓狂到想要抠出自己的眼珠子。"奥赖利最初是想戒烟，然后他把注意力转向酒精，随后又转向糖。但是，他的腰围一再飙升，他再也找不到任何替代品了。有意思的是，早期治疗肥胖症的疗法就是让病人去吸烟。当你沉迷于一种物质并且想要摆脱它时，你的多巴胺运作机制就是要找到替代的刺激物。

减肥手术，包括缩胃手术，会降低一个人在任何时段的进食量。你的胃里根本就没有空间了，你不能再像以前那样胡吃海塞了。但是，首先，很多接受这项手术的人都有不健康的食物成瘾——他们可能沉迷于一袋袋花生酱杯，这与其他人对海洛因的依赖可能如出一辙。他们的多巴胺泵已经启动，准备好了接受刺激物。那么，他们会把成瘾对象转移到别的什么东西上呢？答案是酒精。那可是一种液态毒品。卡妮·威尔逊是威尔逊-菲利普斯演唱组合[2]的前主唱，她将自己描述为"食物成瘾者"。2000年，她做了缩胃手术，减掉了150磅体重，继而华丽转身，成为《花花公子》炙手可热的封面女郎。她已成了成瘾转移这个概念的代表人物。之后，她开始从酒精而不是食物中寻求慰藉。

史海钩沉——关于成瘾转移的那些事

成瘾转移的完美范例，且对整个世界都有长远影响的人是约翰·彭伯顿。他是亚特兰大的一名药剂师，并于1886年发明了一种异常独特的碳酸

---

[1] 福克斯新闻主播。

[2] 一个由3个美国星二代组成的女子演唱组合，曾获Grammy最佳流行乐队/组合提名，代表作为 *You're in Love*、*Hold On* 等。她们活跃于20世纪八九十年代。

第5章 堕入地狱

饮料配方。5月29日，也就是仅在饮料发明三周之后，彭伯顿在《亚特兰大期刊》上为这种软饮料（当时的包装并不那么柔软）打了第一次广告，这种饮料就是我们现在熟知的可口可乐。彭伯顿和可口可乐的故事广为人知——所谓的都市传奇。当时，碳酸化不是一件容易的事情，需要特殊的高压喷气机将足够多的二氧化碳强行溶解在饮料溶液里。当时也没有办法强制推行标准化的玻璃容器，因此碳酸化这道程序必须在药房里用特殊的设备完成，人们只能在制备现场喝下这种饮料——它被称为"汽水喷泉"。因此，可口可乐最初只在药店出售。但是，这里边另有隐情。

鲜为人知的是：彭伯顿在南北战争中受伤之后，对吗啡上瘾了。他研究这个神圣配方的原因是他长期以来都试图让自己摆脱对吗啡的依赖。他的吗啡成瘾一直在糟蹋他挣到手的钱、他的事业和他的生活。之后，他花了21年的时间试图制造出不含鸦片的止痛药。他反复试验，几经挫折，但是都没有成功。最终，他研究出了一种含有可卡因、酒精、咖啡因和糖的混合物。这4种物质各自都能给人带来快乐。这4种药力稍弱的多巴胺/奖赏药物合在一起取代了一种药力很猛的奖赏药物。

彭伯顿将这四者与碳酸溶液混合（据信，后者也有快乐属性）。然而，由于19世纪晚期席卷南方的"禁酒运动"以及很多内战老兵都成了酗酒者，于是他把酒精从配方里去掉了。瞧，这就成了那时的可口可乐！然而，在1888年，彭伯顿仅以2500美元的价格将配方及所有权利都卖给了亚特兰大商人阿萨·坎德勒。坎德勒接手后将可口可乐变成了世界最知名的品牌。你会问，彭伯顿为什么要贱卖可口可乐配方？因为他需要钱，非常需要钱，你猜得到原因。他病倒了，旧瘾复发，可是身无分文。在抗衡吗啡成瘾的战斗中，他从未打过胜仗。同年，他在剧烈疼痛的折磨中离世，终年57岁。毫不奇怪，如果你去亚特兰大参观可口可乐博物馆，你会发现，这个灰暗的故事绝对无迹可寻。

1903年，联邦政府要求将可卡因从可口可乐配方中去除，这样才能公开销售。如此一来，可口可乐中就只留下咖啡因和糖了。这两种东西是否足以吸引顾客呢？当然可以喽！否则星巴克为什么要卖星冰乐[1]？坎德勒让他的可口可乐汽水喷泉走进了全国各地的药店。世界上现在有 209 个国家，其中 208 个国家（只有朝鲜没有可口可乐。缅甸在 2012 年放弃了抵制，2015 年轮到了古巴）均有可口可乐销售，它是迄今为止世界上最知名的品牌之一。这其中有充分的理由：它能将两种让人上瘾的化合物直接输送到你的伏隔核。

糖碰巧是我们滥用的很多物质中最便宜的。但是，所有这些滥用物质的作用机理基本是一样的。通过驱动多巴胺释放，它们强烈地驱动奖赏，在此过程中，它们也驱动消费。然而，当物质摄入达到登峰造极的程度时，奖赏的每一个刺激因素都可能导致成瘾。要获取海洛因或可卡因，你需要一个售卖者和一大笔现金。至于酒精或尼古丁，你只需要出示一张身份证。而糖呢，你只要有一个两角五分的硬币或者疼爱你的老奶奶就行。糖是廉价的快感物质，是这个星球上每个人都能接触到的奖赏，也是每个人都买得起的奖赏。可以这么说，每个人都是吃糖的"瘾君子"，而你所有的亲人都在其中扮演"毒贩"的角色。世界上有两种合法而且很容易获得的上瘾物质，糖就是其中的一种（另一种是咖啡因）。这就是苏打水销量如此之大的原因：它完美结合了两种上瘾物质。每个人都心甘情愿地成为这两种有着共同特征的物质的消费者。糖和咖啡因是当今世界大部分地区的重要食物。咖啡则是世界上第二重要的商品（排在石油之后），糖位列第四。糖是成瘾物质被洗白和主流化的一个重要例子，它能直达你的多巴胺受体。如果掉以轻心，你的神经元就会遭遇灭顶之灾。

---

[1] 也称"法布奇诺"，星巴克的招牌饮料。它由意大利浓缩咖啡、低脂牛奶、砂糖、干果胶粉、可可粉、冰块混合而成。

第 6 章
戒瘾

　　以前，可导致滥用的物质很稀有，对大多数人来说都是奢侈品，自然，多数人的多巴胺水平都很低。在 18 世纪之前，几乎每一种能产生奖赏的刺激物都很难获得，要么由于其稀缺，要么因为其昂贵。要想获取非法药物，就要使出浑身解数。那时，没有售卖可导致滥用的物质的商店，没有互联网，而且与色情相关的商品也极少。虽然人类社会一直存在赌博和卖淫现象，但是，也不是在每个街角都能发现它们。令人快乐的物质曾经很罕见，除了"三角贸易"[1] 中获得的酒精。在这种贸易中，人们把奴隶从非洲转运过

1　此处特指定居在北美新英格兰的英国殖民者参与的奴隶贸易。他们从加勒比海地区的牙买加运来糖浆制成甜酒，把甜酒运往非洲换回黑人奴隶，再把黑人奴隶运到牙买加或北美南方口岸交换，获得暴利。不过，"三角贸易"一般指的是 16 世纪开始的"黑三角贸易"，即奴隶贸易。欧洲奴隶贩子从本国出发，装载盐、布匹、朗姆酒等，在非洲换成奴隶，沿着所谓的"中央航路"通过大西洋，在美洲换成糖、烟草和稻米等种植园产品以及金银和工业原料返航。在欧洲西部、非洲的几内亚湾附近、美洲西印度群岛之间，航线大致构成三角形状。由于被贩运的是黑人，故又称"黑三角贸易"，历时 300 年之久。

来，从加勒比海地区运来糖和朗姆酒，还会用到来自新英格兰[1]的钱。随着技术的进步、商品作物的大规模种植以及全球化进程的发展，情况在缓慢地发生变化，但是，其发展方向很明确。如今，各式各样的奖赏性物质俯拾皆是，人们不仅有能力做那些能获得奖赏的事情，而且这类行为几乎成了常态。可以这么说，寻开心现在就是一件简单而且破费不多的事情。在21世纪，世人获取可导致滥用的物质变得更容易，付费也更便宜。这些物质一度是人们品味再三、掏钱购买时需要思忖一番的商品，现在它们成打成盒地一股脑地出现在了你的面前，不管是甜甜圈还是啤酒，或者两者兼而有之。你有没有一种摇身一变，成了霍默·辛普森[2]的感觉？

成瘾简史

物质滥用到底是什么时候首次出现在人类社会里的？考古挖掘表明，中亚的颜那亚人（奠定欧洲文明的三个部落之一）早在1万年前就发现了大麻，并已经开始了大麻交易。公元前5000年，苏美尔人使用鸦片是人类使用娱乐性药物的最早文字记录。首次提到酒——葡萄酒——可以追溯到公元前4000年，酒类的商业化生产可以追溯到公元前3500年的埃及酿酒工坊。但是，在我们开始洗白这些物质之前，物质成瘾并没有真正成为社会问题。首次提到成瘾是在公元1000年左右的中国——当时，鸦片的使用十分普遍。

然而，在人类社会进入公元后的第二个千年的大部分时间里，成瘾现象和成瘾者在西方社会依然相对罕见。早在罗马时期，我们就已经有了葡萄

---

1 位于美国东北部地区，包括6个州，由北至南分别为：缅因州、佛蒙特州、新罕布什尔州、马萨诸塞州（麻省）、罗得岛州、康涅狄格州。

2 美国动画电视剧《辛普森一家》中的角色。他是辛普森一家五口之主。除了贪食和酗酒，霍默身上还有一些典型特征：粗鲁、秃头、超重、无能、笨拙、懒惰与粗心。尽管如此，他基本上还是一个堂堂正正的人，极其顾家，深爱家人。虽然过着郊区蓝领工人刻板的日子，但他还有许许多多不平凡的事迹。霍默是电视史上一个意义深远的人物形象。

酒，但是，我们不得不依靠自然发酵法来生产它。在生产早期，由于葡萄酒酿造者无法将酒精含量提高到5%以上，所以它很快就会坏掉。啤酒的生产情况也是一样的，它同样不容易储藏。虽然啤酒的商业化生产可以追溯到公元7世纪的欧洲修道院，但是，酒精成瘾并不常见，因为啤酒的酒精含量并不高。酗酒仍然是一个取决于是否容易获取酒类的问题。一旦它可以被人轻轻松松地装进瓶子里，我们就要经受考验了。对于大多数酒徒而言，蒸馏法显然会成为首选，因为使用它可以发酵和提纯任何东西。

到了18世纪，当人们能够轻轻松松地买到便宜的酒时，酗酒就成了整个欧洲的主要社会问题。说到这段历史，实际上，禁酒令反而成就了美国。情况很有可能是这样的：人们不得不在辟有暗室的非法酒坊里偷偷喝酒，而与正大光明地喝酒也就是没有禁酒令相比，铤而走险喝下的酒带来的多巴胺飙升是前者的10倍。《美利坚合众国宪法第二十一条修正案》[1]得以在1933年通过，这事并不意外——当时正值经济大萧条最严重的时期，还有，富兰克林·罗斯福的新政（1933年）刚刚出台。政府需要税收。尽管我们喜欢酒，但是多巴胺飙升仍然是难得的——大多数人还是无法接触到酒，无论是出于宗教、道德和声誉方面的考量，还是出于费用方面的考虑。

丧心病狂的招数

时代已经变了。美国国家药物滥用研究所（NIDA）现在给出的研究数据是：美国大量饮酒的人口百分比，男性为30%，女性为16%；而酗酒率，男性为9.5%，女性为3.3%。考虑到美国成年人中饮酒人数高达67%，那也就是说，美国喜欢饮酒的人数占到整个人口的四分之一到一半。这是一个非常高的比例。而这对于美国酒类行业来说，则意味着每年2120亿美元

---

[1] The Twenty-First Amendment，这条修正案废除了《美利坚合众国宪法第十八条修正案》，而后者禁止在全国范围内生产、销售和运输酒水。

的收入。现在的孩子不只沉迷于酒精，他们还服用兴奋剂、镇静剂，以及介于两者之间的任何东西。在过去的35年间，青少年狂饮酒水的比例及使用非法物质的量都在持续上升。

　　提纯并生产被滥用的物质，纵容整个社会普遍成瘾，并用滥用物质打压我们的多巴胺受体，迫使后者就范，酒精只是其中的一样而已。杂交育种之后的大麻比以往任何时候都更有生命力，古柯叶继续提供可卡因系产品及其较为便宜的衍生产品快克[1]，人们仍在种植罂粟以制造海洛因。干上这一行，泼天财富指日可待。这个只要看看电视剧《绝命毒师》里的沃尔特·怀特就知道了。那些提炼、装瓶和销售这些物质的人，他们知道自己在做什么，而且知道如何利用我们的多巴胺通路（见第3章）获利。近几十年来，制药业取得了一些令人难以置信的进步，现在有药物能治疗原先人们束手无策的疾病和身体的不适。然而，这些药物还被用于治疗适应证之外的疾病，并美其名曰"提高对药品用途的认识"。

另一种白色粉末

　　毫无疑问，制药行业利润丰厚，这不是秘密。大型制药公司的年毛利率为18%，其中，有5家公司的毛利率高达20%，甚至更高。但是，与最便宜的刺激物正在大肆搜刮的资金相比，这个毛利率就显得微不足道了。加工食品行业的总收入为1.46万亿美元，毛利为6570亿美元。也就是说，其毛利率为45%。是什么造就了这么高的利润？它不是药物，胜似药物。或者，它真的不是药物吗？在美国，对刚出生的男婴实施包皮切割术比较常见。当犹太穆汉（训练有素的割礼执行者）进行这项被称作"Brith Milah"[2]的割礼仪式时，他用什么来减轻男婴的痛苦呢？他会把安抚奶嘴浸到酒里再给男婴

---

[1] 俚语，指吸食用的硬粒状、高纯度可卡因。
[2] 犹太男婴出生后第8天举行割礼。

第6章 戒瘾

含着。但是，在医院里，妇产科医生做这个手术时，又是拿什么来充当疼痛缓解剂的？安抚奶嘴会被浸到糖舒缓剂（24%超浓缩的蔗糖溶液）中。糖会同时激活大脑中的多巴胺和阿片类物质。

每个人都有追求快乐的动力，几乎所有人都或多或少地喜欢甜食。这是刻在我们DNA上的印记。世人都喜欢糖。这个星球上没有一个种族、民族或部落会不明白"甜"的含义。这可以追溯到人类进化进程，因为地球上没有哪一种食物既是甜的却又有毒。甜就意味着它可以安全食用。牙买加的阿奇果在还没有熟透的时候（也不甜），含有一种叫作次甘氨酸的化合物，这种成分会让食用它的人恶心呕吐，并有可能危及生命。但是，等阿奇果完全成熟了，所有的次甘氨酸都会被代谢掉。它是牙买加的国家级水果，会被制成罐头并运往全球各地。

尽管我们如此喜欢糖，但是生产糖的成本却制约了我们毫无节制地消费糖。这种情况直到50年前才有所改变。第二次世界大战之前，糖是一种调味品，是供你放些许到咖啡或茶里的东西——"放一块糖还是两块？"。但是，第二次世界大战后不久，精制糖成了大众滥用的"药物"。最初，随着加工食品的出现，糖的产量有了大幅提高，因为加工食品里含有糖的成分。之后，在1975年，高果糖玉米糖浆出现了，人们又多了一种获取糖分的手段。从高果糖玉米糖浆提炼出来的糖与甘蔗糖和甜菜糖展开了竞争，糖的价格进一步被拉低。突然之间，糖出现在了所有的东西里。1977年，美国出台的第一个膳食目标告诫人们，要少摄入脂肪，但是并没有针对糖提出任何饮食禁忌。现在，我们有了选择：可以从甘蔗、甜菜或者它们的"表亲"产品，如高果糖玉米糖浆、枫糖浆、龙舌兰和蜂蜜中得到糖。在每个街角、每个冰箱里都有你能快速得到的糖。

像人类一样，老鼠也喜欢糖。给它们喂一点糖，它们就会想要得到更多的糖。允许它们继续吃糖，它们就会增加糖的摄入量。为了维持对糖的摄入量，它们会饮用大量的糖水。哥伦比亚神经科学家尼科尔·埃文娜的实验表明：仅仅在21天内，这些老鼠的伏隔核就倍受摧残，看起来跟药物滥用对伏隔核的影响一样。如果允许老鼠毫无节制地进食糖，情况就会更加糟糕。

最近，科学家投身于一场激烈的辩论之中——是糖还是脂肪导致奖赏通路放电？俄勒冈州的埃里克·斯蒂斯进行了神经影像学研究。他研究了单独加入脂肪或糖的奶昔，以及同时加入脂肪和糖的奶昔，发现奶昔的热量都是相同的。他使用了4种不同的脂肪和糖的组合——高脂/低脂与高糖/低糖的组合。他发现，高脂和高糖/低糖的组合对口腔感觉区域（即口舌体验的地方）刺激更大一些，而高糖与高脂/低脂的组合则对奖赏相关的区域和味觉区域的作用更强。增加糖的摄入会导致奖赏通路的活动更为活跃，而增加脂肪摄入则不会有这种效果。换句话说，驱动多巴胺的是糖，而多巴胺则驱动了争取奖赏的动力。

膳食糖由两种分子构成：葡萄糖和果糖。葡萄糖是生命的能量。葡萄糖对身体非常重要。如果身体没有摄入葡萄糖，肝脏就会自行生成葡萄糖（即糖异生[1]）。相反，虽然果糖也能够提供能量，但是，假如身体里有残存的果糖，身体是无法自动去消耗它的，因为没有生化反应需要它。因此，长期大量摄入果糖就近乎吸食毒品和滥用物质了。不是每个接触到果糖的人都会上瘾，不过，这也足以引发此类讨论了。

葡萄糖和果糖这两种分子能分别激活大脑的不同部位。在功能磁共振成像扫描图中，葡萄糖分子点亮的是与意识和运动相关的区域，而果糖分子则会点亮奖赏通路以及压力-恐惧-记忆通路中的几个点位。这些研究表明，糖是一种能够驱动奖赏通路和改变情绪反应的特殊物质。

红口白牙一气否认

不是所有人都赞同将成瘾物质范围扩大这个观点。药物是一种奢侈品，而食物是生活必需品。机体生存必需的食物，比如糖，怎么也会让人上瘾？因为某些特定的"食物"并不是生存所必需的。我们需要的是那些身体无法

---

[1] 指生物体将多种非糖物质转变成糖。

第6章 戒瘾

从其他营养物质中获取的必需营养素，否则我们就会生病、死亡。但是，我们身体必需的只有4类基本营养素：（1）基本氨基酸，如在膳食蛋白质中发现的20种氨基酸中的9种；（2）基本脂肪酸，如 ω –3 和亚麻酸；（3）维生素；（4）其他微量营养素，如矿物质。这些东西只要加点水搅拌，就可以满足身体的需要。在含有这些基本营养素的食物中，还没有哪一种能跟成瘾扯上一星半点的关系。在那些含有卡路里的物质中，只有酒精和糖被证明能上瘾。在食物中发现的另一种能让人上瘾的物质是咖啡因。

等一等！我没听错吗？——你说的是，糖？它是一种毒品？这怎么可能呢？它可是食物的一部分。水果里就有它。它能提供卡路里。它是一种能量来源。而且，重要的是，它是一种商品！一种我们补贴的商品！好吧，让我们试着来打一个比方。你能说出某种含有以下所有特征的物质吗？（1）含有卡路里；（2）是能量来源；（3）体内任何生化反应都不需要它；（4）不是一种营养成分，可能有人觉得它是一种营养成分；（5）过量摄入会对细胞、器官和人体造成伤害；（6）尽管如此，我们还是很喜欢它；（7）会上瘾。答案是：酒。酒里有卡路里，酒是一种能量来源。但是，酒不是一种食物，酒也不是一种营养物质。体内的生化反应都不需要它（美国人40%不喝酒，没有酒精依赖症）。酒里含有卡路里，它可以使你体重增加，从这方面说，酒不会伤害你。可是，正因为酒里有酒精，所以它就是一种危险物质。它可以毁了你的大脑和肝脏。它是一种毒品，它会让一部分人上瘾。

糖也一样，符合上述所有标准。果糖是糖里面的甜分子，含有卡路里。卡路里燃烧后可以变成动物的能量。但是，果糖不是营养物质，因为这个星球上没有哪种真核细胞，即动物细胞的生化反应会用到它。它是我们在进化过程中与植物分道扬镳时的一种残存物质。当你过量食用果糖时，糖就会像酒一样毁了你的肝脏。这么说就有道理了，试想一下：酒精又是从哪里来的呢？糖的发酵！那种产物名叫"葡萄酒"。糖会导致糖尿病、心脏病、脂肪肝和蛀牙。糖很危险，并不是因为它含有卡路里，也不是因为它会让你发胖。糖很危险，就因为它是糖。糖不是一种营养物质。当过量食用糖时，糖就是一种毒品。它会导致人成瘾。果糖不以身体能量需求为转移，即使身体不再需要能量，仍然可以直接增加糖的摄入量。功能性磁共振成像发现，蔗糖能建立固定的（渴求糖分的）奖赏通路。事实上，在对老鼠的实验中发现，甜味已经超过可卡因成为老鼠渴求的奖赏。在动物模型试验中，间歇性地给动物喂糖会诱导其行为改变——产生与依赖相关的行为，如酗酒、戒断、渴望与对其他滥用药物的交叉敏感。

反对者仍然会说，但是，糖是天然物质。糖与我们共同依存了几千年。糖是食物！食物怎么会有毒？食物怎么会让人上瘾？这引出了一个问题：什么是食物？糖是食物吗？韦氏字典将"食物"定义为"基本上由蛋白质、碳水化合物和脂肪组成的物质，在生物体内起着维持生长、修复机体和重要生理过程的作用，并提供能量"。好，糖能提供能量，从这点来说，它当然是食物！例如，一群欧洲研究者加入了一个名叫"神经斋戒"的组织。这个组织坚持认为，人类会屈从于"吃东西上瘾"（这是个人的错）。但是，他们强烈反对"食物成瘾"这个概念（错在食物）。这不是在玩文字游戏。如果问题是"好吃成瘾"，那么食品行业就不用承担任何责任。如果问题出在"食物致瘾"上，那么食品行业至少要为我们目前的医疗和行为健康危机承担一些责任。"神经斋戒"组织旗帜鲜明地认为，即便某些特定的食物会产生奖赏信号，它们也不会让人上瘾，因为它们是生存所必需的物质。用他们自己的话来说：

对于人类被试，现在没有证据显示某种特定的食物、食物成分或食物添加剂会导致某种类型的物质成瘾（目前唯一已知的例外是咖啡因。在特定机制作用下，它可能成瘾）……在此背景下，我们特别指出，我们不考虑将酒精饮料视作食品，尽管一克乙醇拥有 7 千卡热量。

这有点意思！"神经斋戒"组织承认咖啡因会让人上瘾，但是，他们还是给了它通行证。咖啡因存在于很多食物（如咖啡）中，但是，它被 FDA 归类为食品添加剂。同时，它也是一种药物。我们给神经系统还未发育完全的早产新生儿用这种药来防止他们呼吸暂停。接着，"神经斋戒"组织给酒也发放了通行证。还挂在葡萄藤上或者树上的水果有天然酵母不断给它们发酵，促其成熟。但是，"神经斋戒"组织认为：提纯的酒不是食物。酒也是一种药。过去，我们常常用它防止孕妇早产。当然，酒也会让人上瘾。

那么，精制糖又有何区别？放在你糖碗里的蔗糖跟水果含有的那种化合物成分相同，唯一不同的就是前者的纤维在加工过程中被去除了，而且为了提高纯度，它被制成了结晶体。正是这个将果糖从食物转变为"毒品"的过程，即提纯这个过程，使糖具有成瘾的特性——就像酒精一样。这看起来是错综复杂了一些，不过"神经斋戒"组织说的也有一些道理。他们声称：食物不会让人上瘾，但是食品添加剂会。这就意味着，添加剂被添加到食物中后，可以导致我们对食物上瘾，就像糖一样。

支持这个论点的必要条件是苏打水。苏打水是一种食物吗？苏打水里有什么你身体需要的成分可以使其成为一种食物？糖是一种食品添加剂，咖啡因是另一种食品添加剂。这两样东西都会让人上瘾。磷酸和焦糖色素呢？不，它们不会让苏打水变成一种食物。钠呢？事实上，我们消耗的钠是我们身体需要量的3倍。水呢？水是我们身体必需的。但是，水不是食物，水就是水。

糖在中世纪是一种香料。在20世纪中期之前，它一直是一种调味品。只有在过去的50年里，它才成了一种主要食材。糖能让人上瘾，其原因和作用机理与酒精如出一辙。糖跟酒精一样不是食物。糖是一种食品添加剂。这就是FDA建议在营养成分表中增加"添加糖"一项的原因。（尽管本任政府可能会撤销此项变更）这也是孩子们纷纷患上与酒精相关疾病——2型糖尿病和脂肪肝的原因所在，而他们根本就没有酗酒。这就是糖对你的身体和你的奖赏通路造成的影响。坚持看下去，派对才刚刚开始。接下来，你要看看，糖对你的大脑有什么影响（见第9章）。大戏马上要开锣喽！

当"想要"变成"必需"

根据《精神疾病诊断与统计手册》第5版，成瘾的特征不外乎耐受与依赖（尽管清醒地意识到了它们的危害，可还是身不由己），以及由此带来的痛苦。由于这种提法的出现，过去一度被排除在定义之外的行为和物质现在都被囊括进来了。你能做到这一点吗？——站在镜子前诚实地对自己说：我没有上瘾！本杰瑞、易趣、脸书、色情、电子游戏或咖啡，你一个都没有上瘾？人们对新款苹果手机趋之若鹜的狂热能持续多长时间？对一辆新车呢？对新婚老婆呢？现在，因为随时都能得到新东西，所以社会变得宽容了。现在的情况是，我们不是"想要"那些最新的、最快的、最闪亮的、最有品位的、最酷的东西，而是"需要"它们！你可以把多巴胺称为消费文化的阴暗面。它驱动了人的欲望，让人快乐。它又是一种新奇的神经递质，商业以它为杠杆推动经济不断发展。它澄澈干净、结果可预测，但是，驱动它的成本却在增加。我们将这些物质提纯、增强它们的效果，我们永远都需要下一个闪亮的追逐目标。

显然，总统也不例外。"柯立芝效应"这个词来源于一个杜撰的故事：柯立芝总统和夫人去参观一个政府运营的实验农场。柯立芝夫人来到养鸡场，看到一只雄风凛凛的种公鸡。她问起这只种公鸡的交配频率，回答是"每天数十次"。她嘱咐工作人员："总统先生过来时，请务必告诉他。"之后，总统过来了。面对尽责的工作人员，总统接着问："每次都是同一只母鸡吗？""哦，不，总统先生，每次都是不同的母鸡。"总统于是吩咐道："请把这话转告柯立芝夫人。"

The hacking of the American mind

第三部分
满足感——幸福的青鸟

第7章
满足感与血清素

有一个问题想问问大家：在历史上，哪种处方药对社会的影响最大？嗯，你可能会说，降胆固醇药物（他汀类药物）是最常用的治疗和预防心脏病的药物，而且它从中获利最丰。你也许还会说，抗疟疾药物挽救了数百万人的生命，特别是第三世界国家的人；蛋白酶抑制剂将艾滋病从一种无可逃脱的恶疾变成了公众唯恐躲之不及的讨厌的疾病；非甾体消炎药如布洛芬和萘普生，减轻了大多数患者的疼痛；还有麻醉剂和麻醉药，在两百年前，没有它们就接受手术是思之恐极的事情，虽然，最近证实使用它们有阿片成瘾的隐患，这可能会否定它们的积极作用。也许，答案是伟哥？它肯定增加了一部分人的幸福（性福）。如果你选择了以上任何一个答案，那你就大错特错了。

正确答案是：氟西汀（商品名"百忧解"）。精神病院曾经是地球上最忧伤的地方。想想《飞越疯人院》吧！一想到雷切德护士长，我就会做噩梦。精神病院里住满了精神分裂症患者（他们认为别人处心积虑想要杀死他们或策划杀死其他人，其病因是多巴胺功能障碍），还关着临床抑郁症患者（他们乐意被别人杀死，其病因是血清素功能障碍）。但是，精神分裂症只会影响到1%的人口，而重度抑郁症则影响到了16%到18%的美国人口——在他们生命中的某个时段。而每时每刻，你认识的人中就会有6%到8%受到重度抑郁症的荼毒。事态非常严重，它对个人、家庭及社会都造成了巨大的损失。

精神类药物确实是西方文明创造的奇迹。多少年来，科学家和医生一直试图弄清楚：到底是什么让一些人深受严重抑郁症的折磨，而其他人看起来幸福得一塌糊涂，把生活过成了童话？1952年，一个偶然的发现开启了现代精神药理学研究领域。第一代情绪治疗方法通常是这样的：用一种药物同时治疗了另一种疾病。医生用一种名为异烟肼（现在当你接触结核病患者时，它仍然是首选药物）的药物治疗结核病患者时意外地发现，病人的抑郁症状得到了改善。异烟肼会对神经递质血清素（以及大脑的其他区域）起作用，而随着更多的试验和对这块研究的关注，最后，科学家们能够确定：正是血清素帮助患有抑郁症的结核病患者重新开始正常的生活。因此，科学家们发现血清素在某种程度上能决定人的幸福感和满足感。并且，当体内血清素严重缺乏时，可能会导致严重的烦躁和抑郁。

跌入谷底

抑郁症分为两种类型：迟滞型和激越型。"迟滞型"抑郁症患者起不了床，而且，如果有足够力气的话，他们就会自杀。他们经常需要住院，以防自残。但是，就患病人数而言，他们远不及"激越型"抑郁症患者。"激越型"抑郁症患者焦虑、烦躁、失眠，非常痛苦。这两种类型的抑郁症都与个人吃饭和睡觉情况有关，要么是吃得、睡得太多，要么是吃得、睡得太少，而吃和睡都是与血清素有关的活动（见第9章和第18章）。

百忧解是选择性5-羟色胺再摄取抑制剂（SSRIs）中第一种应用到临床上的药物，1986年首次面世。而在之后的15年时间里，医生开出的抗抑郁药处方飙升至创纪录的400倍。百忧解的神奇之处在于：无论你得的是哪一

第 7 章 满足感与血清素

种抑郁症，吃下它都有效果。无论你是登天的心理状态，还是跌落到了谷底，百忧解都可以把你带到地面上。图 7-1 展示了如何通过提高血清素水平来帮助缓解迟滞型抑郁症和激越型抑郁症。

但是，由于里根政府的资金削减和百忧解的绝好疗效，在接下来的 20 来年里，精神病院的关闭速度超过了百视达[1]的倒闭速度。在读研究生期间，我见证了这个变化过程：由于没有足够多的抑郁症患者住院治疗，精神病院的日常运转得不到保障，于是陆续关闭了。没有人再关心精神分裂症患者，所以他们都被扔到了大街上。时至今日，他们还滞留在街头。

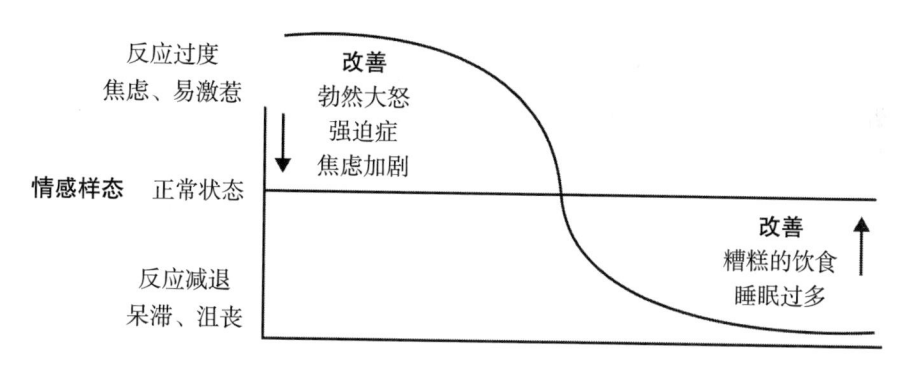

图 7-1：抑郁症的高点和低点。抑郁症有两种类型——"迟滞型"（思维和行为迟缓：我起不了床）和"激越型"（思维奔逸、无法集中注意力：我不能上床睡觉）。SSRIs 是抗抑郁药，通过增加突触里的血清素含量，帮助这两种抑郁症患者恢复正常的情绪水平。

百忧解还有很多同类药物，如舍曲林（左洛复）、西酞普兰（喜普妙）和帕罗西汀（赛乐特）。现在，医生经常开这些药来缓解或减轻患者的精神障碍症状。在当今医生最常开的药物中，SSRIs 类药物位居第三。65 岁以下的人服用抗抑郁药比其他任何药物都要多，而医生开出的抗抑郁药也同降胆固醇药的处方量持平。目前，11% 的青少年正在服用抗抑郁剂——并不仅仅用来对抗抑郁症，还要对抗焦虑、愤怒管理不良、经前综合征和强迫症等。被确诊为抑郁症的病患数量仍在节节攀升。但是，我们不知道这里头的具体

---

[1] 一家录像带出租连锁店。

原因。到底是因为医学界更加重视抑郁症了（确认偏倚），还是因为相关的药物被列入医保而催生了过度诊断（生产抗抑郁药物的医药公司从中获利丰厚，而且药丸比心理治疗便宜）？又或者，校园欺凌和学业压力让更多的青少年得上了抑郁症？再或者，人们和医生都想要一个快速解决方案？但是，这就能解决问题吗？抗抑郁药物并不是对每一个人都奏效。它的工作机理又是怎样的呢？

在讨论血清素和满足感之前，让我们回到多巴胺和动力。多巴胺带来奖赏，而多巴胺神经元产生神经冲动，继而导致人们的行为发生改变。请记住，腹侧被盖区中的多巴胺神经元有两个原初目的地：（1）伏隔核，多巴胺信号在那里被转化为欲望和奖赏（我压力很大，给我来个卡卡圈坊的甜甜圈）；（2）前额皮层，多巴胺信号在那里接受认知控制（你自己体内的蟋蟀杰明尼）的调节。

藏在化学式里的幸福密码？

但是，血清素在很多方面与多巴胺不同，这使它很难被人理解和研究。首先，身体的不同部位都会用到血清素。绝大多数（90%）血清素是在肠道中生成和使用的。在那里，血清素参与进食和判断吃饱程度的神经与激素的反应。另外9%的血清素存在于血液的血小板之中，它可以帮助血液凝固。我们全身血清素中剩余的1%就存在于大脑之中。这就是我们不能仅仅靠测量血液或尿液中的血清素含量来诊断抑郁症的原因——这些数量更多地反映了肠道或血液当下的情况，而不能反映大脑里的情况。举一个例子来说，肠道良性肿瘤（类癌）会生成过量的血清素，导致严重的腹泻、面部潮红、腹部疼痛和痉挛，然而，它起作用的方式与中枢神经系统大不相同。当然，它更说不上会让患者有幸福感。但是，这时你的尿液和血液肯定会显示出血清素及其降解产物（见图7-2）的指标很高。抑郁症没有生物标志物，医生也没有相应的血液检查作为判断依据。在临床诊断抑郁症时，医生会使用一种名为"贝克抑郁量表"的问卷，以患者主观的抑郁症状来打分。这种经过验证的方法相当于显示出了你大脑内的血清素含量。

血清素神经元散布在大脑的不同部位。当我们分别或综合剖析这些信号时，我们将此时的神经体验描述为"幸福"。也许，这就是幸福有如此多不同的定义、表现形式和触发因素的原因所在。大脑不同区域的互动会产生不同的情绪现象——快乐、兴高采烈、爱等等。我们知道，血清素在一定程度上会影响满足感和幸福感，但是我们还没有掌握其中的细节。更重要的是，多巴胺在大脑中只有5种受体（尽管大多数奖赏效应是由D1和D2受体介导的），而相比之下，大脑中至少有14种受体与血清素结合。此外，虽然某些受体会对大部分血清素起作用，但是，这使人很难全面掌握大脑任何特定区域内发生的变化。因此，与多巴胺不同，要揭示血清素对人类幸福感的作用是一件艰难得多的事情。

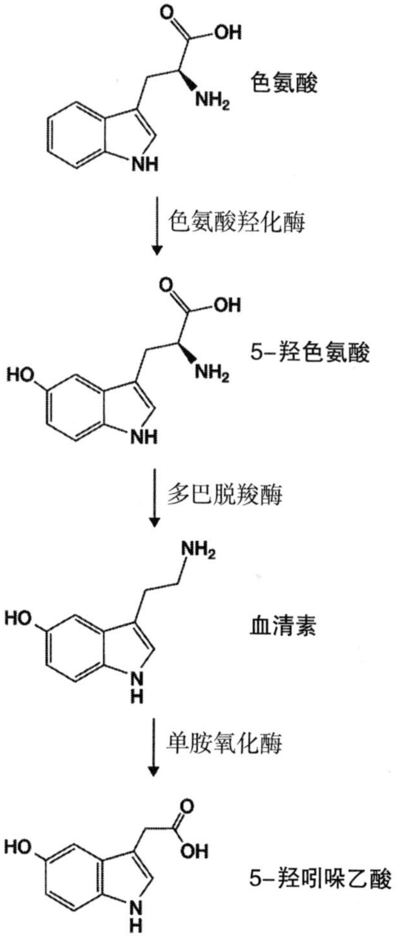

图 7-2：血清素的合成和代谢。色氨酸从色氨酸羟化酶中接受一个羟基形成5-羟色氨酸。此后，该化合物在多巴脱羧酶（多巴胺通路中的同一种酶）的作用下形成血清素。此后，通过单胺氧化酶将血清素代谢掉。

分离血清素神经元并弄清楚它们在人体中的作用，可能会导致一些非常令人怀疑的神经外科医生（美国导演、编剧和制片人吉恩·怀尔德饰演的弗兰肯斯坦博士）来做一些非常值得怀疑的神经外科手术。出于这个原因，在这项工作中，我们必须主要使用动物模型。但是，这又引出一个大问题：幸福是人类特有的感觉吗？你怎么来判断动物是否幸福？有没有这样的动物行为——能明白无误地表现动物能感觉到幸福，而不是由于奖赏或快乐施加的影响？我曾经与行为神经内分泌学协会的几位动物行为学家就此交换过意见。父母在养育子女时会感受到幸福，那是由催产素（起"连接"作用的激素）催生的。在此，起作用的并不是血清素。但是，更为平常的动物幸福感呢？肯·洛卡瓦拉是一位杰出的古生物学家（他在巴塔哥尼亚发现了世界上最大的恐龙遗骸），他指出：南极企鹅会反复从冰坡滑到冰水里，而这里没有实质性的收益或奖赏。它们从中得不到任何食物，只会消耗能量。这种行为只是一种普遍意义上的"找乐子"，没有对个体生存产生任何积极意义。所以，也许这里就是企鹅的游乐园，而且它们玩得很开心。或者，它们感到很快乐？这是企鹅的例子。大鼠或小鼠 / 小白鼠快乐吗？我们怎样辨别出大鼠或小鼠 / 小白鼠情绪低落？首先一点，我们知道它们喜欢什么——性和糖。当它们的努力并没有得偿所愿时，它们会感到沮丧。这就像我们一样。我们知道，抗抑郁药会改变它们的行为。我们对啮齿动物的研究，最终会推断出人类的行为模式。

抑郁症的诊断和治疗仍然存在严重的污名化问题，好像得了抑郁症是个人私德有亏一样。对于很多患有抑郁症的人或者他们爱的人患有抑郁症的人来说，指责患者是完全没有意义的。谁会主动选择得这种病呢？事实上，那些大脑血清素系统存在遗传差异的人自杀风险更大。这些人几乎没得选择。

神圣的科学：细说血清素

与我们对多巴胺的论述（见第 3 章）相似的是，从生理学的层面看，血清素的调节系统也与多巴胺有 3 点相同之处。很多事情都会出错，而这可能导致抑郁症的症状。为了成就更好的自己，仔细审视这个过程中的每一步都

第7章 满足感与血清素

是很有必要的。

（1）合成。血清素是整个生命过程都需要的物质。它的主要成分是色氨酸——在体内无法合成，必须从食物中获取。它恰好是人们从饮食中最不容易获取的物质之一。鸡蛋、鱼和家禽中的色氨酸含量很高（但是，就绝对数量而言，它还是很少）。植物蛋白中的色氨酸含量相当低。原材料如此之少，这就意味着最终产品也很少。饮食中没有足够的色氨酸，这决定了体内可以生成的血清素也很少。（更多关于饮食的内容见第9章）

所以，你的机体内只有少量的色氨酸来制造血清素，而后者实际上是你的大脑需要的"紧俏"商品（图7-2）。摄入的色氨酸大部分将在你的肠道里生成血清素，只有1%的原料能供给你的大脑。人体内不是只有一个血清素工厂。事实上，一旦血清素在肠道或其他部位生成，它就不能穿过血脑屏障。大脑必须依靠自己生产血清素。也就是说，大脑里自有一个血清素合成工厂——位于大脑最原始部位深处的一个薄薄的狭长区域，名为"中缝背核"。（我们将从这里开始关注中缝背核。见图2-1。）

色氨酸只是大脑必需的一种氨基酸（蛋白质的成分之一）。这些构成蛋白质的原材料要依赖氨基酸运输器将它们从血液运送到大脑。可问题是，承担运输任务的工具，就像下着大雪的除夕夜11点的出租车那样可遇而不可求。和色氨酸竞相搭乘的"乘客"至少有另外两种氨基酸——苯丙氨酸和酪氨酸，它们是多巴胺的基本成分。所以，伙计们，你们猜会出现什么情况？血液中构成多巴胺（即寻求奖赏的行为）的原材料越多，可供色氨酸前往大脑中央会场派对的出租车就越少，这就导致那天晚上的满足感几乎很难获得。在这种竞争机制下，将色氨酸运进大脑最终只能落败。满足感不足，奖赏胜出。而这里列出的只是奖赏胜出的一条路径，还有更多的在后头呢。（见第10章）

（2）发挥作用。与多巴胺相同的是，血清素从其神经末梢释放出来之后，必须穿过突触与它的受体结合。血清素神经末梢遍布大脑，为的就是与不同的受体结合，从而发挥不同的作用。这样一来，血清素的作用就难以量化了，因为：（a）它没有明确的解剖学位置；（b）有太多的受体需要被追踪；（c）不同的人有不同的血清素反应，甚至同一个人体内的反应也会不同。不幸的是，我们并不能完全确定哪种受体会以哪种方式起作用。例如，曲坦类药物会与两种特定血清素受体结合，而且它们是内科医生手头可以用的最好的抗偏头痛药物。但是，服用这些药物并不能使你一定感到幸福（有一种情况除外：你曾经得过偏头痛，之后摆脱了这种病，那就是幸福）。

特别是那种受体，血清素-1a受体（即5-羟色胺-1a受体），它似乎是唯一能起到减少焦虑和减轻抑郁症作用的受体。正是由于血清素与这个受体相结合，人体才能产生幸福和满足的感觉。我们能获知这一点是因为我们能够采用基因移除的办法将这种特殊的受体从小鼠身上去除。被试小鼠失去这种受体之后变得非常焦虑，给它们注射再多的抗抑郁剂也都无济于事。这几十年来，血清素-1a受体一直是精神疾病研究领域备受关注的焦点。日本科学家的一项研究表明，遗传血清素-1a受体变化与双相情感障碍（以前称为"躁狂抑郁症"）有关。与血清素-1a受体结合的药物（被称作"激动剂"或化学模仿物质）是抗抑郁治疗领域的中流砥柱，而新药出现的速度也相对加快了。例如，丁螺环酮是治疗严重焦虑症常用的血清素-1a激动剂。

（3）代谢。当血清素递质包从神经元被释放之后，它们需要穿越突触来到受体身边。与受体结合之后，它们就会徘徊在突触之中，等待被回收或者自身功能被剥夺。就跟多巴胺代谢的过程一样，在相同的一种酶——单胺氧化酶——的作用下，血清素被降解为5-羟吲哚乙酸这种废物。（见图7-2）单胺氧化酶在这里扮演吃豆人的角色，其任务基本上就是吞噬和破坏血清素分子。这就是单胺氧化酶抑制剂如苯乙肼片用作抗抑郁药的作用机理——通过维持血清素的高含量，创造更多机会让它与受体结合。

还有，血清素转运体是一种帮助血清素循环的蛋白质，它将血清素从突触后神经元送回到突触前神经元中，因此，在下一次神经元放电时，血清素可以重新被装载，再次被利用。这些血清素再循环/转运体的作用与第3章提到的多巴胺转运蛋白的功能是一样的——充当"饥饿的河马"角色。它们将血清素重新吸收回神经元，回收再利用。这里也是所有新近被研制出来的选择性血清素再摄取抑制剂（SSRIs）的作用部位。百忧解、左洛复、喜普

第 7 章 满足感与血清素

妙和依他普仑等 SSRIs 会增加突触内血清素的含量，最终达到改善情绪的目的。所以，这些 SSRIs 做的事情基本上相当于在饥肠辘辘的河马嘴上套一个嚼口。可是，这些河马仍然具有猎食功能，只不过猎食效率下降了。但是，你还不能让它们全部出局。突触中留有过多的血清素也会造成问题。请继续读下去。

总要看到生活中光明的一面

你的血清素再循环/转运蛋白的活动情况很大程度上决定了你能感到自己有多幸福。个人气质与幸福感渊源很深，而体内血清素转运蛋白的差异则与个人气质差异有着莫大的联系。例如，那些生来羟色胺转运体基因连锁多态区就具有特定等位基因（遗传变异）的人，他们在童年时期就非常焦虑，成年后更有可能深受家庭生活不稳定之苦（即更有可能陷入焦虑、抑郁和药物滥用状态）。

还有一个有趣的情况，尽管全美的成年非洲裔美国人的成长环境较之别的群体更为不利，但是他们的临床抑郁症发病率通常要低于白种人（高加索人）和拉丁裔。无论是从抽样差异、性别差异或教育水平等角度都无法来解释这个事实。非洲裔美国人表现出的焦虑程度确实低于白种人。这种差别可能有几个原因。有人认为，这些调查问卷可能存在文化偏见，事实上，这种说法可能是正确的。另一种可能性是：与其他种族相比，非洲裔美国人与宗教团体的关系更为紧密，这可能帮助他们拥有更多的幸福感，而不管现实社会经济条件有多么不利。但是，这里可能也存在生物化学原因。已知的情况是，非洲裔美国人在"5-羟色胺转运体基因连锁多态区"（5-羟色胺转运体，又名"饥饿的河马"）的基因上存在遗传差异，其结果是降低了自身清除突触中的血清素这种能力。非洲裔美国人体内可能自带 SSRIs 药物，因此，在身处逆境时，他们的抑郁程度会较低。

但是，就像多巴胺一样，有太多的好东西可能也会变成一件坏事。血清素可能有严重的副作用，包括易怒、有自杀念头和行为。过量的血清素效应会导致情绪低落，对外则有冲动性攻击等行为，这是它与 –1a 受体以外的受体结合导致的。由血清素活性过高引起的血清素综合征，其成因是 SSRIs 过量或与其他药物相互作用，其症状是精神状态和肌肉张力会发生改变，以及出现自主神经系统问题。过度提高体内血清素含量可能会要了一个情绪低落人的命——药物会赋予他足够的大脑活动和精神能量去自杀，这就是服用抗抑郁药的人不应该自行调节药量的原因。就像多巴胺一样，调节血清素含量的目标不是不分青红皂白地增加体内的血清素含量，而是找到那个最佳含量值。

正如无数的调查显示的那样，大多数人都承认，人生最重要的目标就是获得幸福。但是，追求幸福的起点和终点都是要优化你的血清素神经传递系统——这显然不是一件容易的事情。你很有可能看过抗抑郁药的广告，一开始的画面不外乎是寒冷阴郁的背景里有一个看似孤独的女人，然后，奇迹般地，阳光普照大地，她在微笑，她的孩子们也都表现得规规矩矩的。从此以后，他们幸福地生活着。

唉，可惜不存在这么一粒神奇的药丸。药物对不同的个体能发挥的作用有所不同，而某个个体在其生命的不同阶段，某种药物对其能起的作用也有所不同——有时不起作用，有时起作用。一名女性在 18 岁时服用的百忧解的剂量，并不适用于她年届四旬的状况。分娩过后，女性的激素会出现紊乱，她们可能会得上产后抑郁症，需要服用抗抑郁药。大概一年之后，她们的血清素水平可能会自行恢复正常，但是，也可能不会。抗抑郁药物可能会产生奇迹，但是，只有 25% 的人的症状能完全得到缓解，而其余 75% 的人的症状可能会有所缓解但不会完全消失。人们需要更多的支持。即便没有得过抑郁症，我们也很少有人知道如何获得满足感。假如没有 SSRIs，要想在人生历程中获得有意义的幸福还有指望吗？

我们真的是一个靠百忧解支撑起来的国家吗？不完全是。请继续阅读。

第 8 章
敲开永生幸福之门

如果你仰躺在船上，满眼看到的都是橘树和橘子酱色的天空，那么你要掉转头往下看。与你同船的人很有可能是一个拥有万花筒般眼睛的女孩。

约翰·列侬是 20 世纪 60 年代反主流文化的主要代表人物之一。由列侬和保罗·麦卡特尼合作的《缀满钻石天空下的露西》对合成的迷幻药——麦角酸二乙基酰胺（LSD）的妙处和年轻人越来越渴望做的事情大唱颂歌——后者用蒂莫西·利里博士的话来说，就是"正视内心、知行合一，然后退学"。这位蒂莫西·利里博士是哈佛大学心理学家和政治活动家，他后来成了我们的天字第一号公敌。

LSD 由制药化学家艾伯特·霍夫曼于 1938 年在瑞士的一个实验室里制造出来，但是，它首次被用到临床是在 1943 年。很快，科学家和研究者就看到了它的潜力——LSD 被用来治疗孤独症、诱使罪犯不打自招，它还被派上了其他用场。第一批制成商品的 LSD 是麦角酰二胺，它于 1947 年打入欧洲市场。在这期间，很多能改变大脑思想的不同药物进入了我们的生活，这些药名也开始为大众所熟知。麦司卡林是美洲原住民在传统祭祀活动中用的一种苯乙胺衍生物，它是从仙人掌中提炼出来的。脱磷酸裸盖菇素是色胺前身裸盖菇素的活性形式，它是从在墨西哥发现的"魔法蘑菇"中提纯的。虽说这些植物对于美国主流人群来说是新鲜事物，但是，美洲各地的原住民群体和不同原住民文化群体使用它们的时间已有数百年，有的甚至达到了数千年。在当地原住民的宗教中，使用天然致幻剂的仪式是其核心内容，有时它们甚至充当不同部落之间的通用语言的角色——承担寻找灵兽、与死者沟通和找寻圣灵的任务。霍夫曼创制了 LSD 之后，科学家突然一窝蜂涌进了这个研究领域。

喝下令人兴奋的"酷爱"牌饮料

1953 年，科学家证实了血清素的结构及其在大脑中的存在。此后不久，科学家就发现了血清素的结构和一些化合物，尤其是裸盖菇素，与 LSD（图 8-1）之间存在令人难以置信的相似性。

| 血清素 | 脱磷酸裸盖菇素 | 麦角酸二乙基酰胺 | 麦司卡林 | 亚甲基二氧基甲基苯丙胺 |

图 8-1：血清素受体"万能钥匙"。各种致幻剂是血清素亲体化合物结构的变体形式。这些变化允许不同的化合物有选择地与某种血清素受体结合，而不是与其全部 16 种受体都结合。但是，有些仍然会有交叉反应。色胺衍生物裸盖菇素和 LSD 均可以与血清素 -2a 受体（神秘体验）和血清素 -1a 受体（满足感）结合。苯乙胺化合物麦司卡林只能与血清素 -2a 受体结合。亚甲基二氧基甲基苯丙胺（MDMA）（其为摇头丸的主要成分）（见第 10 章），不仅能与血清素 -2a 受体结合，还能与多巴胺受体结合。

于是，将要持续 17 年的科学研究和探索就此拉开了序幕——解开头脑

第8章 敲开永生幸福之门

中隐藏的奥秘，特别是追问幸福的答案——包括先天的幸福感和后天有外力介入的幸福感。一组科学家开始改变这些化合物的分子结构以增加它们的功效，而另一组科学家则用放射性物质做标记来观察它们在大脑中的结合位点及其作用机理。经过多年的试验，他们发现，这些化合物被用作血清素激动剂，这意味着它们会模仿血清素，并与大脑中特定的血清素受体，也就是 –1a（见第7章）和 –2a 受体结合。

20世纪60年代是 LSD 研究的黄金时代。为了解开 LSD 的秘密，美国政府陆陆续续补贴了至少 116 次实验（根据已知的情况做的统计）。斯坦尼斯拉夫·格罗夫博士是早期的实验者，他将 LSD 描述为"非特异性的无意识放大器"，好坏不论。他的说法暗示 LSD 可能是无意识思维的主要调节者，而揭开它的神秘面纱就能回答"我们是谁、我们为什么是这个样子以及我们将来会变成什么样子"这类问题。确实是很宏大的命题！单独让科学家给出问题的答案，这些命题是否太过宏大了？

可是不管怎么努力，你终归不可能将这么大一件事情锁在实验室里。这些分子从象牙塔中逃脱，并开始在美国掀起了一场（相对来说）不流血的革命，特别是在年轻人中间——他们对美国政府以及政府处理越南战争和民权运动的方式感到失望。20世纪60年代后期，致幻剂在全美各地风靡一时。大学校园是这项社会实验的试验场。到现在，有些校园依然是这类试验场。

关于致幻剂的使用及其使用者的3点观察意见应该在这里列一下：

（1）一些致幻剂使用者会经历"糟糕的旅行"。也就是说，他们会经历不必要的恐惧和偏执。致幻经历不容易被预测。也许有人会有一个美妙的旅程：感觉与天地宇宙融为一体，与神灵对话——或许他们觉得自己的脸正在融化，而整个世界正在收缩。不过，我们很难预料：这些药物会导致什么情况、在谁身上起作用以及如何起作用，并最终致使其服药后的体验不佳。一般来说，致幻剂会将服药人当时的情绪和心理状态放大。如果这人情绪低落或处在狂躁状态，单独服用致幻剂后，这人原本的不良状态可能会加重。根据之前的数据，服用致幻剂后的体验——用蒂莫西·利里的话来说——就是同时对"自身状态"（比如"思维状态"）和"环境"（比如你身处的场所和你身边的人）做出的反应。也许最能证实这一点的是美国中情局秘密开展的一个实验，不过其实验开展得断断续续的，并且实验目的前后不大一致。该实验名为"MK-ULTRA计划"[1]（又名"午夜迷情行动"）。1953年至1964年，中情局在纽约和旧金山给毫无防备的军事人员和不知情的受害者喝的酒里下了LSD。表面上，实施这个隐秘计划的初衷是中情局担心苏联、中国大陆和朝鲜正在使用这些药物给美国战俘洗脑——想一下电影《谍网迷魂》里的劳伦斯·哈维，或者"方块皇后"[2]之流。所以，他们需要回击。这些"志愿者"的反应剧烈程度不一：从焦虑到纯粹的偏执，再到明显的精神病症状。他们体验到的世界没有什么研究意义，因为实验开展得比较盲目。因此，做此类实验时，需要将实验内容告知参与者并征得其同意。另外，在开启另类精神之旅时需要有向导。

（2）虽然这些迷幻化合物中的一部分在重复使用后会表现出效力下降的情况（即被试出现耐受），但是很少有被试在停用药物之后表现出依赖或戒断反应。实验结束后，大多数人都会"轻轻地走开，不带走一片云彩"，实验对他们的生活和整个社会都没有产生什么不良后果，基本没有送被试进急诊、犯罪率飙升、紧急送被试进康复中心等情况，而这些情况在停用多巴胺激动剂（如可卡因）或鸦片制剂（如海洛因）时则经常发生。据估计，全世界有多达3000万人曾经接触过致幻药物。最近一次的全美药物使用和健康调查也表明了这一点。13.4%的受访者承认自己长期使用迷幻药。不过，尽管长期用药，但他们称自己并没有成瘾，而且他们得精神疾病的比例出奇地

---

[1] 其实质是"大脑/精神控制计划"。据美国作家斯奇瓦兹在《绝密武器》（2001）一书中披露，该计划是美国中情局长达20多年的绝密"大脑控制"实验——中情局专家幻想通过一种迷幻药物或催眠法，彻底控制另一个人的大脑，可以使其沦为美国情报机构随心所欲的间谍工具和"完美杀手"。该计划是由早期的"知更鸟计划"发展而来的，它最初旨在训练中情局间谍，防止他们被捕后遭到苏联克格勃的"洗脑"。到后来，中情局专家希望能通过迷幻药、催眠术甚至微波影响等方法，炮制出一些"程序化"的中情局杀手，他们可以在任何时候都无条件地服从命令，往世界上的任何地方执行间谍和暗杀任务。

[2] 指以美色引诱男人、达到骗取钱财及其他目的的女人。

低。事实上，这群人被诊断出患有精神疾病的比例要低于普通人群，而且很少有人会进心理诊疗机构（除了某些人被比喻性地说，他们的大脑被过量的酸烤焦了）。换句话说，迷幻药并不是典型的能让人上瘾的药物。

（3）最近的研究表明，当LSD在受控条件下被摄取到体内时，它有时会对身体产生持久的影响，包括改善与家人的关系、重视自我身心保健、思维更加活跃灵动。这些感觉到底是反映了大脑本身的生物化学变化，还是只是另一种令人振奋的神秘体验，这一点尚未可知。但是，那些被试说，在找不到一个更好的术语来表述的情况下，权且使用"换脑后遗症"这个词。

政府突击检查了这场狂欢派对

像利里这样支持使用迷幻药的人正好与20世纪60年代的美国青年一拍即合：这种言论与他们的反战情绪不谋而合。为了平息这种社会运动，加州的州参议员唐纳德·格伦斯基提议州立法机关增加一条法案——禁止拥有、散布和购入LSD及其同类药物二甲基色胺。这项法案在1966年由州长罗纳德·里根签署生效。由此引发的强烈抗议最终将美国反主流文化运动推向了高潮：旧金山1967年的"爱之夏"[1]遗留下的痕迹至今还伫立在海特大街（来参观啊！只要你无视那些皮下注射针就行）。的确，美国的年轻人，婴儿潮的第一波，他们成群结队地辍学、走出校园。"你要用脑子想想，要质疑权威"，这是利里博士的座右铭。在人的整个青春期和成年早期，对于自己

---

[1] 嬉皮士运动中规模最大的一次活动。1967年夏，10万多人涌入旧金山的海特街和阿什伯里街的接合部（后称"嬉皮"区），其中大多是嬉皮士装扮和做派的年轻人。这些嬉皮士也被人称作flower children（因为他们自己头上戴花，也向行人分发鲜花或花为主题的装饰物，以此象征他们对普世亲善、和平和爱的崇高理想），他们是折中主义者，很多人不信任政府、摒弃消费主义价值观，他们普遍反对越南战争。这些人中只有少部分人热衷政治，其他大部分人更感兴趣的则是艺术（尤其是音乐、绘画和诗歌）或宗教和冥想。这个夏天结束时，很多人重返大学校园继续自己的学业。

的所作所为与其后果之间的联系，人们的认知十分混乱，因为人的前额皮层（蟋蟀杰明尼）直到大约 25 岁时才能完全发育成熟。（这也就是精算师将年满 25 周岁的客户的车险提高的原因）参加 1969 年伍德斯托克音乐节[1]的婴儿潮一代让美国政府真正恐慌起来。毕竟，军队需要年轻人参战。美国的陆军将军和海军上将目睹了年轻人参战意愿前后变化的强烈对比，他们向尼克松政府提议：这些化合物是人类有史以来制造出来的最危险的、最具有破坏力的药物，比阿片类药物贻害更甚。

随着 1970 年国会通过《管制物质法》以及 1973 年缉毒局的成立，反文化运动突然就转入了地下。缉毒局负责监管所有的多巴胺类和阿片类药物、大麻素和血清素激动剂。此后，海洛因、大麻和所有的迷幻药都被列为一类监管物质。这意味着它们没有任何药用价值，完全属于非法物质。换句话说，它们被全面禁止使用。理查德·尼克松大笔一挥，就此抹去了一个非常吸引人也可能非常有前景的医学和精神病学研究领域。这项工作被扫进了科学历史的垃圾堆，它将在接下来的 40 年中萎靡不振。同时，从我们的集体记忆中删除的是这个事实：这些化合物的一些使用者经历的是一次"人生转变"——他们还找不到一个更好的词来形容这种体验。这部运动的赞歌——列侬的那首《想象》告诉年轻人，要放下枪支，放弃俗世拥有的一切，并"学会在一起生活"。他为什么会有这个信念？因为他在唱着《缀满钻石天空下的露西》时还吟唱《到这里来吧》吗？致幻剂能让你感到幸福吗？或者至少能让你感到满足？并不总是这样的——有些人自称有灵魂出窍的感觉和严重的焦虑。那么，这种状态会持续多久呢？药物本身导致的迷幻状态又能持续多久（对于 LSD 来说，这个时间可能非常长，超过 12 小时）？它有持久的影响吗？以天来计算，还是以月来计算？人们在意识改变的状态下会感到更幸福吗？生命、爱、幸福和满足感的奥秘被埋进了幽深的坟墓中，想要把它们挖掘出来真是太危险了。

快闪回到今天。现在，一群勇敢的医生和科学家正在挖掘这座"坟墓"。

---

1 主题是"和平、反战、博爱、平等"，当时的人尤其是年轻人，反战情绪非常强烈。

为了开展科学研究，其中一些药物重新被允许使用。不过，一切都是在政府极其严格的监督之下进行的。迈克尔·波伦发表在《纽约客》上的文章《致幻之旅治疗法》回顾了隐藏在那些故事——有超前思维的临床医生如何发现了一些药物的新特性——背后的颇有人情味的故事，正是在一些有权势的人物的资助下，破解这些药物谜题的实验才得以顺利进行。

有尊严地死去，现在有了新希望？

在这个世界上，谁最迫切地需要幸福，或者至少迫切地需要减轻极端焦虑或极度痛苦带来的折磨？他们就是终末期癌症患者。标准的临终关怀服务会为这类患者提供氢吗啡酮等鸦片制剂。这些药物不仅能减轻患者的疼痛，同时还会让患者进入一种不能有挂碍也无须挂碍尘世的状态。患者甚至无法回应外界的一切：他们不能告诉医生自己很害怕，或是对他们最亲爱的人说"我爱你们"。当然，这些鸦片类药物非常容易上瘾。你可能会争辩：如果你已经奄奄一息地躺在那里了，谁还会操心成瘾问题？我的父母双亲都接受了临终关怀护理，最后阶段也都动用了阿片类药物。我不能告诉他们我爱他们，而他们也无法回应。比起任由病人饱受痛苦折磨，医生开出阿片类药物显然更富于人性。尽管如此，这也绝不是离开这个世界的最佳方式。我们所有人都应该有权利更体面地谢幕，平静地接受自己即将离世的事实。

在一项花了整整 10 年的研究中——该研究经由 FDA、NIH、DEA 和很多机构的审查委员会批准——加州大学洛杉矶分校医学中心的查尔斯·格罗布针对癌症终末期病人面对死亡出现的反应性焦虑和抑郁症，对单独使用裸盖菇素（"魔法蘑菇"中的化合物）进行治疗的效果做了测评。在一项初步研究中，共有 12 名被诊断罹患危及生命的癌症的患者参加了实验。实验采用的方法是双盲随机交叉法（无论是被试还是医生都不知道采用了哪种治疗方法），被试要么服用裸盖菇素，要么服用烟酸（维生素 B3）。服用后者会产生刺痛感，用作对照的安慰剂。此外，研究者事先为每一位被试都一对一地准备了持证心理咨询师，目的是尽量减少副作用或被试陷入幻觉后有不良体验的可能性。每一位被试都有各自的私人迷幻状态向导，向导会在整个过程中一直陪伴着被试。通过提供令人快乐和舒适的环境，实验人员使被试心情愉悦，并且优化了实验设置。这些临床研究需要严格实施并仔细记录，要做到无可指摘。实验结果非常引人关注。实验除了赋予被试积极情绪和降低他们的抑郁评分之外，在治疗结束6个月之后，被试还保持着"海洋般无边无际的感觉"和"幻视重组"等感觉。

这项实验的若干后续研究目前正在进行中。纽约大学医学院的斯蒂芬·罗斯采用双盲实验，让参加实验的29名癌症患者随机服用裸盖菇素或烟酸。研究者再次观察到，被试的长期焦虑和抑郁症得到缓解，并且在致幻剂暴露6个月后仍可测到其持续效果。而且再次得到证实的是，被试受益程度与"神秘体验"的深浅程度呈正相关。瑞士的彼得·加瑟使用LSD作为致幻剂也证明：参与实验的12名癌症患者也表现出短期和长期的症状改善，并且在实验结束之后没有出现任何副作用。进一步的研究证实了这些有益的实验效果可以持续14个月以上。

由于这些临床反应可以很明显地延续很长时间，而且长期无副作用，很多研究者都进入了这个研究领域。目前，全世界的临床医生都在测试这些化合物是否可以治疗如烟草和酒精成瘾等问题。你说什么？迷幻药物可以让人得到满足感——即便是人为控制下的满足感？还是说它能逆转长期物质滥用的趋势？其实并没那么快。我们将在第10章讨论这个问题。

受体特价啦——买一赠一！

显然，幻觉和满足感并不是一回事。首先，你不必为了感受幸福而改变自己的神智状态。其次，大多数幸福的人并没有脱离尘世。最后一点，也是最重要的一点，不是每一个体验过迷幻世界的人都会放弃拥有的一切住进蒙古包里。尽管如此，这里显然还存在某种形式的感觉重叠。是什么将血清

第 8 章 敲开永生幸福之门

素、幻觉和满足感联系在一起了？

虽然我无法证明这一点，但是，这个谜题的关键奥秘很可能就在于这些化合物本身的属性、它们激活的那些血清素受体以及在何处和需要多少数量的受体才能激活它们。请记住第 7 章说过的内容：血清素是在 DRN（中脑的一个区域）中生成的。血清素在整个大脑皮层中都起作用，它在那里与多达 14 种不同的受体结合——这些受体含有 18 种不同的基因编码，以调节血清素的各种认知、行为和体验效果。我们还要回想一下，血清素起作用的主要调节因子是 SSRIs，后者能改善情绪和缓解抑郁症。根据我们目前所知的情况，SSRIs 之所以能对焦虑和抑郁症起作用，是因为它能影响位于血清素 -1a 受体的血清素转运蛋白（即 5- 羟色胺转运蛋白）。我们是怎么知道这一点的？因为如果敲除小鼠体内的特定受体，它们就会变得无比焦虑，SSRIs 也束手无策。然而，敲除其他受体就不会导致小鼠抑郁。由于血清素 -1a 受体的遗传多态性使人容易得上重度抑郁症，所以血清素 -1a 受体似乎成了决定我们是否满足和幸福与否的关键。

相比之下，通过对动物和人类开展的艰苦实验，所有具有思维改变效果的迷幻化合物都可以追溯到它们对血清素 -2a 受体的刺激性影响上。不是 -1a 而是 -2a。乖乖交团费开启神秘的奇幻之旅吧——它们都受到 -2a 受体的控制，无论是吸食了大果柯拉豆、服用迷幻药、灌下死藤水[1]，还是去舔科罗拉多河蟾蜍[2]（是这样的，不过说真的，奉劝你们不要在家里尝试这么做）。

能够产生如此活色生香和出尘脱俗感觉的血清素 -2a 受体又身处何方呢？最近，伦敦帝国理工学院的罗宾·卡哈特-哈里斯大致给出了致幻剂起作用的两个大脑主要部位。第一处是视觉皮层。注射了放射性标记的裸盖菇素像圣诞树一样在视觉皮层里亮了起来。也许，考虑到列侬体验到的橘树

---

1 用南美一种藤本植物的根泡制而成的有致幻作用的饮料。
2 一种有毒的蟾蜍，原产于美国西南部及墨西哥北部。蟾蜍的毒腺位于眼下。嬉皮士文化盛行的年代，有些嬉皮士为了寻求刺激而舔蟾蜍表皮的毒腺，以获得快感及迷幻的感觉。

和果酱天空，这个效果倒不怎么惊艳。它们同时也存在于前额皮质（我们的蟋蟀杰明尼），这可能就解释了这些化合物为什么会改变我们的自我控制力，并增加了奖赏的感觉。

但是，对血清素 –2a 受体的作用并不能解释某些迷幻药和长期满足感之间的联系。你会认为，如果所有的致幻剂与相同的血清素 –2a 受体结合并将其激活，那么它们作用的方式以及产生的影响也都是一样的。但是，并非所有致幻剂都是一个模子里刻出来的。在苯乙胺类化学物质中，麦司卡林是其天然存在形式（图 8-1），在服药后并不会出现满足感。而在服用后出现这种满足感的似乎仅限于色胺类化合物——裸盖菇素是其天然存在形式。事实上，在提供极致的神秘体验（与 –2a 结合）之外还能提供满足感（与 –1a 结合）的药物都属于色胺类。为了体验服药后的满足感，你所服用的药物必须达到足以产生神秘体验的剂量。嘿嘿，两种受体只需要花一种药的价钱！事实上，几乎所有色胺类致幻剂（裸盖菇素和 LSD 都属于这一类）均能与 –1a 和 –2a 这两种受体结合。对比之下，麦司卡林只能与 –2a 受体结合并产生致幻体验。它对 –1a 受体几乎没有任何影响，这可能就是它没有长期药效的原因所在。

这个多出来的受体，这个意外之喜，真的可以用来解释裸盖菇素具有消除终末癌症患者的焦虑和恐惧这种能力？这种意料之外的效果真的可以治疗酒精和烟草成瘾？这类药物真的会让狮子躺下来并与羊羔相安无事？颇值得怀疑。我遇到过不少尝试服用致幻剂的人，他们中没有一个变得清心寡欲，反而有人确实搬去了马林县[1]。很多成瘾者有时也服用 LSD，但是他们仍然沉迷于自己所选择的药物。在幻境旅游时的向导是否在其中起了重要作用？跟剂量有关？我们真的不清楚……但是，你能明白武装部队为什么如此惧怕放射性沉降物吧？

---

[1] 高端豪宅密集之地，位于金门大桥的北端，桥的另一端就是"爱之夏"嬉皮士运动的发生地旧金山。

第 8 章 敲开永生幸福之门

嗑药后遗症

最近一项对没有患抑郁症的、精神正常的志愿者严格把控 LSD 给药的研究表明，该药物引起了深刻的感知变化：这些被试看待他们周围世界的眼光都改变了。志愿者的"创意想象力量表"得分有了显著提高，并且，他们会以更开放的态度对待新想法和新体验。史蒂夫·乔布斯是一名严重的 LSD 嗑药者，这种状况一直持续到他创办了苹果公司为止。在那之后，他一心搞事业，对嗑药不那么上心了。那么，如果你落到了它（比如 LSD）的手里，情况又会怎样呢？你自己创办一家公司的可能性不大，但是，你可能会落得这么一个下场——掉进一个你永远无法爬出的兔子洞[1]。你的大脑就捏在你自己的手中。你做好准备了吗？

然而，这项研究的意义不啻改变人生、改变世界。50 年前，它对全员免费。然后，钟摆朝着相反的方向摆动，联邦政府突袭了派对。是否存在幸福的媒介？刚才，钟摆正要往回摆动。如果色胺类致幻剂（LSD 和裸盖菇素）被重新归类到 II 类物质，那会是怎样一种情况？II 类物质指医生可以开给可控环境下特定患者的药物。如果致幻剂的禁忌被突破，而我们可以拥有"医用（致幻）蘑菇"，那又会是怎样一番景象？

人们对所有中枢作用药物最担心的是它们导致耐受性、戒断反应或依赖性。换句话说，就是担心它们的致瘾可能性（见第 5 章）。尽管这些血清素激动剂会表现出耐受性，但是很少有证据显示它们会导致戒断反应。换句话说，它们似乎不会导致典型的物质成瘾。事实上，人们现在正在评估用它们治疗其他药物成瘾的效果。血清素会影响多巴胺吗？我们将在第 10 章讨论这个问题。

这些血清素激动剂并非完全安全。高剂量使用它们可能会导致血管收缩

---

[1] 兔子洞的典故出自《爱丽丝梦游仙境》。该故事讲述了一个名叫爱丽丝的英国小女孩为了追逐一只揣着怀表、会说话的兔子而不慎掉入了兔子洞，从而进入了一个神奇的国度并经历了一系列奇幻冒险的故事。此处比喻吸食毒品后进入迷幻世界。

097

和冠状动脉痉挛，不过这种情况比较罕见。所以，在没有医生监管的情况下，它们被禁止用于娱乐途径。毫无疑问，每天都服用LSD会造成药效下降——由于血清素-2a受体下调，这可能导致出现我们也不清楚的长期后遗症。至于那些感觉并不好的致幻体验，从表面上看，这就是国会在1970年禁止使用迷幻药的原因。用制药业行内的说法，我们谈论的是一个非常狭窄的治疗窗口——如果你不在窗户里头，那么你就得从窗户里跳出来。一些较新的合成致幻剂还偶尔会引起情绪激动、心跳加速、出汗和富有攻击性，如果发作，就需要把人送进急诊室并静脉注射镇静剂，直到药力消失。至少可以这么说，现在还不是这些药物的黄金时代。

生物化学提高生活品质？

这些研究提供了另一种论证角度来支持"我想开车回家"——我们的情绪只不过是我们大脑内部生化过程的表现。拿致幻剂来说，血清素-1a受体信号驱动满足感，而血清素-2a受体信号驱动神秘体验。当下，那些改变神智的药物是否具有增强意识和满足感的作用尚没有定论。因此，我们需要在严格受控的条件下对它们进行认真细致的科学研究。同时，在将永生幸福的钥匙交到公众手上之前，整个社会还要展开哲学和伦理大辩论。

无论接受与否，我们就是自身的生物化学系统造就的。而我们体内的生物化学系统可以被人操控。有时是身体本身在调控，有时是人为的。有时是我们自己在操控，但有时是别人在操控。我们有时会受益，有时则会受害。

第 9 章
吃好喝好终益己，精心装扮空悦人

看来，保持理想的血清素浓度并维持其对 –1a 受体的作用是产生满足感的关键神经化学基础。事实的确是这样的。但是，要即时生成足够多的大脑血清素很难做到，而要保持理想的血清素浓度更是难上加难。难怪有这么多人都感受不到幸福。我们目前的药物储备非常空虚，加上这些药物会影响精神健康，人们使用它们时极易出现意外。那些危险囊括了从重度烦躁、糟糕的幻境旅行一直到自杀的所有情况。而你从医生、萨满或大学室友那里拿到的这些药物实际上都不会生成血清素。一些抗抑郁药和致幻剂起着血清素激动剂（类似的化学物质）的作用。你只能指望自己的大脑去生成这种天然物质。为了达到这个目的，你必须准备好主要的原材料，或者说，准备好基础要素。就血清素的合成而言，其主要原材料就是色氨酸，它是带来内心满足感的基础要素。但是，我们的饮食也没能给我们帮上什么忙，因为：

（1）色氨酸的前身是饮食中最罕见的氨基酸；

（2）摄入的色氨酸在人体内同时还有一条代谢途径（其代谢产物为犬尿酸原），这一过程的代谢物会导致炎症，有害身体健康；

（3）摄入的色氨酸 99% 在人体内转化为血清素（供肠道和血液的其他

功能之用），甚至没有机会被运送到大脑；

（4）将色氨酸从血液中转运到大脑，还有将血液中含量更高的酪氨酸和苯丙氨酸（多巴胺的前身）输送到大脑，需要的是同一种转运蛋白，因此竞争很激烈；

（5）由身体其他部位的色氨酸生成的血清素不能进入大脑，因为它不能通过血脑屏障；

（6）血清素受体几乎遍布大脑，所以造成的情况就是，血清素供应如此之少，需求却很大；

（7）使血清素失去活性的酶（单胺氧化酶，无处不在的"吃豆人"）是干这事的一把好手。

难怪我们不幸福：我们总是在拼命追逐。我们大多数人都会在某些时候出现功能性血清素缺乏症状（一种状态），而有些人则一直缺乏血清素（一种特质），这两者都可以导致临床抑郁症。首先，在我们的大脑中，几乎没有足够的血清素能产生哪怕是昙花一现的满足感。

吃得好才有好睡眠

众所周知，血清素可以帮助你入眠并影响你睡眠的周期，特别是在减少活动或快速眼球运动阶段、增加睡眠的慢波或非活动阶段。如果你给没有得抑郁症的健康人补充色氨酸（血清素的前身），你观察到的结果往往是那些人昏昏欲睡和反应时间减少。也许这是人们责备色氨酸让他们在感恩节火鸡大餐时呼呼大睡的原因之一（此外，让人有微词的还有：把火鸡馅料、土豆泥、南瓜和山核桃馅饼可劲儿地一顿胡吃海塞，最终吃得自己动弹不得）。相反，如果你在成年人就寝之前让他们喝下含有消耗色氨酸的饮料，目的是减少其大脑血清素，最终，就睡眠质量而言，他们看起来就像未经治疗的抑郁症患者那样，整宿整宿睡不着觉。至于SSRIs，虽然它能缓解抑郁症的症状，但是，它同时也会在你的睡眠周期中按下"重置"按钮，导致你无法入睡或者睡得太多。因此，你饮食中的色氨酸关乎你的睡眠状况，而你的睡眠状况则决定了你的满足感。增加饮食中的糖和咖啡因肯定无济于事，喝下红牛、星巴克和星冰乐更不可能帮助我们获得正常的睡眠。一般来说，这样还会严重破坏我们的新陈代谢系统。对四年级和七年级学生的一项研究显示：孩子们睡眠时间的减少与喝苏打饮料之间存在联系，尽管我们还不能确定这里的罪魁祸首究竟是糖还是咖啡因。至于睡眠对于幸福感的意义，更多内容将在第 10 章中展开论述。

将食物中的色氨酸转化为大脑内的血清素，其中虽然牵扯好几个步骤，但是，从一开头，大多数人的色氨酸就摄取不足。就饮食中含有色氨酸的情况而言，鸡蛋和鱼类含有大量的色氨酸，坚果和家禽紧随其后，菠菜和大豆也榜上有名。但是，请大家注意：就像大打广告的麦乐鸡一样，不能因为其名称中有"鸡"一词，就认定产品里一定含有鸡肉成分。事实上，经血液浓度检测，食用鸡蛋和鱼的人血液中的色氨酸消耗量最高（当然，观察血液中的色氨酸水平并不意味着这些色氨酸最终都会进入大脑，所以它绝不是一个完美的测量指标）。根据大样本分析，鱼的消费量与抑郁症呈负相关，虽然我们还没有在这两者之间建立因果联系。但是，加工食品不经常用鸡蛋，原因很多：鸡蛋容易凝结、变质；没有冷藏或者存放久了，鸡蛋会变臭；相当多的人对鸡蛋过敏。鱼类通常也不会成为加工食品的一大重要原料来源，部分原因是某些鱼不适合冷冻，并且大多数人都想亲眼看看鱼，确定它有多新鲜。

营养保健品行业实际上是在兜售色氨酸和生成血清素（5-羟色氨酸）的过程中产生的化学中间体（见图 7-2），后者以胶囊形式出现。目前，对这些旨在改善抑郁症的营养保健品的随机安慰剂对照试验还处于初期，而且有诸多限制。试验人员对一群脾气暴躁的人做了一个双盲安慰剂对照试验，让被试服用色氨酸，你猜结果怎么着？他们变得和颜悦色了！（也许，可以考虑一下明天在你老板的咖啡里投放一些色氨酸……）荟萃分析确实表明，这会改善抑郁症患者的症状，不过它们也有一些副作用。但是，大型制药公司并没有兴趣继续沿着这条道路研究下去，因为色氨酸药丸并不能拿去申请专利，而他们卖 SSRIs 的话，可以赚得盆满钵满。我们真的不知道，一个被色氨酸滋润的美国会是怎样一派景象。

你吃的牛肉到底是什么东西？

据说红肉能够提供高质量的蛋白质。那么，吃红肉怎么样呢？美国向来以本国的肉类生产和肉类消费为豪。红肉含有足量的色氨酸吗？确实，红肉含有色氨酸。但是，我们先来看看市面上两类牛肉制品的区别——一种是玉米喂养的牛，另一种是在草地上放养的牛。结果显示，用玉米喂大的牛，它们体内的色氨酸含量相对低一些，但是，它们含有大量的苯丙氨酸和酪氨酸——它们是多巴胺的前身。尽管加工食品行业对此持有异议，但是吃下这类肉制品的我们很可能并没有摄取多少色氨酸。此外，玉米饲养的牛体内有更高水平的支链氨基酸（亮氨酸、异亮氨酸、缬氨酸），它们会促成肝脏脂肪的生成，而肝脏脂肪过多会导致代谢综合征（详细情况见后）。鸡肉加工的食品有相当高含量的色氨酸，但是，这是一个大问题。养鸡场里的鸡都将送进食品加工厂的流水线，像那些牛一样，这些鸡也是用玉米饲养大的，这些鸡肉里同样含有大量的支链氨基酸。

每一种支链氨基酸都是人体"必需的"，这意味着你必须从食物中摄取这些氨基酸，因为你自身无法合成它们。支链氨基酸占到西方饮食中氨基酸（原材料）含量的 20% 以上。如果你正处在青春期，或者你是一名健美运动员，那么这些支链氨基酸就是你构成肌肉蛋白质的必要成分（这就是蛋白质粉的成分）。但是，如果你和我还有世界上其他芸芸众生一样，那么在吞下过多的支链氨基酸之后，我们的身体并没有地方来存储它们，这意味着肝脏将处理加工更多的氨基酸，而后者代谢之后会变成能量。过多的能量储藏在肝脏会导致脂肪堆积和胰岛素抵抗，而这会使人得上一系列慢性代谢疾病——它们全都属于代谢综合征，而代谢综合征将直接影响你的身心健康。

代谢综合征这个筐里装满了各类慢性代谢性疾病，而美国乃至全世界的

第9章 吃好喝好终益己，精心装扮空悦人

人现在都在承受这些疾病的折磨。我们来——列出这些疾病的名称如何？心脏疾病、高血压、高甘油三酯血症等血脂问题、2型糖尿病、非酒精性脂肪肝、慢性肾病、多囊卵巢疾病、癌症和痴呆症。导致这些疾病的罪魁祸首就是胰岛素抵抗——胰岛素不能很好地清除血液中的葡萄糖，脂肪就会在肝脏和肌肉中沉淀下来。下次你去肉店的时候，让那里的人给你看一下两种牛排——分别来自吃草长大的牛和用玉米饲养的牛。前者呈粉红色，而且通体色泽非常均匀。它也很美味，但是当你把它架起来烤时，它吃起来会有点硬。现在看看玉米饲养的牛身上的牛排。你看到那种大理石花纹了吗？我们喜欢它，因为这就是其特殊风味之所在。烧烤之后，几乎用黄油刀就可以切开它。大理石花纹其实就是肌肉里的脂肪。这是肌肉胰岛素抵抗的证据。那头牛患有代谢综合征，我们碰巧在它发病之前宰杀了它。现在，我们拿来大嚼的每一个巨无霸里都带有这种病征的后遗症。

我算什么，被虐千百遍的肝脏？

在细胞层面，加工食品提供的能量排山倒海而来，它们压垮了肝脏自身的细胞能量工厂——线粒体。这些肝脏线粒体负荷过重，别无选择，只能将额外的能量转化为肝脏脂肪。这些肝脏脂肪分子有两种命运：（1）肝脏可以将它们"装进"极低密度脂蛋白——它会导致心脏病和肥胖，也就是体检时医生测量的血清甘油三酯高了；（2）肝脏不能将其打包装进极低密度脂蛋白，它们就会变成脂肪滴，导致肝脏病变。病变的肝脏对胰岛素的反应不灵敏，这导致胰腺释放过量的胰岛素。最终，你的胰腺筋疲力尽。就这样，你得上了2型糖尿病。由于你的细胞和整个身体的衰老速度加快，这时你已经得了代谢综合征，寿命也在变短。而当你节食并购买低脂食物时，这一切怎么可能发生？这就是原因所在！这就是发生在美国和世界其他地方的事情。我们降低了脂肪摄入，可是，为了让食物更加美味，我们在食物中加入了更多的糖。饮食中的糖含量增加是导致代谢综合征的主要因素。我写了整整一

本关于糖的书（《希望渺茫》）。

代谢综合征患者的血清素功能会下降，而且患抑郁症的风险很高。人并不是因为胖才容易得病，瘦人也会得新陈代谢疾病，其身体里会出现胰岛素抵抗和脂肪肝，这种现象被称作"外瘦内胖"。此外，每一种疾病成因（如血脂问题和葡萄糖耐受不良）与抑郁症的相关度甚至高过腹部肥胖与抑郁症的相关度。那些导致代谢综合征的食物与那些暴饮暴食者的最爱，如精加工的碳水化合物，和糖有非常明显的联系。现在的问题是：是抑郁导致人们选择某些能带来新陈代谢综合征的食物，还是这类食物导致人们抑郁了？哪个是因哪个是果我们还不清楚。但是，我们确切掌握的事实是：有人确实通过调整饮食习惯而摆脱了新陈代谢疾病和抑郁的魔掌——他们改吃地中海式饮食，也就是大量鸡蛋、鱼、坚果、食物纤维，以及简单加工过的碳水化合物或糖。为什么不试试呢？你吃的东西可以提振你的情绪，这个事实充分证明食物正是决定健康与否的关键。

情况越来越糟糕

代谢综合征不仅与抑郁有关，还与认知能力下降有关——没有什么比智力下降更让你情绪低落的了。我们早就知道：2型糖尿病患者的认知能力会下降，并且脑胰岛素抵抗与痴呆症（如阿尔茨海默病）有关。然而，1型糖尿病是一种自发性疾病，它与2型糖尿病情况相反。后者发病的部分原因跟饮食中的糖有关，而前者与痴呆症无关。这两类糖尿病的主要表现形式都是血糖高。但是，1型糖尿病患者是由于体内缺乏胰岛素，而2型糖尿病患者体内的胰岛素过多，由此产生的胰岛素抵抗导致其不能正常发挥作用。原因不在于葡萄糖！原因在于胰岛素！所有过量的苏打水和含糖食物放在一起导致了胰岛素抵抗，而这又导致了阿尔茨海默病患者的脑部斑块。

如果你身体健康、对胰岛素敏感，那么吃完饭后，你的胰岛素水平通常会升高。这就告诉大脑，你已经吃了足够多的食物了。但是，一旦出现代谢

第9章 吃好喝好终益己，精心装扮空悦人

综合征，这时大脑中的慢性胰岛素的作用就会正好相反：它会阻止停止进食的信号。更糟糕的是，单独凭胰岛素抵抗（与血糖无关）就能预测认知功能损害和罹患阿尔茨海默病的风险。人们一直认为痴呆症和认知能力下降是老年人专属的疾病，其实不是这样的。纽约大学医学院的安东尼奥·康维特已经证实：患有代谢综合征的青少年（不论年龄、社会经济水平、所处年级、性别和种族）均表现出认知衰退、脑萎缩、白质完整性被破坏。这些孩子甚至都不是2型糖尿病患者！但是，他们迟早会得上这种病。实际上，这是一个正反馈循环。他们大脑里的胰岛素抵抗越强烈，他们的多巴胺神经元就越兴奋，于是对奖赏制度的限制就越少（第4章中的蟋蟀杰明尼），他们就会变得越来越焦虑，他们的认知抑制就越来越少，他们就会吃下越来越多的东西（尤其是糖），而胰岛素抵抗就会越演越烈。这种恶性循环最终就会导致糖尿病、痴呆症和经常性抑郁。的确，在这种情形下，诱发因素就是饮食中的糖（蔗糖，由葡萄糖和果糖组成）而不是血糖（葡萄糖），因为膳食糖是产生胰岛素抵抗的隐患，而胰岛素抵抗又会导致痴呆症。如果你给动物投喂果糖，你就会从它们身上看到阿尔茨海默病的所有病理学表现和认知能力下降，而且它会引起能预测阿尔茨海默病的基因的变化。到目前为止，在人类研究对象中，我们只找到了相关性。例如，在流行病学研究中，糖的摄入与痴呆症的风险相关。但是，相关性并不等于因果关系。对于人类研究对象，我们至今还没有找到因果联系。摄入糖会导致脑细胞，包括那些容纳血清素受体的脑细胞减少吗？又或者，脑细胞减少会让你吃下更多的糖？最有可能的情况是：两者皆有。但是，现在我们还不能这么肯定地说。尽管如此，你能对这种风险熟视无睹吗？

通过奖赏驱使，糖会增加成瘾的风险（见第5章和第6章），成瘾到不可收拾的地步，人就会感到不幸福。血糖指数很高的饮食（即加工食品中精加工的碳水化合物）和含糖成分高的饮食均与抑郁症相关，但是，同样地，相关性不等于因果关系。糖会导致抑郁吗？又或者，抑郁的人能凭借吃糖让自己高兴一点点？毫无疑问，凯茜·朱塞威特的漫画作品《凯茜》的主人公凯茜是抑郁症患者，同时也是巧克力狂。但是，这两件事是有联系，还是存

在执因执果的联系？吃糖是抑郁症的成因之一吗？又或者，成瘾是吃糖和罹患抑郁症必要的中间步骤之一？所有这些问题的答案肯定是："也许吧"。

肠道决定你的感受

但是，对所有人来说，下面是一个更直接的问题：你真的能控制自己不吃糖吗？人们一般认为：自己能决定每一样放进自己嘴里的东西。常识也会跳出来，说这是真的（除了我们从本书第二部分中得知，在成瘾的情况下，你真的无法控制自己——毒品正在通过多巴胺掌控一切）。假设还存在其他有掌控力的东西，它们给你的大脑灌输狡猾和分散注意力的思想——比如细菌？你可能会认为，你的肠道微生物群——居住在你肠道内的数百种数量高达100万亿的细菌——与你的大脑并没有直接的联系。尽管你这么想，但是你的肠道微生物群似乎有自己的思想，它很可能会控制你的思想。

地球上的每个人都拥有自己体内的"亚马孙雨林"，其中（也包括地底下）生活着独特的生物。我们可以通过在一个人的肠道内发现的细菌物种独特的微生物特征来识别出某个人。然而，人类的肠道微生物群对饮食变化有非常明确和迅速的反应（变化可以发生在短短两天内），为什么就断定它们没有这种功能呢？不同的营养成分在肠道里的路程有所不同——取决于不同的饮食特征，比如你吃的是哪一种碳水化合物，那种碳水化合物是否会发酵，以及那种食物特有的（膳食）纤维是否同时也在发酵。不同的细菌就像是泡在不同饮食的"汤"里，各自生长，长势不一。实际上，与微生物群的变化有关的是肥胖的风险也增加了。例如，将一只小鼠身上的致病细菌菌株植入另一只小鼠，这会导致后者变得肥胖。对于人类来说，这一点有传闻佐证：一个不幸的女人接受粪便移植来治疗她的传染性腹泻，在这之后，她变得异常肥胖。

相反，摄入某些益生菌菌株（友好的细菌）或益生元（膳食成分，如能让友好的细菌生长的纤维）已经与减轻体重以及改善某些疾病症状联系在一

第9章　吃好喝好终益己，精心装扮空悦人

起了。其他研究发现，益生菌可以影响情绪和认知。微生物的多样性可能能保护人远离各种代谢综合征和肥胖，甚至可能对抗抑郁症。你的细菌传递出响亮高亢的信号，显然你的大脑也接收到了。请记住，人体制造的血清素中有90%在肠道中发挥各种作用，血清素恰好是那种长袖善舞的化学物质。存在于你的大脑之中、只占总量1%的血清素——连同其他物质——影响着你的健康水平和满足感。显然，一个幸福的肠道意味着一个幸福的你。这些细菌可能改变我们的情绪状态和饮食偏好，其影响方式是通过与我们大脑内的情感中心进行间接的沟通。

无可辩驳的事实是，在杂货店的所有商品中，糖是唯一一种与抑郁、成瘾和新陈代谢综合征存在直接联系的商品。而且，正如我们已经指出的那样，吃糖无疑是人类寻找快乐的最便宜的手段。同时，它也是一条通向不幸福状态的确凿无疑的不归路。

但是，你也不要担心，现在似乎有一种饮食可以减轻糖对大脑的损害并促进那些可以让我们快乐的化学物质的分泌。它在饮食中的存在与色氨酸呈正相关，与糖呈负相关。这也许并不奇怪。这种神奇的化学物质到底是什么呢？它就是 ω-3 脂肪酸。它是一种脂肪。而在40年前，就有人告诫我们，要避免食用它。在西方饮食结构中，它是很难获取的一种物质。也许这是我们这么多人难觅幸福的另一个原因。

健脑食物

ω-3 主要有两种形式：二十碳五烯酸和二十二碳六烯酸。人人都认为，这两种 ω-3 脂肪酸都存在于鱼类中。是这样的，但是这里要补充说明一些情况。鱼是不会自己在体内合成 ω-3 脂肪酸的，它是被鱼吞进肚子里的。还有，ω-3 脂肪酸是由海洋中或陆地上的绿叶植物生成的。藻类是 ω-3 脂肪酸的最佳来源。鱼吃藻类，我们吃鱼。所以，我们购买的是二手 ω-3 脂肪酸，而且价格昂贵。野生鱼类吃藻类，养殖场里的鱼吃的是颗粒状鱼食。

有时候，这些鱼食是由其他鱼类制成的——即使那些鱼吃藻类，到这时候含量也已经相当低了。有时候鱼食是由玉米制成的。由于被养殖的鱼看起来比较胖——你看，这种情况也会发生在它们身上！——它们体内的 ω-3 含量会高一点点，但与此同时，它们的 ω-6（导致炎症）含量非常高。因此，买野生鱼是一种更昂贵但是更为聪明的选择。

现在，大众追捧 ω-3 已经演化为人们横竖都要吃鱼油胶囊了。说白了，我自己也是。现在还有提纯的 ω-3 脂肪酸[1]，只有开处方才能获得。但是，它非常昂贵，通常医保报销不了。事实上，我照顾的孩子里有血液中甘油三酯几乎爆表的——高到足以引起自发性急性胰腺炎的地步，这是一种危及生命的灾难性并发症。显而易见，使用纯化的 ω-3 脂肪酸是最佳治疗方案，而这时，保险公司仍然不允许将它列入医保范围。

那么，在这种神奇的超级食物背后，是什么在起作用呢？ω-3 穿过你全身各处的细胞膜，并与细胞结合在一起。它增加了"膜流动性"，这意味着它能够容忍轻度的细胞变形，可以等待细胞恢复原状而不是走向破裂。这样可以防止细胞老化和过早死亡。有了 ω-3 脂肪酸，营养素和激素就能穿过细胞膜，而且能够让毒素很快地离开细胞。这种特殊的功能对于大脑的重要意义远超身体其他各处。例如，ω-3 脂肪酸有助于修复葡萄糖尤其是果糖对细胞膜造成的损伤。

这一切都很好，但是，就此而言，ω-3 与血清素或提升幸福感又有什么关系呢？原来，ω-3 会以两种不同但又彼此相关的方式影响我们的心理健康。

（1）ω-3 对大脑的神经末梢释放血清素有间接的作用。当释放血清素的神经末梢的周围区域发炎时，炎症会抑制血清素释放（钥匙），并进一步限制能够通过突触到达受体（锁）的血清素的数量。这就可以解释身体和大脑出现炎症的人为什么如此烦躁，即便他们正在服用 SSRIs——因为他们体内的血清素数量变得更少了。但是，ω-3 脂肪酸会抑制炎症细胞的形成，为血清素的输送保驾护航。

（2）DHA 是一种 ω-3 脂肪酸，是一类被称作内源性大麻素的分子的前

---

[1] 指高度提纯的鱼油 Lovaza。

第 9 章　吃好喝好终益己，精心装扮空悦人

身——它相当于大脑和身体内部产生的类似于大麻的成分。正如我们在第 2 章中讨论过的利莫那班那样，我们拥有大麻的特殊受体即 CB1 受体，它们在大脑中无处不在。大麻中活跃的化合物是四氢大麻酚，它与 CB1 受体结合后，通过减轻焦虑来改善情绪。这就解释了人们在抽大麻时为什么会如痴如醉。那是因为我们的神经元自身生成了类似于大麻的物质——一种被称作大麻素的神经调节剂，它与 CB1 受体结合，旨在减轻我们的焦虑水平。任何抑制大麻素合成或作用的东西都会使你的焦虑水平增加好几倍，而任何改善大麻素作用效果的东西则都会让你十分惬意。我们大部分人容易焦虑和感到压力山大，而通过吸大麻促成更多的 CB1 受体与四氢大麻酚结合，可能会减轻焦虑。而且，正如你预料的那样，当我们的集体压力和焦虑水平持续上升的时候，我们的幸福感就会持续减少。焦虑加剧导致全国越来越多的人去吸大麻，这为正在全美各地蔓延的娱乐性大麻立法提供了理性的解释依据。我们自身的大麻素显然不足以驯服野兽。那么，我们为什么不能争取外援？

ω-3 是内源性大麻素信号传导机制的一部分。缺乏 ω-3，内源性大麻素就不会正常发挥作用，就会导致更强烈的焦虑和抑郁，但是，反过来似乎就是解决之道：我们可以用 ω-3 补充剂来解决这个问题。在一项研究中，地中海饮食改善了抑郁症的症状。那么，到底是 ω-3 脂肪酸在起作用，还是粗加工的糖含量很高的食品在起作用？一项研究表明，ω-3 脂肪酸与百忧解在治疗抑郁症的效果上旗鼓相当，而这二者联手比单独使用其中任何一种都更有效。在一项相关性研究中，给反复自残（如切割身体、在身体上凿洞、挠抓、自焚，最后一项是焦虑发作的极端表现）的患者注入 ω-3 脂肪酸，结果是患者的自杀倾向、抑郁症状和日常压力都会有所减少。在最近的一项试验中，研究人员给一些 11 岁的有行为障碍或对立违抗性障碍的孩子（经常被叫到校长办公室）服用 ω-3 和矿物质。3 个月后，他们的攻击性降低了，其效果比谈话疗法要好得多。最后一点，服用 ω-3 可以帮助儿童和成年人抵御抑郁症，并且它可以作为 SSRIs 治疗的辅助药物。

这是一份不断馈赠的礼物——或者我应该说，这是持续的惩罚手段？很大程度上，你母亲吃的东西决定了你是什么样的人。很多妈妈都声称，孩子的健

康和幸福要比她们自己的人生目标更重要。怀孕时吃的东西意义重大，它在很大程度上决定了孩子的未来。怀孕期间缺乏 ω-3 脂肪酸的大鼠，其后代的大脑会发生变化——胰岛素信号传导和大脑生长因子水平产生混乱，所有这些都会导致焦虑行为的增加。这个结果对我们直接就有指导意义。我们告诫孕妇不要吃什么？海鲜——因为担心汞中毒。别忘了这个事实：英国孕产妇食用海鲜预计能改善英国儿童的神经发育。比起解决问题，我们是否正在制造更多的麻烦呢？好吧，也许我们可以通过让怀孕的未来妈咪服用一些 ω-3 胶囊来解决这个问题。如果这样做的话，孩子的神经发育将会得到改善，而母亲得抑郁症的风险也会降低。新的研究表明，核桃也可能是有益孕妇的食物。

编织梦幻般幸福的原材料

现在我们知道了能带来幸福感的饮食中的三大金刚：色氨酸、糖和 ω-3 脂肪酸。我们饮食中的这三种独立成分，其中两种是必需的营养素，而且很难获取（色氨酸和 ω-3 脂肪酸）；而第三种，作为添加剂的糖，它甚至算不上食物，但是，几乎你吃的喝的所有东西里都被有意添加了糖。这是三个独立的机制，但是，它们之间有明显的相互作用。这三种分子是否平衡决定着你拥有的是一个健康、快乐和反应敏捷的大脑，还是一个容易愤怒、悲伤和迟钝的大脑，也许还决定着你孩子的大脑是否容易愤怒、悲伤，以及认知是否受到了损害。不管怎么说，有助于减轻抑郁症的那两种物质的供应很短缺，更不用提它们在加工食品中的含量了。相反，为了口味和销量起见，几乎每一样加工食品都添加了那种破坏大脑的物质——糖。西方的饮食并没有给我们追逐幸福这个难以捉摸的任务带来任何帮助。然而，只需要再翻一页你就会明白：我们不快乐的真正关键原因在于我们对"快乐"贪得无厌。这使得一切在没有变好之前就变得更糟。

第 10 章

自酿苦果：多巴胺 - 皮质醇 - 血清素之间的联系

"幸福一辈子！没有一个活人消受得起——这将是人间地狱。"这是乔治·萧伯纳《人与超人》（1903）中角色坦纳口中的话。我们这些凡夫俗子只能在周而复始的焦虑和烦躁不安中沉浮，勉强从中挤出一些我们自己可以制造的快乐。我们几乎没有耐心等待足够长的时间来享受我们可能培养出来的满足感。但是，和本书中的其他内容一样，它真的是关于驯服我们体内的生物化学物质的尝试。

如果可以提高大脑血清素水平，会出现什么情况？如果整天吃鸡蛋和鱼，把所有能看到的色氨酸和 ω-3 脂肪酸都吞进肚子并杜绝碰糖，那又会怎么样？又或者，如果我们设法每晚睡足 7 个小时呢？如果我们喂饱体内的微生物群，而它们想要感谢我们而不是给予我们回报，那又该怎么办呢？我们不是会很开心吗？我们知道，色氨酸是不够的。如果你至少能在不快乐的亲戚围绕之中安然度过一个感恩节，尽管你知道大嚼火鸡并不等于一个幸福的夜晚，但是你能大口大口吞下满足感吗？也许我们的血清素受体会开始下调，就像我们的多巴胺受体一样（见第 5 章），最终，我们得到的满足感信号会减少。如果是这样，我们注定功败垂成，想要追求幸福，却从未完全得到。那就是我们的宿命吗？

与多巴胺相反，血清素神经元的某些特征能够保护我们避免滑进深渊。但是，它们同时也阻止我们进入天堂（至少没有化学增强剂）。在第3章中，我们注意到多巴胺下调了其突触后多巴胺受体。被打击一次，接着又冲天，如此反反复复。于是，为了保护神经元，受体的数量开始下降，由此开始了耐受与依赖的恶性循环，人最终崩溃、成瘾。如果猛击多巴胺受体，那些神经元会被打趴下，最终凋亡。

一个情绪恒定器？

在第7章中我们注意到，大脑中的血清素-1a受体含量低出现在如下情况：从基因研究角度被诊断为重度抑郁症的人、活人的PET扫描、死人的生物化学检测。然而，我们也注意到，SSRIs对抗抑郁症的机理是降低突触中的血清素清除效率，并且增加血清素分子与受体结合的概率。但是，如果突触中有更多的血清素，-1a受体不是会下调吗？为什么SSRIs停止长时间工作？因为，与多巴胺受体相反，在血清素增加的情况下，突触后血清素-1a受体并不会随之下调。这些神经元的两个特性可以让我们的血清素神经元和受体保持弹性，即便我们自己做不到。

（1）中缝背核中的血清素神经元拥有额外的控制系统：它们在突触前一侧（释放血清素的神经元）表现为一组血清素-1a"自身受体"。这意味着什么？这些受体通常用作反馈回路，调节神经元发射的频率。这就像你家里的温控器的伺服装置。当温度下降的时候，恒温器打开加热开关；而当温度过高时，加热器就会关闭。-1a自动受体就充当神经元的恒温器，使神经元以相对缓慢和有节奏的方式放电，并在它陷入麻烦之前使它停止工作。通过阻止这些神经元过快地放电，这些自身受体要确保血清素神经元不会因为频繁作业而损耗，并且突触中没有足够的血清素可以下调那些-1a自身受体。SSRIs让那些自动受体停止工作，这就像把你的伺服机构恒温器的温度阈值

第10章 自酿苦果：多巴胺-皮质醇-血清素之间的联系

设得比通常情况高得多，而那些血清素神经末梢放起电来就像为非作歹的狂徒那样胡乱扫射一通。就这样，SSRIs 的抗抑郁作用成效明显。

（2）也许血清素与突触后-1a 受体的结合最令人惊奇的结果是血清素抑制而不是刺激下一个神经元。突触后-1a 激动剂使突触后神经元偃旗息鼓、停止工作。请记住，从第 5 章开始，我们讲过，神经元死亡发生在一个叫作"兴奋性毒性"的过程中。其间，神经元持续放电并杀死目标。但是，不存在"抑制毒性"这回事！

更重要的是，血清素系统还有一手绝招：它有能力驯服（或激发）多巴胺系统。当然，这两样我们都需要。就我个人而言，只有满足感却没有动力和奖赏的生活，如同高踞在一个山顶上冥想，思忖自己在纽约 25 年间失去了多少业力，好像并不那么吸引人。但是，这两者都不是多巴胺过载及其后果。如何才能获得平衡呢？血清素激动剂如 LSD 和裸盖菇素（魔术蘑菇）被当作吸烟、酒精和药物成瘾的潜在治疗手段。家庭和宗教可以达到同样的目的。幸福和满足感能否扭转成瘾行为？我们自己的血清素能否克服我们的多巴胺而造福自身呢？事实上，动物实验得到的数据是肯定的，血清素可以加快多巴胺的分解和处理，从而减少多巴胺相关的奖赏信号和寻求奖赏的行为。在对人的实验中，我们知道：高水平的血清素可以减少酒精摄入量。当然，如果你每天狂饮 3 瓶酒，那么你的抗抑郁药就起不了作用。相反，血清素消耗殆尽（通过试验性地耗尽色氨酸）与做出有风险的选择相关。内陆城市的食物匮乏和整体营养不良是否会影响犯罪率？关于这一点，我们需要另辟篇章讨论。但是，这些情况肯定只有负面影响。

你所处的环境，就像你的遗传基因一样，可以对这个系统的功能产生重大影响。膳食中的色氨酸含量很少，这就意味着身体能合成的血清素也较少。-1a 受体数量少意味着血清素不能发挥作用。血清素快速转运蛋白（非常非常饥饿的河马）首先就意味着每个分子获得受体的机会都较少。这三样物质中的任何一样都可能导致抑郁（见第 7 章）。这些血清素神经元死亡了怎么办？面对伤害，血清素系统并不会不受影响，只是血清素（不像多巴胺神经元）不太可能是罪魁祸首。

"破坏"神经元"很糟糕"

血清素并不是存在于真空中的，它会受到很多因素直接或间接的影响，包括毒品、皮质醇（压力）、睡眠不足和糟糕的饮食。所有这些同样对多巴胺有负面影响。呃哦，难道你看不出来吗？

很多非法的派对药物都会影响你的血清素和多巴胺系统。虽然仅仅接触一次可卡因就可能会让血清素飙升，但是可卡因管理系统却不会做出这种事情。慢性阻断多巴胺转运蛋白（多巴胺的饥饿河马）会对你的多巴胺受体造成严重的破坏（由于耐受），但是它也会重创相关关键区域的血清素-1a受体，而这意味着快乐冲动现在是一个很大的坑。阿尔·帕西诺在《疤面煞星》里饰演的托尼·蒙大拿（一个恶棍），到最后怎么也不可能变成佛系人物。

但是，与药力猛烈的亚甲基二氧基甲基苯丙胺（MDMA）——一种举世闻名的休闲药物，人称"莫莉"或"摇头丸"——相比，狂欢可卡因的使用就相形见绌了。摇头丸是一种合成的神经递质类似物，自20世纪80年代起，人们就可以弄到。摇头丸的危害慢慢被人们认知，它已经被列入能制造社会问题的滥用物质的清单。MDMA是一种终极的俱乐部药物，因为它能一下子给使用者提供全套的神经体验。它也是终极的再摄取抑制剂。它同时缚住了多巴胺和血清素的饥饿河马，并让它们都丧失功能。换句话说，多巴胺和血清素同时完全摆脱了束缚。它能增强兴奋度和性欲，并延迟疲劳感和困倦，因为多巴胺受体被激活了。它会增加欣快感，因为血清素-1a受体也被激活了。它甚至还会给人额外的惊喜——些微的幻觉体验，因为血清素-2a受体被激活了——虽然"神秘体验"这个意外之喜并不是整套体验方案的一部分。可以说，三种爆炸性体验集于一身。是的，MDMA拥有全部的刺激——性、毒品和摇滚，除了一个额外的副作用：长期使用MDMA会杀死神经元，而且它们杀死的并不仅仅是突触后的皮质神经元——这会影响记忆、决策和冲动控制能力。是的，MDMA会肆无忌惮地杀死DRN血清素神

第10章　自酿苦果：多巴胺–皮质醇–血清素之间的联系

经元，并通过驱动细胞死亡程序，与可卡因摧毁脑细胞的做法一样，给大脑留下伤疤。而当今最风行的毒品甲基苯丙胺将会同时杀死多巴胺和血清素神经元的神经末梢。

然而，像LSD一样，早期对它们不分青红皂白地使用最终使人们开展了更多的对照研究去发现它们潜在的益处。MDMA可能是有用的，研究人员也开始研究这些可能性。我们知道孤独症患者、社交焦虑紊乱和创伤后应激障碍患者在精神上和社交能力上受到了损害。这些患者在生活中极难掌控，部分原因是他们在与别人的情感连接上有困难。但是，在早期对照研究中，给医疗环境下的孤独症成人单独服用MDMA，结果发现，这些人不再那么封闭自我了，并且开始内省，其社会适应性也有所增强，同时，还没有成瘾的倾向。这些人的情绪有所改善，防御性降低，使得他们可以融入社会并参与奖赏行为，如跳舞。至于效果，就像单剂量LSD那样，还算持久。副作用也几乎没有，如果存在副作用的话。据推测，多巴胺水平的升高减轻了他们对社交焦虑的恐惧，同时，血清素的增加提高了他们的满足感，这为他们参与社会活动提供了动力。

我已经听到你说的话了：就像《南方公园》里的麦基先生，你说："毒品很糟糕，麦——麦——麦——基？"它们确实很糟糕，如果长期被不分青红皂白地使用的话。每个人的反应都是不同的；与普遍看法相反，大脑实际上是身体最敏感的部位。但是，有不计其数的人希冀一种不存在的神奇药丸给他们带来快乐，因为不快乐（不包括临床抑郁症）像阴云一样笼罩在43%的美国人头上——这里的数据还只限于那些愿意承认的人。他们与那些临床抑郁症患者处在同一区间，只不过他们的情况并没有那么严重。他们的血清素系统又是什么状况呢？在一项研究中，磁共振成像结果发现，那些被确定为不太高兴的人，他们的平均血清素转运蛋白或血清素–1a受体数量较少。

压力把我们推到了崩溃边缘

好吧，临床抑郁症患者大约占全部人口的7%，需要康复治疗的吸毒成瘾者比例约为9%……但是，如今每个人都有压力，大多数人所承受的是慢性压力。在第4章中我们了解到，压力和多巴胺在一个被称作"积极反馈"的周期运动中相互作用。请记住前额皮质，它是大脑的"蟋蟀杰明尼"吗？如果是的话，照理说，它应该是通过还是关闭杏仁核来抑制冲动行为？多巴胺神经末梢位于前额皮质中，并且乖乖地接受管控。但是，大量压力诱发的多巴胺充斥于前额皮质当中，它们会压垮"蟋蟀杰明尼"，增加富有风险的行为和冲动行为，使皮质醇水平始终保持在高位。

正如你所料，皮质醇是对抗满意度的激素。满意意味着一切都很好，可以放松一下。如果肾上腺在释放皮质醇，肯定是哪里出问题了：是时候请出一些人物来掌控大局了——动员葡萄糖、动员脂肪、抓住链锯，准备好应战"僵尸大灾难"。好吧，太多的《行尸走肉》（从2010年到现在）。不过，你明白大概意思了，现在还不是放松的时候。

跟人类一样，雌猴之间也有"社会"等级。有些雌猴根本不被压力左右，所以，不用奇怪，她们位于"社会"图腾柱的顶端。那些处于从属地位的，她们不得不去争夺食物和地位，显然她们的生活压力更大。她们的血清素也被消灭了。她们的DRN中的血清素-1a受体较少。确实，压力和皮质醇是血清素-1a受体的死敌，并影响了大多数物种，造成了它们体内的血清素下降——比如海湾地区的蟾酥、老鼠、树鼩，还有人类。更少的-1a受体就意味着更少的血清素信号、更少的满足感。

抑郁的人存在昼夜节律皮质醇调节的问题。通常情况下，在早上你醒来之前，皮质醇水平会升高，帮助你动员葡萄糖、提高血压，为一天的活动做好准备。在夜晚来临之前，皮质醇水平处于最低点。在抑郁的被试身上，皮质醇的昼夜节律已经不复存在：他们的皮质醇水平总是居高不下，甚至无法用药物来抑制，这成了一个很难攻克的大问题。研究表明，皮质醇反应可能

第10章 自酿苦果：多巴胺－皮质醇－血清素之间的联系

是自杀的前兆。

压力越大意味着皮质醇越多，而皮质醇的破坏作用体现在下调 –1a 受体、减少血清素信号传导、增加罹患抑郁症甚至自杀的风险。那些运气不好的人，由于特定的遗传基因差异，体内生成了大量的血清素转运蛋白（非常非常饥饿的河马），他们面临的风险最高。如果你的河马是在突触中吞噬大部分血清素，而压力搞垮了你的 –1a 受体，那你真的是完蛋了。最严重的慢性皮质醇问题源于童年不幸的经历，或 ACE（更广为人知的名称是"儿童创伤"）。比如遭受虐待（体罚、性虐待）或承受压力（父母离婚、打架、欺凌）：ACE 会导致成年后的皮质醇失调，成瘾和抑郁的风险也会增加。有过 ACE 经历同时还有血清素转运蛋白遗传差异的孩子，成年后得抑郁症的风险是常人的 4 倍。

美国人普遍受到哪些影响？慢性睡眠剥夺。如果你真的想让别人不开心，那就去剥夺他的睡眠。大约 35% 的成年人睡眠不足（每晚平均睡眠少于 7 个小时），这对人的幸福感有什么影响吗？我上医学院的时候经常熬夜，结果我就是开心不起来。一直待在电子设备的屏幕前、压力、工作和生活——现在想入睡并保持酣睡状态，比以往任何时候都难。阿里安娜·赫芬顿倡导进行一场睡眠革命（"女士们，我们要真正意义上一路睡到人生巅峰！"）。这可能是人类历史上最不暴力的革命，但是，可以说它是最重要的革命之一。

睡眠不佳万事休

睡眠、饮食、烦躁和血清素之间到底有什么关系？好吧，就像大脑中的一切东西，这个问题很复杂。长期睡眠不足，对一些人来说，它是严重攻击性和烦躁不安的标志，而对另外一些人来说，它可能就是可导致自杀的抑郁症的标志。患有抑郁症的人一般都有不良的睡眠习惯，要么睡得太多（嗜睡），要么睡得太少（失眠）。向所有能够安然度过孩子出生后最初两年的新手父母致敬！

慢性失眠是罹患抑郁症的主要风险因素。长期睡眠不足是否会通过对皮质醇的影响直接或间接地影响血清素受体，这个我们尚不清楚。但是，对小鼠的研究表明，皮质醇会起一定作用。对大鼠的实验证明，缺乏睡眠会使皮质醇对压力的反应产生紊乱，同时，它还会降低血清素 –1a 受体的功能。你可能会怀疑，人类的研究数据很难获得，因为大多数机构的审查委员会对长期睡眠不足等哥特式的研究手段不屑一顾。

失眠和睡眠不足不仅会严重破坏我们的情绪，还会让我们的腰围变粗，增加罹患胰岛素抵抗、葡萄糖不耐受、肥胖和其他代谢综合征的概率。研究发现，睡眠不足会增加人们对高热量食物的需求（拿他们和一夜好眠的实验参与者做对比），还会导致一些相应行为的变化——与做决策相关的大脑区域的活动减少，而杏仁核（压力和恐惧中心）的活动增加。这种变化可能是双向的。每晚睡眠时间不超过 5 小时的成年人喝下的含糖饮料（包括能量饮料）会比常人多出 21%，而那些睡眠时间不超过 6 个小时的人则比常人多喝11%的含糖饮料。但是，跟其他所有的相关性实验一样，到底哪个是因，哪个是果？是糖和咖啡因导致睡眠不足，还是睡眠剥夺导致人们增加糖和咖啡因的摄入？无论是哪种情况，如果你长期睡眠不足，那么蟋蟀先生就会被踩扁了。现在是吃塔可钟[1]"第 4 顿饭"的时候了。

一味追逐快乐招致大不幸

事实上，造成人们不幸的最有害的因素是不良的饮食。从阅读第 9 章开始，请你记住，在快餐饮食中，色氨酸含量较低，但是与它竞争的氨基酸酪氨酸和苯丙氨酸的含量却很高。更多的多巴胺的前身意味着更多的转运蛋白会被抢占，这意味着色氨酸进入大脑转变为血清素的机会就更少了。看来，

---

[1] 美国很受欢迎的墨西哥快餐厅。

第10章　自酿苦果：多巴胺 – 皮质醇 – 血清素之间的联系

我们吃下的令人快乐的东西（糖、酒精、加工食品）在增加多巴胺的同时，也会通过代谢综合征直接或间接导致血清素下降。相反，减轻体重会逆转代谢综合征，它在改善焦虑症状的同时，还会增加血液中的血清素水平，尽管血液浓度不一定与此相关。

在1940年以后出生的人口大军在20世纪60年代陆续成年之时，抑郁率开始上升，正好在那个时期，加工食品开始引领世界饮食的潮流。虽然这种时间上的联系并不能推导出因果关系，但是人们对这种因果关系还是高度存疑的。

在本章中，我们已经锁定了导致人不幸福的所有因素，以及这些因素是如何互相作用、破坏我们心理健康的。血清素可以控制多巴胺，但是，提高体内多巴胺水平的东西似乎同时也有运载血清素的功能。再加上皮质醇，幸福就遥不可及了。图10-1展示了我们当前所处的环境是怎样助长我们的痛苦的。这可能会发生在任何人身上。最糟糕的是，把人推向这条不归路的诱因就环伺在我们周围：奖赏和压力是现代文明的标志——这是我们整个社会赖以生存的支点，它也是我们通向痛苦的跷跷板。一旦进入这个怪圈，你就很难逃脱。医生给你开出SSRIs，而人们也会给自己开处方——大麻。诡异的是：它们的效果殊途同归。难怪这两类东西都如此抢手。但是，我们还有更具可持续性的解决方案（见第五部分）。

大自然让我们的大脑同时与满足感和动机这两个呈二分状态的事物联系在一起。每个人都愿意相信他们拥有自由意志，即他们对自己的行为有选择权。那么，为什么人们会自由地选择成瘾或抑郁？为什么还有更多的人每天都在"选择"它们？成瘾和抑郁并不是人们心甘情愿的选择，我们所处的环境是被精心设计过的，目的就是确保我们毫无自由选择的机会。长期以来，它都在把我们推向奖赏，使我们远离幸福和满足感。表面上，这些选择明显需要个人付出代价，但是，它们也让社会付出了沉痛的代价。第四部分将详细阐述这门影响我们做出看似清醒选择的科学的方方面面、政府和企业如何使用这门科学操控我们做出所谓"自己的"选择，以及我们的选择是如何对整个社会产生负面影响的。

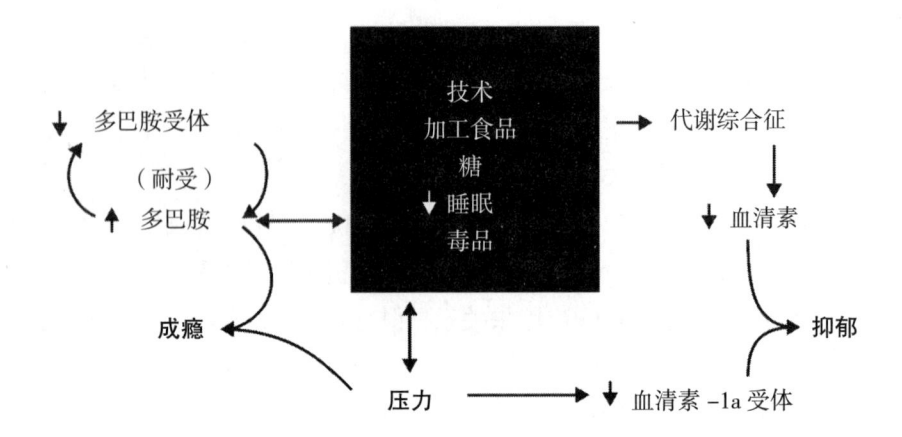

图 10-1：良好的出发点却铺就了通向地狱的道路。导致多巴胺升高的因素（技术、缺乏睡眠、毒品和不良饮食）同时也会降低血清素含量。此外，压力驱使身体释放多巴胺，并减少血清素 –1a 受体，从而减少血清素信号的发送。多巴胺受体下调导致成瘾，同时伴有过度的压力。相同的诱因导致血清素传递减少，从而导致抑郁，同时还伴有过度的压力。

The hacking of the American mind

第四部分
"机器的奴隶":我们是如何被操控的?

第 11 章
图生存、求自由、谋幸福？[1]

"没有人是一座孤岛。"英国诗人约翰·多恩写道。我们每个人都在影响着自己身边所有的人，无论是我们的家人还是同属一个群体的成员。这句话闪耀着智慧的光芒。诗人接着还说："任何人的死亡都是我的损失，因为我与所有人息息相关。因此，不要问丧钟为谁而鸣，它就为你而鸣。"如果多恩说的是对的（事实上，他说得对），那么我们的个人幸福与其他所有人的整体满足感程度或痛苦程度休戚相关。如果我不幸福，我身边的人也不会感到幸福吧？如果他们不幸福，问题是出在我身上还是另有外部力量正在荼毒我们？

第 3 章至第 10 章对奖赏通路和满足感通路做了这样的描述：（1）两者是不同的；（2）它们有交叉重叠区域；（3）它们可以被调节；（4）它们互相起作用。人们告诉我们，物质层面的东西会给我们带来幸福，但是，事实并非如此。有人对我们说，物质极大丰富了，你们应该会欣喜若狂。但是，我们并没有想象的那般欣喜。这是因为，所有这些言论都基于一个错误的前提——快乐和幸福是一回事。这一认知前提根植于美国人的心里，甚至也深

---

[1] 出自《独立宣言》。

深影响了西方文明世界。相关行业和政府将其称为"经济发展",但是,正是他们这些人,为了达到自己的目的而不惜颠倒两类情绪——奖赏与满足感、快乐与幸福的内涵。

而此种颠倒黑白之说,我们却都欣然买单了,无论就其喻义,还是就其字面意义。而这正是我们的经济赖以生存、发展的基石。为了追逐幸福,我们把钱花在声色犬马的享乐上。在这个过程中,我们使多巴胺水平升高、多巴胺受体减少、皮质醇升高以及血清素降低——这反而让我们离幸福这个目标越来越远。我们的期望和现实之间的认知不协调[1]已经到了振聋发聩的地步了。但是,如果这种认知不协调是发生在社会层面的,其影响范围非常广泛,情况又当如何呢?当"一切都与我有关"变成"一切都与我们有关",那又会是怎样一番景象?掩盖了奖赏与满足感之间真实关系的那套"科学的"说辞,既加重了个人的不幸,也加重了社会的不幸。

在第11章至第15章中,我将依次说明打着"经济发展"的旗号混淆这两个词会给个人乃至社会的经济、历史、文化和健康医疗保障等方面造成怎样的损害。此外,为了维持和保证经济的增长,相关行业和政府不惜牺牲广大民众的利益继续助长这种认知混淆。可能有人会说,强劲的股市和不断增长的国内生产总值足以说明我们走的道路是正确的。然而,甚至就在2016年大选之前,已经有75%的美国人认为我们走上了歧路。认知混乱已经到了触目惊心的地步了。原因究竟何在?如果不了解这个问题的症结所在,我们就不可能解决它。

放弃《独立宣言》赋予的权利?

到目前为止,我们已经把个人幸福等同于亚里士多德所说的"eudemonia",或者说满足感。那么,全社会的人都感到幸福又是怎样一派景象?集体不幸

---

[1] 亦称"认知失调"。

第 11 章　图生存、求自由、谋幸福？

福的状态也是由多巴胺、皮质醇和血清素驱动的吗？你又该如何定义它？你要怎样去测量它？如果你突然出了状况，你自己又如何觉察？如果你能觉察出来，你又会采取怎样的补救手段？

为了证实社会层面认知不协调的存在，我们举一个大家都很熟悉的例子：美国。我们拥有人类历史上最合理完善的政府体系，尽管它最近遭到了质疑。我们拥有的自然资源比任何国家都多。我们享有这个地球上无与伦比的个人自由。我们很久以前就拥有这样一部宪法——它认为个人与政府权力对等，允许个人自由发展。我们拥有一系列制衡机制——虽然经常出现各种差池，但是随着时间的推移，这些机制都会不断地被修正完善。温斯顿·丘吉尔说过："你要永远相信，美国总会做出正确的选择——在他们尝试了所有办法之后。"回首来路，我们历经曲折迎来了胜利，还有，美国在男女平等以及现在的跨性别平等和同性婚姻领域取得了进步。现下虽然世界上大多数国家仍然会羡慕美国，但是，由于美国政府开始采取孤立主义和保护主义政策，我们最近受到了一些冲击。美国仍然是恐怖主义的主要袭击目标，其中一个原因就是，互联网和社交媒体现在向"穷人"展示了"富人"过着怎样的生活——而前者有这样一种根深蒂固的心态："如果你不能成为他们中的一员，那就去狠揍他们。"然而，尽管美国坐享各种优势，正义公平遍地开花，且经济发展机会良多，但它仍然是一个非常不幸福的国度。

我们的《独立宣言》确保我们享有"图生存、求自由、谋幸福"的权利。好吧，"生存"正朝着错误的方向发展：美国的死亡率上升和平均寿命下降就可以说明这一点。与其他发达国家相比，美国人的预期寿命并没有那么长——在经济合作与发展组织（简称"经合组织"，英文缩写 OECD，其成员都很富裕）的 37 个成员国中，美国人的预期寿命仅排名第 26 位。而且，美国联邦政府当前收集的全国所有的死亡记录数据显示：女性的预期寿命从 2014 年的 81.3 岁下降到 2015 年的 81.2 岁；同期，男性的预期寿命从 76.5 岁下降到 76.3 岁。这在人口统计学上也得到了印证。校正年龄因素后的数据显示：2015 年，非西班牙裔黑人男性的死亡率较 2014 年有所上升

（0.9%），而同期非西班牙裔白人男性和非西班牙裔白人女性的死亡率分别上升1.0%和1.6%。这是经济学家对社会健康状况进行量化的一个指标，也是有记录以来美国人口的寿命首次有所下降。这些数字虽然看上去无足轻重，但是统计学家认为这是美国历史发展的一个分水岭。此外，从2014年到2015年，美国的婴儿死亡率有所上升。尽管美国在医疗技术前沿领域实力雄厚，但是，美国的围生期死亡率在所有国家中排名第34位，而黑人婴儿的死亡率是白人婴儿的两倍。政策制定者用这些指数来衡量一个国家的活力、健康和稳定。这些状况的恶化预示着美国的未来堪忧。

"自由"这个概念是一个大杂烩。我们拥有的自由体现在社会生活的很多方面，但是我们却被困在自己亲手打造的"监狱牢笼"里挣脱不得——无论这牢笼表现为私人专属、封闭式的社区抑或城市贫民区。我们试图脱身，但我们并没有真正逃脱这个"牢笼"。哈佛大学经济学家拉吉·切蒂表示，出生在贫困社区的孩子只有10%的机会改善自己的财务状况和社会地位。你生活的社区状况预示着你向上流动的机会大小。例如，在伊利诺伊州芝加哥市郊区长大的孩子，他们在那里每多住一年，成年后他们的家庭年收入就会增加0.76%。用全国平均收入水平来对照，这相当于成年后多拿15%的年薪和奖金。相反，在巴尔的摩市中心长大的孩子，他们在那里每多住一年，年收入就会减少0.86%。对于巴尔的摩市本地人来说，这相当于成年后每年工资减少17%。老鹰乐队主唱唐·亨利和格伦·弗雷（已故）曾说过一句至理名言："你可以随时退房，但是你永远不能离场。"

那么"幸福"呢？死亡率上升和寿命缩短这些实打实的数据是我们社会不幸福的标志。随着肥胖和代谢综合征的肆意蔓延——情况还在继续恶化，根据常识，我们知道，这些病症将过早夺走大量成年人的生命，而2型糖尿病及其所有并发症也将夺走很多老年人的生命。但是，事实远非我们所能见到的这些。其实，触目惊心的死亡率背后的推动因素是美国白人的死亡。美国人民只知自己这个国度被笼罩在年轻的黑人男子一再被警察射杀的阴影中，他们不知道的是：美国因药物使用过量死亡的人数已经达到历史最高水平。在2015年，死于阿片类药物摄入过量的人数超过了死于枪击的人数。

第11章　图生存、求自由、谋幸福？

诺贝尔奖得主安格斯·迪顿和他身为经济学家的妻子安妮·凯斯追踪研究了美国白人群体与其他国家同类人群的关系，以及这一人群与美国国内其他种族的关系。导致美国白人死亡人数增加的原因主要有：（1）惨烈的自残性服毒，这相当于自杀；（2）上瘾的人意外过量服用处方药和从街头获得的阿片类药物；（3）长期酗酒导致肝硬化。所有这些原本可以避免的死亡都是在美国白人群体中统计出来的，这部分人群是这个星球上收入最高的群体（尽管统计数据表明，在这些美国白人中，死亡率最高的是那些只有高中学历的人）。迪顿和凯斯指出，"生命中累积的不利因素"与收入无关，但是它与以下因素密切相关：就业情况、婚姻状况、孩子是否有出息以及健康状况。自1987年百忧解问世以来，就整体而言，美国人的自杀率和企图自杀的人数都略有下降。然而，在富裕的白人中产阶级人群中，情况却截然相反，2015年至2016年，其自杀率上升了2.3%。如果我们所追求的是幸福，显然我们并没有如愿以偿。

托马斯·杰斐逊 vs. 乔治·梅森：汲汲求富贵

我们究竟是如何走到今天这步田地的？"幸福"是如何以及何时被"快乐"偷换概念的？简要而深入地研究一下美国历史，有助于解答这两个问题，因为除非你对那些建国先驱的生平有一些了解，否则你就无法理解他（们）传达给我们的信息。我们的政治家通常会引用《独立宣言》和《宪法》里的词句解释我们这个国家的缔造者们的话语和他们想要表达的意思。但是，他们又是怎样的一群人？还有，他们为什么要为我们的民主制度铺设这些基石？《独立宣言》里的最后一句话"追求幸福"最终能被写进《独立宣言》，这里有一段非常曲折的历史。在1776年的那个版本里，"幸福"这个词出现了两次，而在此后的《独立宣言》版本里，它消失了，再也没有出现过。而在美国《宪法》中，人们用"财产"一词取代了"幸福"一词。对有形物质的追求很快取代了对内在满足感的追求。

"幸福"这个措辞出什么问题了？它是如何从这些文本中消失的？追求幸福在今天已经成了无足轻重和不合时宜的事情了：我们的出发点非常美好，结果这却沦为我们最大的耻辱。著名经济学家、评论家罗伯特·萨缪尔森在 2012 年写道："幸福运动充其量是乌托邦式的梦想，而最糟糕的情况是它会变成蠢事一桩并令人感到压抑。"他认为，追求幸福可能是《独立宣言》保障的一项人权，但是这并不保证所有人都能得到幸福。也许他是对的，因为我们只保证人们有"追求"幸福的权利。而《宪法》第五修正案中的相应条款规定了政府无权剥夺我们的"生命、自由和财产"。财产？难道说，财产就是幸福的安慰奖，还是说，财产（第五修正案中的措辞）能保障一个人的权利——获取确保幸福生活必需品的权利？换句话说，财产是达到人生目标的一种手段，还是人生目标本身？一个人要幸福，他必须拥有财产吗？没有财产，他能幸福吗？抑或说，只有拥有财产，他才能幸福？幸福是否取决于对物质财富的占有？

《独立宣言》的主要起草人托马斯·杰斐逊是一位辩才无碍、用词简洁的语言大师。他呼吁我们 13 个各自为战的殖民地团结起来为共同的事业和共同的目标而奋斗。在世界历史上前所未有的革命即将来临之际，他给将要诞生的国家设定了远大的理想——我们要过更好的生活。"幸福"这个词是和"生命""自由"一同出现在他的话语里的。至于"快乐"，他只字未提。在你策划一场武装暴动时，多巴胺不可能成为号召人们揭竿而起的堂而皇之的口号——没有什么东西比一品脱朗姆酒（当时被视为非法的滥用物质）更上不得台面的了。不过，要是回到 1776 年，朗姆酒显然是那时的紧俏货。

然而，事实证明，杰斐逊是从同时代的乔治·梅森那里借用了"幸福"这个词。乔治·梅森起草了《弗吉尼亚权利宣言》，弗吉尼亚州议会通过了该宣言，时间比投票决定成立联邦这一重大历史事件要早上 3 个星期。梅森是历史系科班出身，他并不是什么创意写作或演讲培训课程的学员。他沿袭了历史上对"权利和自由"一脉相承的表述。他借鉴的资料包括《大宪章》（1215 年）、《人身保护令》（1679 年）和英国政治家约翰·洛克的《公

第 11 章 图生存、求自由、谋幸福？

民政府第二论》（1690 年）等。梅森在《弗吉尼亚权利宣言》中的措辞是这样的："以获得和占有财产的手段保障生命和自由，并追求和获得幸福与安全。"梅森主要借鉴的历史文本都没有提到"幸福"一词，这是他自己添加进去的。而且，梅森不只想要追求幸福，他还想真正得到它（至少为一些人争取幸福）。有一点可以肯定，这是那个时代非常罕见的一种思想。

杰斐逊喜欢这个将幸福也囊括在内的提法，于是借用了梅森的这句话，将其改写之后放进了自己的宣言里。但是，后来他又删除了关于财产的那个条款。他为何如此行事？难道杰斐逊不需要财产吗，或者，他认为快乐和幸福是一回事？这位让人捉摸不定的杰斐逊先生，历史上其实有众多的笔墨描写他的言行不一——其他开国元勋在这一点上都要甘拜下风（虽然亚历山大·汉密尔顿的故事最富传奇色彩[1]）。杰斐逊的一生精彩纷呈，我们就是把莎士比亚的悲剧和约翰·格里森姆[2]的小说加起来也都望尘莫及。他出身贵族，拥有大笔资产，在法国过着奢华的生活。最重要的是，他是一名奴隶主。回到 1776 年，奴隶也是私有财产。你会认为，在所有人当中，他应该是率先站出来捍卫积累和占有这些资产的权利的那个人。但是，杰斐逊在《独立宣言》里对财产的概念进行了深入的分析。从梅森的最初文本中删除与财产有关的条款，这是身为奴隶主的杰斐逊洗刷自己的羞愧和负罪感的一种手段吗？是让自己这个奴隶主做得心安理得一些吗？想借此推动废奴运动？或者，此举只是暗含这样的意味：除非你拥有包括奴隶在内的财产，否则你就不能心无旁骛地去追求幸福。很多著作已经对这个问题进行了探讨，其中，也许历史学家亨利·文采克的著作最能说明问题。目前，我们还不清楚杰斐逊是否真的为了财产而放弃了幸福，因为在宪法起草阶段他未能保留这一条款——当时他正在驻法使节任上。[3]

1　他与副总统决斗而死。

2　美国知名畅销小说作家。他的作品绝大多数是情节紧张、结局出人意料但又不失深度的法律悬念小说，娓娓地叙述美国法律、政治世界的多种层面和各色人物。

3　美国宪法是在 1787 年由美国制宪会议制定和通过，于 1789 年 3 月 4 日生效的。杰斐逊于 1785 年至 1789 年作为外交使节驻在法国，而无法参与合众国宪法会议。

在我们联邦的历史上,梅森也是一位经历非常传奇的人物。将幸福作为人生目标和政府奋斗目标的,他是第一人。然而,在他生命的大部分时间里,幸福却总是躲着他走。10 岁时,梅森的父亲不幸溺亡,是母亲一个人将他拉扯大的。梅森非常聪颖,虽然他没能在当时的象牙塔里接受正规的教育,但是,他这一生驰骋商场、纵横捭阖,挣下了一份异常丰厚的家业——他耗费了相当大的精力来积累财富。梅森的私人庄园冈斯顿庄园就挨着弗农山庄[1],而且其规模仅次于后者。他成了家,并育有 10 个孩子。但是,在 1773 年,他的第一任妻子安在分娩一对双胞胎时去世。此后,梅森成了弗吉尼亚州的一大政治人物。这也难怪,在起草《弗吉尼亚权利宣言》的时候(1776 年),他要将幸福作为首要的人生目标写进去。毫无疑问,在那段时间里,梅森形单影只,可能还有蚀骨的忧伤,这些都沉甸甸地压在他的心头——直到 1780 年他与第二任妻子莎拉·布伦特携手走进婚姻的殿堂。

说到这里,细读梅森的医疗档案正是时候。梅森很富足,但是,显然,他的财富买不来幸福。事实上,他后半生的大部分时间都是在病痛中度过的。来看看"谷歌图像搜索"上的梅森画像,那是他参与美国制宪工作期间的画像:他很胖,更重要的是,他患有痛风。弗吉尼亚州的乔治·梅森大学校园里的梅森铜像,其造型是他倚靠在书桌上——痛风导致的脚踝疼痛,使他习惯用左脚支撑身体。痛风是一种小关节部位的慢性炎症疾病,致病原因是肝脏产生的代谢废物尿酸的过量沉积(见《希望渺茫》)。肥胖和痛风都属于代谢综合征的病症——代谢综合征指代谢功能出现一系列障碍的疾病,如 2 型糖尿病和心脏病(见第 10 章)。导致痛风的元凶是什么呢?糖和酒。在 18 世纪 70 年代,有 3 种滥用物质人们轻而易举就能获取,糖和酒就是这其中的两种(烟草是第 3 种)。但是,梅森是一个滴酒不沾的人,所以他的痛风和肥胖并不是饮酒造成的。梅森自己知道,嗜糖是他罹患痛风的主要原因。这是因为有人提点他了——和他同病相怜、同处一个时代的本杰明·富

---

[1] 美国国父乔治·华盛顿的故居。

第11章 图生存、求自由、谋幸福?

兰克林。富兰克林也饱受痛风和其他代谢综合征病症的折磨,他明白自己的病是嗜糖和朗姆酒所致,他甚至为此写了一首有名的诗。梅森的病情也不妙。1780年,梅森与莎拉结婚。婚后的12年时间里,他的身体状况一直不佳。他拒绝走出弗吉尼亚州一步。1789年,他婉拒了州议会的邀请——他拒绝出任第一位代表弗吉尼亚州的联邦参议员,因为这个职位需要他往返于费城和家之间。肥胖和痛风都是代谢综合征的标志性病症,而且也都是他嗜糖的习惯导致的后果。他的身体备受这两种疾病的摧残,就像当今25%的美国人一样。满眼都是不幸的人啊。

这可是缔造了一个国家的两位大政治家啊!杰斐逊和梅森都渴望把这个国家带到追求幸福的大道上,并将其作为联邦的立国之本。杰斐逊将追求幸福视为首要目标,梅森则将追求幸福视作源于所有权的次要目标。但是,这两人最终都败下阵来。1788年,对财富和快乐的追逐压倒了对幸福的追求。多巴胺战胜了血清素。现在的情况依然如此。难怪我们都不幸福。

晚安,亲爱的王子,让一群天使的歌声来伴你入眠[1]

亚里士多德说过:"追求幸福和避免痛苦天经地义。正因为这个人生要义,我们才如此行事。"然而,我们逃避痛苦似乎已经凌驾于我们对幸福的追求之上。而今,我们自食苦果——看看我们全国性的阿片危机!阿片类药物能减轻人们对疼痛的感知,但是,在这个过程中,它们导致人们的生命感知力迟钝,在极端情形下,它们甚至能威胁到生命本身。只要有毒品,就会有瘾君子。过去大多数受害者都是年轻人、不适应环境的人和穷人。像贾尼斯·乔普林和吉米·亨德里克斯这样的20世纪60年代的音乐家,他们很容易被视为反主流文化主要阵营的一部分。拿最近的事情来说,像普林斯、菲利普·塞默·霍夫曼、艾米·怀恩豪斯和希斯·莱杰这样的功成名就的天

---

[1]《哈姆雷特》大结局中王子好友赫瑞修的台词。

才，他们只是因药物滥用不幸去世的一长串名单中的一部分。但是，这种事情并不只发生在艺人身上，只不过他们引起了公众的关注。药物滥用造成的死亡案例几乎在全人口和全人群范围内都在增加——老年人、年轻人、白人、黑人、拉丁美洲人，现在中年人这个群体也正在受其荼毒。我们来看看间接受其影响带来的不幸后果吧：在过去的16年里，幼儿因意外导致阿片类药物中毒的案例增加了一倍多。如果这些蹒跚学步的孩子因不慎服用过量药物导致死亡，这说明滥用药物的人不仅仅限于那些有名的、心怀不满的年轻人。

长期以来，运动员一直在使用类固醇来提高成绩。但是，有些人已经逐渐升级到使用阿片类药物——他们最初是因为伤痛开始服用阿片类药物的，之后依赖上其飘飘然的感觉，于是就继续使用下去。同样的情况也发生在周末派对狂人身上——由于拉伤了前交叉韧带或者肌肉，他们开始使用这类药物，最终欲罢不能，不得不终生使用这些药物。80%的海洛因吸食者最初接触的药物是医生开出的处方止痛药，而这部分人中的1/15将在接下来的10年时间内尝试吸食海洛因。你听好了，《周六夜现场》[1]的演员都在小品里推销起了"提神海洛因"。你现在知道了，这种现象已然成了主流。为什么会这样？这种风潮源自何处？为什么一下子就蔚然成风了？对于深受药物依赖之苦的名人，我们非常熟稔，而且为他们惋惜不已。但是，你是否知道你的邻居正在经受此种磨难？抑或是你的司机？你的孩子？你乘坐的航班的飞行员？是谁一手造成了这场全国性的灾难？又是什么力量让这场灾难愈演愈烈？

---

1 《周六夜现场》是美国NBC电视台一档于周六深夜时段直播的喜剧小品类综艺节目，讽刺恶搞当下政治和文化。常驻演员Julia Louis-Dreyfus曾主演一个推销"海洛因AM"的模拟广告，宣称其具有提神功效。其实该小品具有警醒意义——很多貌似"正常"且高效率的人士正在滥用阿片类药物。

第11章 图生存、求自由、谋幸福？

是治疗疼痛的医生，还是另类毒贩？

在过去的15年间，白人中产阶级滥用阿片类药物的现象已经到了触目惊心的地步。令人震惊的是，其推手是所有人中最不可能的那一类人：医疗从业人员。又到了给大家上一堂简短的历史课的时候了，这是你在高中甚至医学院里都不可能修到的课程。在1970年《药物强制执行法》颁布之后的最初30年间，医生纷纷被告知如何避免开出《附表二》里的药物（即那些可能致瘾的药物）。真正备受疼痛折磨的人（如癌症患者）甚至在生命走到尽头时也无处寻求慰藉。时间快进到2001年，情况就变成了一场奥德赛之旅（漫长曲折的回归之旅）。根据病人对医生治疗行为的满意度问卷以及住院病人对医院的反馈结果，很明显，在帮助病人对抗疼痛这个问题上，医生要么缺席，要么不作为。接着，美国医学协会和整个医学界的态度来了一个180度的大转弯。医学院开的课只是粗略地讲治疗疼痛的方法，而治疗的唯一手段是服用阿片类药物。突然之间，疼痛成为医生们再平常不过的一个话题。这是医生态度自然转变的结果，还是有一种更邪恶的力量在起作用？这场对抗疼痛革命发生的时间正值（麻醉）药品合法化的外部大环境发生了两大变化。

（1）在2000年以前，药力最强大的麻醉剂，如芬太尼、吗啡和海洛因，只能通过静脉注射，这就使很多人远离毒品文化——他们无法获取那些止疼药物，因为注射这些药物会让他们失去工作或者导致他们的孩子被儿童保护机构接走。然而，到了20世纪90年代末，有几种口服阿片类药物面世了，如奥施康定、洛塔布和维柯丁。它们从数个方面改变了此类药物使用的面貌。美国疼痛学会出版了新的治疗指南——提倡医生积极地治疗疼痛。为医疗机构提供认证的联合医院认证委员会在2001年发布了一项标准，指导医院评估疼痛程度——疼痛成为仅次于心率、呼吸、体温和血压的第五项生命体征。但是，最重要的是，生产这些麻醉品的公司，如普渡制药、强生和远藤制药等，开始积极推销这些用于治疗肌肉和关节疼痛的阿片类药物——

甚至建议人们长期使用，其依据是它们的药效持久（比如美沙酮），因此不会导致上瘾。他们通过医学期刊和从医人员继续教育课程来推广处方麻醉品。他们甚至资助了美国政府问责局的一份报告，借此将政府也拉到他们的阵营。各种国家医疗委员会开始处罚那些不重视疼痛诊断和对疼痛治疗不力的医生。同样还是这些委员会，它们乐意接受制药公司的献金来推行这些新的指导方针。最近，大型制药公司令人反感的营销麻醉药品的做法受到了抨击。一家公司承认了对他们的刑事指控——他们将自己生产的药物作为标准麻醉品的安全替代品进行营销，从而误导了FDA、医生和病人，使他们无视这些麻醉药品的上瘾和滥用风险。

（2）2002年，一种用于对抗阿片类药物成瘾的新型口服药物赛宝松（此为药品的商品名。它是丁丙诺啡与纳洛酮的复合制剂）获得了批准，这让医生们格外安心，因为他们可以通过防止药物戒断反应来轻松应对所有的成瘾患者。制药公司的广告称，由于纳洛酮（一种内源性阿片肽受体阻滞剂）的作用，这种合成药物能使人脱瘾。但是，事实上，由于丁丙诺啡这种成分的存在，对于涉世不深的人来说，赛宝松就是一种能上瘾的药物。披着医用抗阿片类药物的外衣，合法的阿片类药物赛宝松成为黑市上的宠儿。

美国疾病控制中心的报告称，自1999年以来，美国因阿片类药物服用过量死亡的人数翻了两番，仅2014年一年就有2.8万人死亡，其中半数人死于通过合法途径获得的处方止痛药，而有些处方药后来流入了黑市。如今，在一些城市里，疼痛诊所十分普遍，几乎等同于销售出急诊的"盒子里的医生"的专营店。33%的长期服用者表示，他们最初是因为受伤才开始服用阿片类药物的，但是现在他们都药物成瘾了。60%的人说，他们的医生从未告诉他们如何停止用药。所有这些都发生在我们99%的公民钱包最鼓的时候——即使扣除通货膨胀因素，个人收入还是处于美国历史上的最高水平。当然，对于收入在金字塔尖的那1%的人来说，扣除通货膨胀因素的情况并不如此。如果中产阶级的中坚力量发觉自身陷入这样的境地——经济拮据、药物成瘾、英年早逝，听上去，美国人可算不上特别幸福。最新型号的苹果手机也不能解决这个问题。

第 11 章　图生存、求自由、谋幸福？

整个国家都步入歧途[1]

也许，目前美国人不幸福的最明显的表现就是各州各自为政，使用的抗焦虑药物各不相同。哥伦比亚特区和另外 5 个州已经将大麻的娱乐化用途合法化，而另外有 28 个州则批准将大麻用于医疗。在华盛顿州、俄勒冈州和科罗拉多州这 3 个我们目前掌握有数据的州，SSRIs 使用量（下降）与大麻使用量（上升）成反比。大麻长期以来一直用于短时期内缓解急性发作的焦虑症状，很多身患绝症的人吸食大麻，是为了让自己的最后一段旅程不那么受煎熬。但是，有个问题依然在困扰着我们：长期使用大麻会有什么后果？大量研究表明，经常吸食大麻的人普遍患有焦虑症，而有焦虑症的人吸食大麻的比例也很高。然而，这又一次提出了孰因孰果的问题。我们真的有必要知道，吸食大麻是否会增加罹患长期焦虑症的风险。但是，遗憾的是，数据依然未能清晰地显示出一个结论。一个挥之不去的担忧是：长期使用大麻是否会导致脑损伤？虽然四氢大麻酚对 CB1 受体的刺激似乎不会导致细胞直接死亡，但是最近有资料显示，吸食大麻会改变大脑的网络结构和内部连接方式，尤其对青少年影响更大，其表现为：步入成年时，他们接受教育或社会化的正常路径会被打乱。

在即便没有医生开处方出售大麻也依然合法的州里，尽管大麻不属于医保范畴，而且销售大麻是受到监管和限制的——一次只能购买 1/4 盎司的大麻，价格约为 150 美元，可是对其征收的税可以说是达到了登峰造极的地步。成千上万的人放弃 SSRIs 转而靠吸食大麻来缓解焦虑，这个事实说明了两件事：（1）他们不幸福，有些人甚至可能患有尚未确诊但临床又诊断不出来的抑郁症；（2）为了体验幸福，他们乐意花上一大笔钱。此外，随着奥巴

1　标题原文为：The Whole Country's Going to Pot。"go to Pot" 指 "情况越来越糟糕" 或 "步入歧途"。这个惯用语来自牧场。牧场上的牲口随着年龄的增长身体衰老，最后肯定难逃被屠宰、入锅烹煮的下场。由于 "pot" 在俚语里指代大麻，所以此处也含有 "全民吸大麻" 的意思。

马医改的废除，人们无法承受他们的药物支出，于是期待有更多的人加入自己的行列去使用这种药物。姑且让我们设想一下，这时候要是有好消息的话，那就是大麻合法化的范围变大，那就意味着竞争更激烈、价格会下降。但是，接下来，越来越多的大麻种植者就会大声疾呼，试图控制这种经济作物的产量。这种"淘绿热"[1]的风潮当然不会毫无所图。当美国政府开始补贴大麻时（记住我的话，这个很快就要变成现实），你就会知道我们已经堕入万劫不复的深渊了。

---

1 指借大麻合法化之机大赚一笔。

第 12 章
国民不幸福总值？

曾经，我们也是幸福的人呢！风靡 20 世纪 50 年代的电视剧，如《反斗小宝贝》《奥齐和哈里特》《老爸最懂》《我爱露西》，说的都是丈夫去上班、妻子料理家务、孩子们照例都有青春期的苦恼和成长的痛苦的事，也就是正常的家庭生活琐事，它们表面上展示的是美国人幸福的黄金时代。只不过，那些都是电视里演的。在这些电视剧的演员中，罗伯特·杨酗酒、患有抑郁症，德西·阿纳兹则是一个典型的花花公子。哈佛大学前校长德里克·博克表示，在 20 世纪 50 年代，认为自己"非常幸福"或"相当幸福"的美国人比例达到了历史峰值，此后无论他们的绝对收入或相对收入如何增长，这些数据都几乎保持不变。20 世纪 50 年代的人真的比我们更幸福吗？抑或只是人们这样说，我们就信以为真了？是什么改变了我们对幸福的理解？又或者，我们真的曾经幸福过吗？《今日美国》的文章显示，从 1972 年到 2010 年，我们对幸福的看法并没有发生明显变化：回答"非常幸福"的人的比例从 30% 降至 29%，回答"算是幸福"的人从 53% 升至 57%，回答"不太幸福"的人从 17% 降至 14%。在 20 世纪 50 年代，少数族裔没有投票权，女性不能参加竞选，公众都不知道他们的政府在做些什么。甚至我们可以想想亚当和夏娃，在他们开始懂得一些东西之前，他们也是过得很幸福的一对。那么，到底哪种说法是对的呢？到底是"识字忧患起"，还是"知识就是力量"？你更想要前者还是后者呢？我们注定永远不会变得更幸福吗？

美国人发明了"金钱买不到幸福"这句话（甲壳虫乐队也知道这一点，《买不到我的爱》，他们有这样一首歌）。相比于幸福，西方文化一直更倾向于选择金钱。然而，我们并没有因此而变得更幸福一些。令爱德华八世倾倒并为她做出"爱美人不爱江山"之举的沃利斯·辛普森说过一句颇具美国特色的名言："只有挣不够的钱，没有过于骨感的美人。"超模凯特·莫斯也有一句类似的名言，她说："没有什么比瘦下来的滋味更美妙的了。"换句话说，不管你拥有多少财富，你心里总还是想要挣更多的钱。或者，就体重而言，再苗条的人，总还想再减轻一点。无论你拥有多少财富或者有多瘦，你永远都不会满足。这就是问题症结所在。因为不管财富增加多少或者体重减轻多少，这都不能激活血清素系统并使之产生满足感，尤其在你限制饮食的时候。原因何在？因为金钱和食物触发的是我们的多巴胺而不是血清素系统。所以，我们总是想要更多的金钱或更轻的体重。追逐金钱能带来幸福吗？凯特·莫斯真的更幸福了吗？人们都会关注她吸食可卡因的历史，而忽视了她920万美元的年收入和超级巨星的身份。你们关注的焦点错了，也许后者才是她保持苗条身材的动力。

我们认为，幸福（即满足感）是目标，其他一切，包括健康和物质福利（金钱），都是达成目标的手段。所以，我们会去莫罗·伯拉尼克[1]、特斯拉[2]和露露柠檬[3]的专卖店，买下一样又一样光芒四射的商品。即便不练瑜伽，至少我们也看上去像足了一个瑜伽爱好者。毫无疑问，物质财富会在短期内提高一个人对幸福的主观感受。但是这种感觉并不能长久。这是快乐还是幸福？起作用的是多巴胺还是血清素？

---

1 女鞋奢侈品牌。
2 新能源汽车品牌。
3 该品牌主营瑜伽及健身服装等。

第12章 国民不幸福总值?

来啊，炫个富！

我们个人与金钱的紧密关系可以总结如下："不是我想赚多少钱，我只是想比你赚得多。"我们有意识或无意识地将自己与同伴进行比较，努力赶超他们的生活水平，并希望用一些实物，比如更昂贵的房子、更拉风的汽车、更豪华的客厅家具来碾压我们的邻居，而现在，可以拉出来炫富的还有无人机。这个假设得到了简单实验的验证。20年前，实验者要求一群哈佛学生回答一个并不那么简单的问题：存在两个世界，一个世界是你每年能挣5万美元，而其他人都只能挣2.5万美元，另一个世界是你每年能挣10万美元，而其他人却都能挣25万美元，你更喜欢生活在哪个世界？绝大多数学生都选择了前者。他们宁愿挣得少一些，但是他们希望享有更高的社会地位。英国经济学家理查德·莱亚德爵士从这个实验以及类似的实验中得出两个结论：（1）判断你收入的高低需要其他人做对照。重要的不是你做得有多棒，而是相对于其他人来说，你做得有多出色。但是，总会有那么一个人做得比你好，正可谓：山外有山，人外有人。外面的世界有好多沃伦·巴菲特级别的大神呢。如果收入就是幸福的全部驱动力，那么这只能在短时期内起作用，而且，这和满足感完全不是一路的。（2）你现在收入的高低是以你之前的收入做参照的。假设你的工资是X，如果它翻倍了，那么你当前的工资就是2X。到了明年，即便你的月收入是2X，那时你的幸福感和你现在赚X也是一样的。因为挣更多的钱带来的刺激感已经不那么强烈了。再假设一种情况，但愿不会如此，你的工资从2X减少到了Y（Y小于X），即使你明年赚到了更多的钱，你也完全提不起精神来。

但是，幸福走的不是这条路。如果非要比较工资收入，这就跟在更衣室里比尺寸一样毫无意义。以收入形式存在的金钱并没有转化为个人的幸福。我们会被一些理念裹挟，觉得自己"需要"赚更多的钱，实际上是我们内心的欲念需要更多的金钱才能支撑起来。可以说，我们一直在攀爬一座永远无法到达的山峰——欲望不止，奋斗不休。因为收入意味着快乐，所以人们挣钱是出于本能。这种快乐是短暂的、由多巴胺驱动的，操控它的是所有这些过度的容忍与依赖，有时候是戒断反应。汽车越换越大，但是信用卡账单上的数字同样越滚越大了。美国人一直在花钱，我们就是这么做的。你对待金钱的方式决定了你幸福与否。金钱往往是人达到目的的手段，它本身根本就不是最终目的。

每个人都幸福？

物质财富能使国民幸福吗？国内生产总值高或者拥有巨额资金储备的国家是否比那些没有这些资产的国家更幸福呢？国内生产总值能转化为幸福吗？正如满足感和兴高采烈是两回事，收入和幸福之间的关系取决于你对幸福的定义。

仅仅50年的发展，大多数国家在物质条件，比如拥有洁净水、电、管道、医院和预防急性传染病的抗生素等方面都有了长足的进步。现在的问题是，这些社会进步和医疗水平的提高是否显著提高了这些国家的幸福感。如果幸福感能随着社会物质水平的发展而提高，那么社会物质财富的增加本该使今天的人比亚里士多德时代的人更幸福一些。此外，如果物质财富是整个社会幸福的主要决定因素，那么比起生活水平较低的国家，生活水平较高的国家应该更幸福。

然而，从人均收入的角度看，认为自己"幸福"的人所占的比例与人均收入充其量只能算是存在微弱的相关性，而在经济合作与发展组织的37个发达国家中，这一相关性则根本不存在。因此，就跟个体情况一样，一个国家的国内生产总值越高，整个社会未必就越幸福。这就是"伊斯特林悖论"。这说明：如同人们将自己的收入与他人做对比一样，国家之间也是这么做的。然而，国内生产总值已经被认为是一个衡量社会进步的标准，当今大多数国家心心念念的全是提高国内生产总值。为了让自己国家的经济看上去更繁荣活跃，不止一个国家的政府人为地提高了对国内生产总值的估计值。

第12章　国民不幸福总值？

以下就是计算国内生产总值的公式：
国内生产总值＝生产＋政府＋投资＋（出口－进口）

国内生产总值高就意味着政局稳定。但是，这也意味着国内生产总值受制于政府。当官员们纷纷推波助澜时（就像2008年政府出面救市那样），国内生产总值可以被人为夸大，但是这并不意味着普通民众很幸福。相反，如果美联储降低利率，它可以通过借贷刺激投资，而借贷也会人为地提高国内生产总值。然而，此举只会让经济形势变得更危险。此外，国内生产总值并不会考虑以下因素：环境恶化、非法毒品交易和卖淫活动更为猖獗，还有技术进步（无论是好的技术还是坏的技术，见第14章）。苹果手机集三大功能于一体（相当于手机、相机和MP3播放器三合一），而如果把这3个单一功能的机器的售价相加，就会超过一台苹果手机的价格，你又该如何计算国内生产总值？汽车销售收入会被车祸和治理汽车尾气的支出抵消，我们很难评估其发展的可持续性。但是，人们在计算国内生产总值时并不会将这两方面因素计入。食品行业和药品行业（治疗由食品引起的疾病）的数据会被简单相加，这样做可以拉高国内生产总值。然而同时，人们病得更严重，幸福感在下降。这样一来，我们就更难评估社会可持续发展能力和环境被破坏的程度。国内生产总值同样也没有考虑失业问题，而这是导致人们不幸福的罪魁元凶。甚至连国内生产总值一词的发明者经济学家西蒙·库兹涅茨也曾在1929年说过："想要通过衡量一个国家的国民收入来推断出这个国家的国民幸福与否，这几乎是不可能的。"正因为国内生产总值仅仅衡量生产能力而不考虑可持续发展问题，所以国内生产总值背后其实藏着企业和政府的各种动作。普林斯顿大学经济学家德克·菲利普森认为，人们感受不到幸福，问题就出在国内生产总值上。因为幸福不是一蹴而就的，幸福意味着稳定和可持续性。而国内生产总值绝不具有持久性，它根本不可能提高任何一个国家民众的幸福感。

社会学家认识到国内生产总值和幸福脱节了。为了监测社会进步/停滞状态，他们制定了3个独立的国际性指标来衡量幸福。繁荣指数是一个综合性指标，它汇集了反映人们对经济现状满意程度的众多衡量指标（包括国民经济发展情况和个人富足程度）。凭借自己的购买力以及在全球的军事和社会影响力，美国的繁荣指数在全球142个国家中排名第11位。考虑到我们头号经济强国的地位和首屈一指的生活质量，这个排名相当糟糕。请注意，那些富得流油的国家，它们的排名并不一定很高。沙特阿拉伯有石油，尼日利亚有钻石，而它们的排名分别是第45位和第125位。第2个指数是"世界幸福指数"，它将以下指标纳入考量范围：人均国内生产总值的实际值（剔除通胀因素）、预期寿命、是否有人可以依靠、能否自由做出人生选择、财务是否自由、能否免于贪腐，以及一个人对他人的慷慨程度。就这项指数而言，美国在85个国家中排名第17位，而按照过去7年间排名下降幅度来排名，它名列第11位。第3个指数被称为"全球幸福指数"，它只考虑幸福感（生活满意度、寿命、生态环境和碳足迹）。按照这个指数来衡量，美国的排名更糟糕：它在111个国家中排名第105位。由此可知，数据显示我们的生活很富裕，但是我们并不幸福。

不丹奉行这样一种理念：政府的作用是创造一切可能的条件让民众变得越来越幸福。他们不再把国内生产总值作为衡量社会进步的指标，而是用幸福总指数来衡量社会发展的状况。就经济实力而言，不丹可以被视为一个极度落后且闭塞的地方，但是它高度重视自己民众的感受。也许正是因为不丹的生活水平较低，它才能够将注意力集中到民众的幸福感上。或许，因为不丹是一个佛教国家，所以它不会把精力集中放在人们由多巴胺驱动的通路上，而是去关注那些血清素调节的通路。

你也许有不同看法。如果你认为幸福与经济指标有关，那么你错了。去Prosperity.com网站看看，或者看一下联合国可持续发展解决方案网络（SDSN）的《世界幸福报告》你就会知道，目前，世界上最幸福的前5个国家是挪威、瑞士、冰岛、芬兰和丹麦。其中，丹麦排名世界第1位，而美国排在第13位。这些国家拥有的哪些东西是美国所没有的呢？作为民主社会主义国家，挪威和丹麦的税收很高，而它们的国内生产总值只有我们的一半。此外，奥斯陆和哥本哈根的生活成本非常高。丹麦的食品价格几乎是美

第12章 国民不幸福总值？

国的两倍。这个国家我去过几次，在那里的餐馆用餐，费用比在美国本土餐馆用餐要高出一倍。你去斯特罗里耶[1]的酒吧看看，那里的所有人都坐在酒吧外边，每个人手里都端着一杯嘉士伯啤酒——人们要用它来足足消磨掉一整个晚上。然而，以上述那些指标来衡量，这几个国家的幸福指数都要比美国高得多。那里的民众可能没有鼓鼓囊囊的钱包来支付额外的生活消费，但是他们都不缺生活基本用品。他们真心不想要更多的东西，部分原因是他们身边每个人的需求和拥有的社会福利几乎都是一样的。此外，那里的贫富差异要比其他国家小得多，因此相对工资差距导致的内部纷争更容易被控制。最后，他们日常生活必需品的支出成本的增长速度要低于他们工资增长的速度。挪威和丹麦的民众预期寿命都有所提高，他们享有自由选择生活的权利，社会整体感觉腐败现象有所减少，并且他们都享有社会福利。这两个国家均提供免费的小学至大学教育、免费医疗和免费殡葬服务。这些怎么就能让他们感到更幸福呢？哥伦比亚大学经济学家、SDSN负责人杰弗里·萨克斯说："这给我们美国敲响了一个大大的警钟：美国是一个非常富有的国家，在过去的50年间，它变得更加富有，但是却没有让它的民众变得更加幸福……如果整个社会都唯利是图，那么就是我们正在追逐错误的东西。我们的社会结构正在恶化，社会信任正在崩塌，民众对政府的信心也在下降。"

或者，我们可以假定：没有爆发战争是社会幸福的一个标志。但是，正如古代历史和近代历史所展现的那样，这样的和平时期非常之少。也许只有瑞士敢号称自己国家从来没有发生过战争——而这要更多地归功于瑞士拥有的得天独厚的地理条件。因为这个国家地处阿尔卑斯山脉，易守难攻。还有一点，瑞士这个国家财大气粗。瑞士银行账户是一个传奇般的存在，因为它们是免税的。而且，瑞士在平均总收入排行榜上排名第2。天知道他们怎么可以享受那么多乐趣。这也正是瑞士出名的地方。就繁荣指数而言，瑞士的排名逼近榜首。考虑到美国为全球国内生产总值贡献了25%的份额却只排名第11位，这个排名并不理想。

---

[1] 位于哥本哈根老城区，是欧洲最长的步行购物街之一。

我一点儿也不满意

　　数据表明，物质财富实际上是一个由回报驱动的参数，而不是一个衡量人们满意程度的指标。大多数探讨金钱和幸福关系的书籍都把奖赏和满足感混为一谈，从而产生了一个通常被称作"主观幸福感"的概念。世界上真的存在这种主观幸福感吗？密歇根大学的经济学家贝齐·史蒂文森和贾斯汀·沃尔弗斯试图通过寻找收入和主观幸福感之间的对数关系（即曲线）而不是直线关系来推翻伊斯特林悖论。换句话说，每多挣一美元，其带来的幸福感就会比以前少一点，但是这里没有明显的上限。然而，我认为这些研究都存在类似的误区，即主观幸福感（目前的说法）是衡量幸福的一个有意义的指标。人们又是怎样被问到这个问题的呢？有两种问法。世界价值观调查的问法是："综合考虑各种因素，你对目前生活的总体满意度如何？"这样问能行吗？这就能让你得到一个幸福的指标吗？盖洛普世界民意测验要求人们把生活想象成一个阶梯，然后问他们处在什么位置。在我看来，这听起来更像是一个询问相对收入的问题。

　　有这样一篇论文，我认为它处理这些问题很得当。诺贝尔奖得主丹尼尔·卡尼曼和安格斯·迪顿没有采取简单笼统的方法，没有去研究整个人群，而是去研究每个个体，并根据他们的反应，将幸福分为两类不同的体验。一类体验相当于"生活满意度"，他们将其描述为"人们对自己生活整体的看法"，比如生活富足和自身影响力（它们可能是通过驱动多巴胺的行为来调节的）。使用这个定义（即人们可以平心静气地接受自己在生活中的地位）可以看到，生活满意度与收入之间存在着非常明显的相关性，因为更多的钱意味着有机会获得更多的服务和技术，从而让生活变得更加轻松（洗碗机、干洗店、亚马逊收费会员）。人们可以把钱花在自己重视的东西上，从小玩意儿到古驰旗下的商品。然而，他们也量化了第二类感受——满足感，"使人生活愉快或不愉快的各类情绪体验，如快乐、压力、悲伤、愤怒和恋慕等的频率和强度"（相当于我们对 eudemonia 的定义，或者我们对血

第 12 章 国民不幸福总值？

清素效应在生物化学层面的定义）。根据这一定义，在收入最高达到 7.5 万美元的范围内，满意度与收入呈对数关系。而当收入超过这个界限时，这种对数关系就会消失。一旦人的某些需求得到满足，更多的收入就不能带来更多的满足感。看来，在拥有一些基本的东西和财富之后，物质层面再怎么富足，也不能给你带来内心更多的宁静。追逐财富并不等同于追求幸福。事实上，一味追逐财富只会让你想要得到更多的财富。

拜卡尼曼和迪顿所赐，我们得以看到生物化学分子在现实生活中是如何被消耗殆尽的：奖赏不等于满足感，增多的奖赏并不能转化为幸福。如果说美国人的心思全都掉进了钱眼里，那么他们肯定不会感到满足。美国一味追求国内生产总值，已经丢掉了其建国的三大目标之一——追求幸福。

第 13 章

把移花接木、偷换概念玩到了极致
——目睹华盛顿之怪现状

  所谓公司，组成它的也是一群人。美国最高法院在如今臭名昭著的"公民联盟诉联邦选举委员会"一案中的判决书中如是说。那好吧，公司对它的股东负有责任；个人对自己和家庭也有责任。可是，这不完全是一回事。此外，公司的"血液"里也没有血清素、多巴胺或蟋蟀先生这样的东西，它有的只是资产负债表。这个案件备受大众媒体和公众舆论的嘲讽，人们将其称作"将美国卖给出价最高的人"。但是，在这个案子中，公司绝不是侥幸获胜。公司完胜以公民联盟这个组织为代表的个体，这不过是一场延续了 45 年的战争——战场分别在国会大厅和沃尔玛商场过道里——最如火如荼的一幕。然而，与手握真刀真枪的战争幸存者不同的是，我们的公民甚至不知道这个国家曾经发生过这样一场"战争"，他们甚至不知道这样的"战争"事关重大。公司现在拥有合法的权利去干预你追求幸福。自然科学解释了我们是如何一步步走到今天，又是如何迈向未来的，与其同等重要的是人类的法律走过的历程。这就是我进法学院求学的原因所在。

第13章 把移花接木、偷换概念玩到了极致——目睹华盛顿之怪现状

权力的博弈

美国同时孕育了个人权利和公司权利，这两者的权力博弈一直存在。在我们建国的前200年时间里，基于写入宪法（谢谢您，詹姆斯·麦迪逊！）和《权利法案》（谢谢您，乔治·梅森！）的平等地位，这两者一直呈现此消彼长的态势（表现为一个正弦波）。自国家成立之初，公司就一直蠢蠢欲动，企图夺取凌驾于个人权利之上的掌控权。但是，在很长的一段时间里，这两者的博弈每每都被政治进程一再平衡。例如，在19世纪70年代，钢铁、石油、铁路等行业的强盗大亨和国家银行实际上已经坐拥无限的权力和金钱。为了破除垄断的威胁，国会在1890年通过了《谢尔曼反托拉斯法》。又比如，在20世纪初，泰迪·罗斯福有效限制了企业和银行的扩张。在厄普顿·辛克莱通过《屠场》（1906）一书披露了屠宰场和肉类加工业的肮脏内幕和存在的危险之后，国会迫于压力，成立了美国食品药品监督管理局，以保障国家的食品供应。1911年，曼哈顿下城爆发了臭名昭著的三角衬衫工厂火灾，在这之后，国会于1914年成立了联邦贸易委员会，以保护消费者和防止企业奴役童工。20世纪20年代，公司引发的一波私人投机浪潮，例如公司在蒂波特圆顶贿赂案中的行径，导致了"非理性繁荣"，这给1929年爆发的大萧条埋下了祸根。20世纪30年代，富兰克林·罗斯福颁布了"新政"，成立了"工程兴办署"[1]，人们得以重新开始工作，这一经济浩劫才被遏制。罗斯福还在1933年成立了联邦存款保险公司，在1934年成立了美国证券交易委员会，以它们来保护个人免受公司欺凌。20世纪40年代的第二次世界大战和50年代的朝鲜战争，再加上约瑟夫·麦卡锡对共产主义的政治迫害，再次削弱了个人权利。然后，在20世纪60年代，蕾切尔·卡森的《寂静的春天》（1962）揭露了企业对环境的污染，拉尔夫·纳德的《车跑快跑慢都不安全》催生了消费者权益运动。

---

[1] 由哈里·霍普金斯领导，兴办大批救济失业的公共工程来缓解失业者的困境。

这两本书都把天平推向了人民权利那一端，并最终推动了1970年美国环境保护局和职业安全与健康管理局的成立。看过这一系列历史事件的波折，你被绕晕了吗？

但是，个人权利与企业权利互为消长的局面现在已经画上了句号。自1971年以来，企业一直在缓慢而稳扎稳打地篡夺权力，同时，个体的权利也随之丧失。我们面临的现状是：权力的天平已经向有利于公司权利的那一端倾斜，个体正在失去自己的权利，而且他们似乎都没有察觉到。他们在消费时有了更多的选择，所以，他们以为自己拥有了更多的权利。但是，实际上，他们真正拥有的权利要少得多。正如城市学院社会学家尼古拉斯·弗罗伊登伯格所记录的那样，这种权力平衡被打破在一定程度上可以追溯到一个美国人——最高法院助理法官小刘易斯·鲍威尔身上。

企业"正义"

为什么最高法院的法官在这局博弈中拥有这么大的权力，使美国偏向企业利益而不是个人利益——而这正是我们当前不幸福的源头？（参见第14章）九人领导小组中的那个人怎么会拥有这么大的权力，而且在司法部门，他的权力也不会受到限制？《权利法案》只是一个摆设吗？鲍威尔的传记为我们了解他的处世哲学和手段提供了一些线索。在第二次世界大战期间，鲍威尔在美国的反间谍机构工作。在那里，他学到了要绝对保密的必要性。战后的25年时间里，他曾先后任亨顿律师事务所、威廉姆斯律师事务所、盖伊律师事务所、鲍威尔和吉布森律师事务所的合伙人，最后那家是在弗吉尼亚州专门从事诉讼和商业法律业务的律师事务所。在此期间，他还担任里士满学校董事会主席，并鼓吹对学校教科书和电视内容进行"持续监控"。1954年，弗吉尼亚州联邦政府违抗了最高法院就"布朗诉

第13章　把移花接木、偷换概念玩到了极致——目睹华盛顿之怪现状

教育委员会案"[1]做出的"融合教育"，即黑人学生和白人学生同校接受教育的命令，当时他是学校董事会的负责人。他还担任弗吉尼亚联邦大学和烟草业之间的联络人。他第一次声名鹊起是攻击1950年理查德·多尔等人发表的论文。此文将肺癌归咎于吸烟。如今，它的学术声誉不佳[2]。那时，刘易斯·鲍威尔的律所开始为大型烟草公司提供法律辩护。从1964年到1971年，他在烟草巨头菲利普·莫里斯公司的董事会任职。事实上，在很多个人和集体提起烟草导致肺癌的诉讼中，他代表烟草协会和各种烟草公司出庭并为他们辩护。1971年，由于他与企业的关系匪浅以及他支持企业的倾向，理查德·尼克松总统任命他为最高法院法官。请注意，鲍威尔法官既没有担任州法官或联邦法官的履历，也没有当过宪法律师。

1971年，在鲍威尔被提名为最高法院大法官之前，他给他的朋友、美国商会会长尤金·西德诺写了一份秘密的备忘录。这份如今臭名昭著的文章标题为：《诘问美国自由企业制度》。在文中，他哀叹道，民权运动和反主流文化运动致使20世纪60年代美国在世界上的声望下降。他还谴责道，由于"极左分子"和"十分体面的社会人士"的持续抨击，企业影响力节节下降。在鲍威尔的秘密备忘录中，他告诫西德诺要出手相助，将美国从暴徒手中夺回来。他声称，以企业立身的美国必须以更积极的姿态影响甚至塑造美国的政治和法律。他认为，美国商会——那时只是一个偏安一隅的亲商业的游说团体——必须在政治上变得更为积极主动。他指出，企业绝不能有所动摇，必须占据公众舆论和政治权力的重要堡垒，即大学和法院。

这篇文字不仅引起了西德诺的共鸣，而且这份"机密的"《鲍威尔备忘录》迅速传遍了整个商界——虽说不像病毒那么可怕，但是它的性质更多具

---

[1] 此案的判决废除了美国公立学校中的种族隔离，推动了教育平等。

[2] 多尔与奥斯汀·布拉德福德·希尔在1950年发表的这篇论文是他们关于吸烟与癌症关系的早期研究成果；因其研究基于纯粹相关性而遭到了批评。不过这两人继续努力研究，最终发现了更多表明因果关系的证据。

有"寄生"的成分。这封长信传达的理念可以追溯到几个右翼的智库和游说组织成立之初，比如传统基金会（里根的"星球大战"导弹防御系统的肇始之源）和美国立法交流委员会（食品和制药行业的一个组织前身）。这份饱含鲍威尔偏执想法和内在动机的文件被泄露给了专注揭露丑闻的《华盛顿邮报》记者杰克·安德森，后者于1974年将这份文件公之于众。而在此之前，鲍威尔稳稳地坐在最高法院大法官的宝座上。

就像苹果桶里的一条虫子一样——它每次只咬一个苹果，直到最后，整桶的苹果都会遭殃，鲍威尔在最高法院的行径也在慢慢吞噬掉美国公民的个人权利。其导致的最终结果就是：现在，我们的个人满足感降低了，整个社会的焦虑感升高了。让我们来看看这些案例——可谓鲍威尔的杰作，他拉来了同盟，最终让这些案子以多数票通过。

- 1976年：弗吉尼亚州药事委员会诉弗吉尼亚州公民消费者委员会案。这个案例允许医药公司肆无忌惮地大做广告，导致那些毫无戒备之心的病人受其误导。这个案例为你现在能在电视上看到的所有药品广告铺平了道路。这个案例帮助制药行业利用病患的恐惧制造出他们对其产品的需求（见第14章）。
- 1976年：巴克利诉瓦莱奥案。这个案件促成了公民联盟的成立。这一案件判决取消了对竞选支出和个人选举捐款的金额限制——就在34年之后，公民联盟允许企业将其内部金库转变为竞选资金库，为候选人提供资金，然后让其听令于企业。现在，大选是一场不设门槛的狂欢：政客、财大气粗的捐款人和公司都可以花钱操控选举，砸钱最厉害的就会赢得选举。赌注越高，意味着回报越丰厚。用威尔·罗杰斯的话来说，就是"傻瓜靠他的钱也会很快被选出来"。
- 1978年：波士顿第一国家银行诉贝洛蒂案。大法官投票表决结果是5比4，同时这也为公民联盟的成立扫平了道路。鲍威尔投出了决定性的一票，锁定了"多数人的意见"这个结局。这个案例向世人展示：

第13章 把移花接木、偷换概念玩到了极致——目睹华盛顿之怪现状

公司可以随心所欲地发表言论，并拿他们的钱投票。当然，他们确实也这样做了。不过，他们从自己的利益出发，采用资助竞选的方式为自己捞政治资本。当美元压倒了选票的时候，这就变成了一个社会问题。

- 1980年：中央哈德逊燃气电力公司诉公共服务委员会案。这又是一个5比4的裁决，这种"多数人的意见"局面也是鲍威尔一手促成的。在此案件之前，公共事业部门都是名副其实"归公共所有的"。它们不能发表意见，也不能做广告，因为这些都是公众的信托机构。而鲍威尔显然对此有不同的看法。鲍威尔在熬过危机之前，已经着手保障"广告免受不必要的政府监管"。他一手设定了政府对广告用语采取监管的4个适用范围：（1）广告是否违反了第一修正案？这样一来，只要广告不触犯法律（如制造骚乱，在人员密集的建筑物中大喊"着火了！"）就不会受到管制。即便它是捏造出来的，那也属于公平竞争。（2）广告是否会侵害政府利益？这意味着，只要不试图推翻政府，别的一切都可听之任之。（3）监管是否会增加政府收益？这意味着，只要不让人倒毙街头，公司甚至可以向公众出售毒药（也就是说，赤裸裸的欺骗手段也可以考虑），而政府只会睁一只眼闭一只眼。烟草销售就是一个绝佳的例子。（4）监管是否已经尽可能严格地限制范围？换句话说，政府的监管目标与其监管手段必须"合理匹配"。哦，顺便提一下，对于上述4种情况，并不是只要出现其中任何一种状况，政府就会马上插手，而是只有在这4种情况同时发生时，政府才会拿某个广告开刀。所以，广告用语实际上几乎可以说是百无禁忌了。

在1976年至1980年的短短4年时间里，在刘易斯·鲍威尔的一手相助下，任何控制企业权力和影响力的希望都全盘落空。如果你还想找出另外的例子——一个人单枪匹马就能改变美国的面貌，你可以回想一下弗兰克·卡

普拉的经典电影《生活多美好》[1]。詹姆斯·史都华[2]扮演的乔治·贝礼是贝德福德储蓄贷款公司的负责人，手里握着镇上几乎所有人的抵押贷款。他努力做好事，却见弃于世人。就在他绝望、试图自杀的当口，一位圣诞天使降临在了他的身边，并让他看了一幅景象——假如他在这个世界上从来没有出现过，他的家乡又会是什么样子。那将是一个完全不同的地方（虚拟的"波特维尔城"），卖淫、酗酒和持枪在那个地方是司空见惯的事情。快乐和奖赏是首要的追求目标，这里是银行家波特的乐土，而公民的利益却受到了侵害。事实上，我们现在都生活在那座波特维尔城（意为"波特的城"）里……哦，我是说鲍威尔城。在这地界，多巴胺无时无刻不在起作用，他们还扔进来那么一点皮质醇，这下子闹得沸反盈天了。

"人民"的权利

美国最高法院就是这样为产品肆无忌惮地营销铺平了道路，无论其是否有效果或者成本贵贱，也无论它们是出自私人作坊还是社会大型企业（如大型制药公司、大型食品公司）。事实上，公共法律的"武器库"里已经拿不

---

1 故事灵感可追溯至查尔斯·狄更斯的作品《小气财神》。该片一向被评价为"无与伦比"的温馨励志经典影片。在英语国家及其他以圣诞节为主要节庆的国家和地区，它享有极崇高的声誉。2006年，在电影上映整整60年后，美国电影学会将其评选为百年来最伟大的励志电影。

2 美国著名男演员，曾五次获奥斯卡提名，1941年凭《费城故事》获奥斯卡最佳男主角奖。在他的所有电影中，史都华最喜欢《生活多美好》。对这部电影背景略有所知的观众，往往会把电影主人公乔治视为史都华本人。史都华与乔治年纪相仿，均被公认为品德性情极佳，都是小镇青年出身，大学时期都主修建筑（史都华毕业于普林斯顿大学建筑系），听力都曾经受损。此片以苏格兰民谣结尾，而史都华有苏格兰血统。剧中，其弟弟哈利为美国英雄飞行员，而现实中的史都华是二战时美国陆军航空队（美国空军的前身）的英雄飞行员。当年杜鲁门总统在看完这部电影后，曾经说："如果贝丝和我有儿子的话，我们希望他就像詹姆斯·史都华一样。"

第13章　把移花接木、偷换概念玩到了极致——目睹华盛顿之怪现状

出什么法律来限制企业的影响力了。最重要的是，我们现在选出了有史以来第一位"民粹主义"总统，可是他站在了企业和政府那一边，而不是站在人民这一边。营销的攻势又快又猛，它们针对的目标是我们的伏隔核（食物）、杏仁核（药物）和前额皮质（蟋蟀杰明尼），而我们不可能抵挡得住所有这些攻势。

现在，公司几乎不受任何约束，可以制作公司的广告，可以投入资金去帮助政客竞选，还可以做商业演讲，而我们只能默默地被动承受。不仅如此，由于鲍威尔法官所作所为的流毒贻害，公司现在拥有了比个体民众更多的权利。公司既享有公司的权利，同时还享有个体的权利。诺贝尔奖得主约瑟夫·斯蒂格利茨记录了这样一个事实：政府在实施政策过程中，如果给企业造成利润损失，企业可以起诉联邦政府，要求赔偿。公民个体不能起诉政府，但是企业就可以起诉政府，您不是在开玩笑吧？对于个别触犯法律的人士，法庭也没有对他提起诉讼：他能从民事诉讼中得到庇护，因为他只是执行公司命令的"工具"。你总不能把公司这个机构关起来吧？来看看2008年的经济衰退吧，大型银行利用次级抵押贷款这种金融工具，严重损害了公众利益。雷曼兄弟、华盛顿互惠银行、全美金融公司都销声匿迹了，连带着它们投资人的钱一起消失了。美林被迫与美国银行合并，贝尔斯登被迫与摩根大通合并。由于政府出手纾困，美国国际集团和花旗集团得以幸存。压力山大，皮质醇含量那么高，血清素则几乎没有。但是，又有哪家银行被起诉了呢？拢共只有一个人背了黑锅，一个出生在埃及的瑞士信贷银行的经理卡里姆·塞拉盖尔丁。做出判决的法官称他为"这家银行内部以及笼罩在其他很多银行的乌烟瘴气中的一小撮（坏分子）"。

法庭为什么不起诉其余的银行业流氓呢？道理很简单，他们是为公司工作的。如果公司是"人"，那么你应该采用针对公司的法律条文，还是采用针对人的法律条文？你是将其视作一种缺乏警惕的做法——在这种情形下，这是一桩针对公司的民事诉讼，没有判刑这种说法，还是将其视作个人的"刑事欺诈"——这是一种可以被判监禁的重罪？司法部选择了前一种做法，部分原因是法院目前的倾向是撤销此类刑事案件。考虑到他们的亲商行为，

你可能会说，企业－消费复合体完胜美国公众完全取决于最高法院。但是，这只讲了整个故事的一半。在打造我们当前奖赏驱动的文化方面，国会也扮演了重要的支持性角色——而这种文化允许兜售几乎任何东西（见第14章）。没有什么比国会在区区10年的时间里如何在垃圾食品的推广和营销问题上改弦易辙更能说明这一点的了（见《希望渺茫》），而推广垃圾食品的目标只有一个：多巴胺。

立法机关腐败了，人民就没有指望了

20世纪70年代，垃圾食品行业开始崛起的部分原因是：（1）农作物大丰收以及阿彻·丹尼尔斯·米德兰公司和嘉吉公司等提高了食品加工技术。（2）联邦政府对食品加工公司购买玉米、小麦、大豆和糖给予了巨额补贴。这是《农业法案》的规定，因此公司能以非常便宜的价格购得这些农作物。《农业法案》的部分内容出自1933年的《农业调整法案》（后于1938年修订）。《农业调整法案》规定给农民补贴，让他们不去种某些作物，并大批量杀掉某些家畜——这实际上起到了减少食品供应、人为提高价格的作用，而农民则陷入了双重困境。1971年，这一政策有了彻底的变化。当时的总统理查德·尼克松认为，波动的食品价格引发了政治动荡（而他要处理很多社会动荡）。他给农业部长厄尔·巴茨下了命令，要求后者降低食品价格。厄尔·巴茨立即取消了政府补贴，并与美国农民约法三章："一排一排地种""一垄一垄地种"和"要么做大，要么滚蛋"。现在政府会补贴高产量的农业产品，而不会补贴高端农产品。我们拿玉米举例，你的玉米产量越高，供求关系表明，你卖的价格会越低。但是，如果其中一些玉米被制成可以添加到所有加工食品中的高果糖玉米糖浆，那么你就可以卖出更高的价钱。如果你把一些玉米转变成乙醇，那么你就可以获利更丰。

同样也是在20世纪60年代末和70年代初，就在大规模农业改革开始之际，英国的约翰·尤德金和美国的谢尔登·赖泽开展了营养学研究——该

第13章 把移花接木、偷换概念玩到了极致——目睹华盛顿之怪现状

研究将糖的摄入量与心脏病联系在一起，因此制糖业受到了严密的审查。糖业协会采取了应对措施，成立了一个名为"食糖情报"的股份有限公司，并聘请了一家公关公司，发起了一场席卷全国的、倾向于维护糖类行业利益的宣传攻势。他们宣称糖能"快速"提供"能量"并增强"控制自己少吃东西和节制食欲的意志力"。换句话说，那就是些精心设计的欺骗性广告，旨在让你的多巴胺上升。1972年，联邦贸易委员会将"食糖情报"公司告上法庭，后来法庭勒令这家公司停业。这一事件被誉为消费者监督组织的重大胜利，显示了政府保护公众的力度。

可是，这一事件也带来了另一重效应——它直接推动了1973年美国立法交流委员会（ALEC）的成立。该委员会的网站称："美国人民应该拥有一个高效和负责任的政府，让人民当家做主。"但是，它并没有明确指出哪些人有这个当家做主的权力。美国立法交流委员会要做的事情是起草有利于其资助者的"示范立法"，然后将这些示范法案提交给州或联邦立法者，并使其获得通过。这是一种新的游说国会的方法。一个炮制公司相关法案的作坊，为利益集团打头阵、貌似合法的机构！当你听到针对企业特殊利益集团的政治讽刺言论时，他们谈论的正是美国立法交流委员会。谁是它们的资助者？嗯，这个名单很长。但是，最早资助它的是食品和制药行业。我们按门类整理该委员会炮制最多的那些法案，拉出一个名单，结果发现：农业、制药和枪支相关的法案排名分别是第一、第三和第四。美国立法交流委员会不仅起草这些法案，还为那些提出这些法案的议员们提供竞选资金——535名众议员里，目前就有338人与美国立法交流委员会存在这样的勾连。在20世纪70年代，特殊集团利益呈指数级增长态势，尤其是在最高法院对"巴克利诉瓦莱奥案"一案做出裁决之后。在1970年，华盛顿特区有175名说客；而到了1980年，这个数字猛增到2500名。在1970年，已成立的政治行动委员会有300个；而到了1980年，这个数字达到1200个。

这让整个事件疑窦丛生：谁在主导这一切？我们为自己是一个民主国家而自豪。我们自主选择投谁的票，自主决定把辛苦赚来的钱花在什么地方。我们真的拥有自主选择权？当企业可以肆无忌惮地采取行动来支配同时还能

迎合我们内心深处的需求和欲望时——它们的行为不会受到惩罚，也不会受到监督，谁对此负有责任？任教于普林斯顿大学的哲学家谢尔顿·沃林提出了一个理论模型，他让我们警惕一个不断演变之中的政商混合体——美国企业与政府沆瀣一气。政治学家马丁·吉伦斯更进一步指出，经济精英和代表商业利益的有组织的团体能对美国政府的政策施加强大的影响。例如，如果一项国会法案得到20%的富人的支持，那么它获得通过的概率就有20%；一个类似的法案得到80%的富人的拥护，那么它通过的概率就有50%。只要美国人民认为幸福等同于高消费、高国内生产总值，美国人就无法摆脱企业对我们大脑的束缚。**那些人**知道自己在做什么，因为他们做过研究，知道什么会起作用。继续读下去，你也会发现这里的奥秘。

第 14 章
你是"爱它",还是"喜欢它"?

公司都是由人组成的,它们并不是什么面目可憎的庞然大物。它们的员工里有优秀正直的人,每个人都有自己的处世原则、道德体系和崇高的理想。但是,他们是为一家公司工作的,用高盛首席执行官劳埃德·布兰克费恩的话来说,公司唯一的目标就是赚钱。它们非常擅长挣钱。在这个过程中,它们磨炼出了利用人类情感来挣钱的本领。这种本领叫作"市场营销"。将快乐和幸福这两个概念混为一谈,继而从你的多巴胺和皮质醇释放中大赚一笔,此类操作,它们驾轻就熟。

但愿幸福长长久久

我个人最喜欢的广告是可口可乐的"开启幸福之门",该广告于 2009 年 1 月首次推出,至今势头强劲。在这家公司 131 年的历史中,它是公司媒体宣传中持续投放时间最长的一则。它很可能集中体现了可口可乐公司想要向公众传递的、他们对于幸福的理解。因此,如果说它是可口可乐公司史上最长寿的一则广告，你就会明白，它无论在美国还是在全球各地都一定效果极佳。2015年，可口可乐公司在墨西哥播放了一则广告：一群穿着打扮很潮的白人带着家居饰品和可乐冷却器，开车驶进了墨西哥的一个村庄。他们用可口可乐瓶盖做了一棵圣诞树，当地村民们对此惊叹不已。在这些善意的村民面前，他们露出的笑容里洋溢着满满的幸福感。这则广告最终被撤下，但是，它是将美国作为理想和将可口可乐作为实现理想的路径的宣传典范。

让我们来看看（配料表），高果糖玉米糖浆（墨西哥的可口可乐中含蔗糖）会提高多巴胺含量，咖啡因会提高多巴胺含量，水、磷酸、碳酸、盐、焦糖色素……可是，我没看到上面注明：持续过量的糖摄入会导致代谢综合征，从而降低血清素水平。一瓶可口可乐当然可以提供一点小奖赏，但是它远非满足感。利用糖向大众推销多巴胺和疾病的罪魁祸首并不是可口可乐。

麦当劳的"我就喜欢"这则广告，你怎么看？这是该公司从2003年一直到2015年主打的广告。2012年，他们改变了方向，推出了一款有点过于接近真相的广告："专为你的渴望而设计。"这实质上是向消费者承认，他们心里打算（让消费者）吃上瘾。但是，这个广告并没有打太久。麦当劳的销售额目前正在下降，部分原因是国际上对加工食品、肥胖和糖尿病之间的紧密联系感到震惊。2015年，由于销售额下降，他们解雇了首席执行官唐·汤普森。你觉得麦当劳的套餐被定名为"幸福套餐"是出于偶然吗？他们就这样向孩子们推销他们的产品——用塑料小玩具和笑脸小玩偶做诱饵，让孩子们高高兴兴地吃下糖、脂肪和盐。多巴胺/奖赏飙升很早就开始了，他们正在给稚嫩的小孩子打上终身的烙印。麦当劳每天提供超过320万份"幸福套餐"，收入超过1000万美元，而现在点这套餐的孩子占到顾客总数的14.6%。吃麦当劳很享受（尽管这一点存在很大争议）。麦当劳对于肥胖肆虐所起到的推动作用已经得到了人们广泛的关注，现在麦当劳正在试图让消费者对它的态度有一个大改观，采取的措施包括选用苹果切片（别忘了焦糖蘸酱——出于对肥胖肆虐的担忧，2011年起，麦当劳停止供应焦糖蘸酱）。但是，大多数孩子还是更喜欢薯条。巧克力牛奶的含糖量和汽水一样多。你带

第14章 你是"爱它",还是"喜欢它"?

孩子去麦当劳吃"幸福套餐",如果你点的是沙拉而不是巨无霸,对此我会表示怀疑。

也许最令人震惊的用以迷惑公众的植入广告是法瑞尔·威廉姆斯[1]基金会发布在 YouTube 上的一个长达整整 1 小时的视频《午夜的幸福》,其背景音乐用的是法瑞尔自己的歌曲。现在这个视频的点击量为 5600 万次。在视频的前两分钟时间里,法瑞尔在午夜时分走进一家加油站的便利店,买了两块糖、一包薯片和一罐红牛,然后把它们展示给观众看。他嘴里还唱着"如果你觉得幸福是真理,那就一块拍拍手吧"。首先,虽说我们可以从一块糖果(糖块?棒棒糖?)中体验到快乐(吃两块就可以收获双倍的快乐?),但是放眼四望,幸福却毫无踪影。其次,如果你在午夜时分喝红牛,由此导致的皮质醇升高带来的睡眠不足会让你在未来的岁月里面临罹患重大疾病的风险。显然,法瑞尔对幸福的诠释受到了一些公司的影响——这些公司赞助了他的非营利组织(指基金会)。

那么,具有标志性的幸福时光又是怎样的呢?是快乐还是幸福?是什么把顾客吸引进了餐馆?是 5 美元的开胃小食还是 5 美元的酒水?总的来说,酒类在销售额中的比重从 9% 增长到了 15%,而在体育主题酒吧里,酒类占到销售额的 26%。即使在经济衰退时期,酒类也一直被看作餐馆经营的稳定进项,因为这是公众依然承担得起的一种获取快乐的手段。但是,如果"幸福时光"是在上午 10 点,而且出现在电视屏幕上呢?美国全国广播公司(NBC)打破了所有关于在电视上喝酒的限定,现在这个每日播出的脱口秀节目的第 4 个小时被称为"今日幸福时光"。两位中年妇女一大早就端着大杯的玛格丽特鸡尾酒边喝边聊。这一小时的节目甚至赢得了日间艾美奖。如果不看女性焦虑的可能性比男性会高出 40%,并往往求助于酒精缓解焦虑这个事实,这也许是一个很有趣的现象。该节目主持人欧塔·卡比说:"这

---

[1] 法瑞尔·威廉姆斯,1973 年 4 月出生于美国,著名歌手、音乐制作人。其凭借单曲 *Happy* 获得了 2014 年奥斯卡最佳原创歌曲奖提名和 2015 年第 57 届格莱美最佳流行艺人奖。

简直是个玩笑。制片人一直在想办法让我们喝酒，而这已经成为我们的习惯了。从 10 点到 11 点这个时段，就像是参加一个停不下来的派对。"虽然这话听上去很轻松，但是，这家电视台正在将一种危险行为轻描淡写地演绎成一种稀松平常的做法，而这可能给女性带来严重的健康隐患（比如罹患乳腺癌），因为这档节目的目标受众是女性。

看似触手可及的"享受"，却是实实在在的"威胁"

现在转变一下视角，我们来谈点很不一样的事情。想象一下，日落时分，你不着一缕地半躺在悬崖上的浴缸里，你的伴侣就坐在旁边的浴缸里，你们身下就是大海。多巴胺在汹涌，你们都清楚，美景良宵触手可及。紧接着，勃起功能障碍（ED）的阴影带来的恐惧和焦虑压得人喘不过气来。通过在营销活动中诱发男人的恐惧心理，伟哥、希爱力和艾力达的销售额都上了一个台阶。预计到 2022 年，ED 药物的全球销售额将达到 32 亿美元，其中一半以上的消费在美国本土。当然，购买者中不乏患有 ED 的男性，但是，不计其数的人是出于恐惧而去购买该产品的。

自营销问世以来，恐惧一直是消费的主要驱动力。最初，汽车经销商采取了"高压销售策略"。从那时起，几乎所有的商品都是抓准消费者的恐惧心理而销售出去的，从漱口水到洗碗机，从悍马（名车品牌）到史密斯·威森（枪支和刀械品牌）。人们要么是"害怕失败"，要么是"害怕未知事物"。库存购物网和高朋团购网（其特点是每天只推一款折扣产品，每人每天限拍一次）就是这样的例子：它们让你觉得自己可能会错失机会，公司借此推动了商品的销售。营销综合了"仅在短期内有货"（饥饿营销）、强调商品的稀缺性和"攀比"等手段。成功的营销要确保恐惧心理一直是首位的核心诱导因素。因为恐惧意味着压力，而压力意味着皮质醇上升。该死的前额皮质，又到了该吃巧克力蛋糕的时候了。

第14章 你是"爱它",还是"喜欢它"?

唯有套路得人心

这是营销还是宣传?营销的定义:推广和销售产品或服务的行为或业务,包括市场调查和广告。宣传的定义:利用信息,尤指带有偏见或误导性质的信息,推动或宣传某一特定的政治事业或观点。既然快乐和幸福不是一回事,那么把两者混为一谈本身就存在误导性。因此,暗示奖赏等同于满足感,这样做广告,究其本质就是一种宣传。人们很容易就能买到享乐物质和药物带来的快乐(它被伪装成幸福)。如果你不知道这两者的区别,你很自然就会乖乖地把钱拿出来。然后,他们就吃定你了。就像在游乐场出没的毒贩那样,他们免费让你吸上平生第一口销魂物,并最终套牢你,把你变成终身老顾客。

老式的营销(当面推销和电话营销)是全面铺开进行的,具有随机性,其营销基础是打人海战术、主动推销以及给消费者制造恐惧心理的能力。随着互联网的出现,营销人员会根据消费者之前的"喜好"和搜索历史,将信息精准地传送给特定的群体。现在,神经营销学这门新学科正在剔除营销判断中的猜测成分,提高了销售效率。在神经营销学中,他们会分析研究对象的大脑对商品信息做出的反应。这种做法使得这些公司能够将其信息精准地推送给消费群体中特定的细分群体,从而产生更大的利润。众所周知,在接下来的一年时间里,可口可乐公司将在其所有精准投放的广告里运用神经营销学手段来"播撒幸福"。执行该品牌推广的机构明略行市场咨询公司[1]称,面部表情编码将是研判消费者情绪的主要技术。这项技术实现了无缝衔接:当被试在一个正常的调查环境中观看广告时,研究人员会全程记录下他的面部表情,并有仪器自动剖析他每时每刻的情绪和认知状态。面部编码技术最初只供专家研究之用,专家通过观看被试的慢动作视频来记录稍纵即逝的"真实"情绪——这些情绪会体现在被试的面部表情中,不过时间很短暂。明略行公司的系统通过观察被试的目光流连和其他表现来测量被试的专

---

[1] 世界10大市场研究公司之一,隶属于Kantar集团,是一家全球化的市场调研公司。

注度、品牌联想和动机等指标。现在，这些数据被用来对准了你……你成了他们的目标。联合利华（多芬香皂、立顿茶和本杰瑞冰激凌都是这个集团旗下的产品）也在寻求类似的测试方法，其程序如出一辙。这听起来像是一种奥威尔式的做法，事实上也确实如此。它就在我们身边。它的使命就是驱动多巴胺和皮质醇，目的不外乎诱使你买更多的商品。现在的问题是：你买得越多，你就变得越不幸福。

享乐行为、享乐设施和消耗品的供应商都在寻找一种制胜模式，为公众提供某种形式的产品（需要持续回购的那种），那种产品具备固有的吸引力，将保持甚至拉高消费水平，而其市场永远不会饱和，以便他们继续扩张。营销天才尼尔·埃亚尔为我们打开了一扇窗，让我们得以窥见享乐平台的秘密——企业用来吸引我们并让我们乐此不疲地继续"买买买"的秘诀所在。埃亚尔认为，每一款成功的产品都是由四个交织在一起的概念构成的，它们推动了一个永远停不下来的恶性循环。（1）消费刺激：也就是说，那东西能吸引和主宰你的注意力，即便你不想要那东西。这好比你身上发痒，尽管你不愿意出现这种事情。（2）消费行为：也就是说，一种行为业已变得程式化，在某种程度上不一定非要被激发，因为这个动作自然而然就发生了，完全不假思索，而且在大庭广众之下也照做不误。还是那个比方，你身上发痒，你会不由自主地去挠痒痒。举个例子，打开电子邮件或点击脸书账户，这简直就是下意识的动作，根本不需要思考，而且这是当今社会司空见惯的做法。与之不同的是，性致一来，能否立马纾解一下可能就要视身处的环境而定。（3）多样化的奖赏：这是这个循环中最重要的环节。这些奖赏可以是社会认可奖赏，比如你在脸书或照片墙等社交媒体获得的认可；也可以是内在动机奖赏，比如你打电子游戏时赢得的积分；还可以是维持动力奖赏，比如你在网络游戏室里打扑克赢的钱，或是你在"减肥宝"里燃烧掉的卡路里。与其说多样化奖赏是某种行为的结果，不如说正是奖赏花样百出，最终驱使某种行为变成一种习惯。（4）消费投入：这是最重要的一点，是真正推动公司销售额上升的唯一动力。我们内心慢慢都接受了这个理念：我们需要得到这个奖赏（即便这个奖赏变幻不定，之前没有它我们也生活得好好的），

第14章 你是"爱它",还是"喜欢它"?

而且我们付出的(时间和金钱等)成本也是很值的,因为我们现在养成的这个新习惯让我们可以用现在文化上能接受的方式来解决自身在市场诱导下产生的心痒难忍。

揣在衣袋里的"老虎机"

神经营销只是众多旨在提高多巴胺水平以增加销量的新手段之一,但是,其导致的后果却是我们意想不到且令我们痛苦不堪的。虽然酒驾仍然很常见,但这却是社会的禁忌话题。人们要么找代驾,要么叫"优步"(Uber)。不过,如果你是一个发信息上瘾的人,那么社会还不能接受系统指派你这样的人来做代驾司机。2006年,犹他州一名19岁的学生在开车时发信息——他走的那条路原本杳无人迹,结果,他的车迎头撞上了两位天体物理学家,导致后者不幸身亡。从那时起,有14个州禁止开车发信息,但是这种现象并没有减少。"反对酒后驾车的母亲"这个社会组织还没有设立"反对不分时间、场合滥发信息的母亲"这样的分支组织,但是,由开车发信息导致的车祸死亡率和事故率正变得与酒驾越来越相近。

屏幕对大多数人来说,简直太有吸引力了。可以这样说,手机就像一台老虎机。每每发出"叮"的一声响,就出来各种名目的奖赏,不管好坏,都在等着拿手机的人——多巴胺最终达到了峰值。正如罗伯特·科尔克在《纽约时报》上撰文所写的那样:"注意力分散是藏在你耳朵里的魔鬼——分心并不总是注意力缺失的结果,而是我们自己的意愿所致。"我们注意力不集中是因为我们分心了,因为心不知道飘到哪儿去了。这很有趣,可以说是心逃离了现实生活。不然为什么能卖出这么多智能手机?我妻子说我对发电子邮件上瘾,而我自己知道,盯着电子邮件并不能让我的心情变好。一件上佳的小玩意,本质上应该是一个奇妙的东西,它会用惊喜占据我们的注意力(苹果手机刚推出的时候,史蒂夫·乔布斯用了"神奇"这个词)。智能手机巧妙地利用了两种注意力:"自上而下"(我们想要关注的东西)和"自下而上"（让我们大吃一惊的东西）。

这种对惊喜的需求就是商品的价值所在。惊喜是发自内心的，它即时爆发，会刺激我们的多巴胺和伏隔核。但是，这种感觉转瞬即逝，几乎不能产生任何幸福感。事实上，频繁查看手机、期待一些改变，这些都能和焦虑、抑郁挂上钩。当然，相关性并不等于因果关系。手机会导致抑郁吗？抑或是抑郁的人想要拼命挤出一点多巴胺冲动？还是两者皆有？我要告诉你一件事：手机肯定不能带来心灵的宁静。

疯狂的手机

使用手机会导致身体里的另一个坏男孩——皮质醇——升高吗？在年轻人中，使用手机与压力、睡眠不足和抑郁有关（当然，其原因还无法证实）。最近，一项针对年轻人的研究表明，使用手机与平均成绩呈负相关，手机使用得越多，成绩就越差。也许这个结果并不令人意外，GPA（平均学分绩点）越高，幸福感就越强；而焦虑与幸福感低有关系。评估焦虑和幸福感有两份广为人知的心理健康评估问卷——贝克焦虑量表和生活满意度指数。这些有关联的统计分析帮助研究人员得出结论：以 GPA 成绩高低和焦虑程度为依据，使用手机与幸福感的缺失存在联系。另一项研究则表明，在四年级和七年级学生中，睡觉时把手机放在房间里的学生比没有这个习惯的学生睡眠更少，尽管我们还不能断定是他们用手机玩游戏影响了睡眠，还是手机屏幕的闪光影响了睡眠。不过，我们能肯定一点：睡眠不足会导致进食量增加，进而加大体重上升的风险（见第 9 章），而这样会让人感到更加不幸福。注意力转移甚至会导致社会极端事件，比如一对韩国夫妇痴迷于在网上抚养他们的两个"虚拟孩子"却疏于照顾他们的三个月大的女儿，致其女儿活活饿死。由此可见，受影响的群体不仅仅是青少年。治疗"设备成瘾"的康复中心如雨后春笋般涌现，据说也有成功戒断的案例。虽然阿片类药物成瘾的媒体报道力度最大，但是，当下的网络和游戏成瘾却致使大量人员社交能力

第14章 你是"爱它",还是"喜欢它"?

退化了。

从《魔兽世界》到《使命召唤》再到《口袋妖怪》,在人们的印象中,电子游戏一直与极度放任自我联系在一起,甚至一些由于睡眠不足导致死亡的个别案例也与打电子游戏有关。中国有学者注意到:沉迷于网络的青少年和年轻人的大脑白质发生了变化,他们将这种现象称为"网络成瘾症"。但是,这真的能称作"成瘾"吗?(见第5章)过度沉迷于互联网和游戏,这种行为还没有正式被当作精神疾病,但是,现在相关机构正在考虑这个问题。这些行为成瘾人士的伏隔核和前额皮质都出现了严重的功能障碍。抑郁就是由此导致的吗?一项研究跟踪调查了高中生在高中毕业后一年间的状况。那些在基线上就表现出兴趣缺失(难以体验到乐趣)的被试更有可能沉迷于网络游戏难以自拔,并在一年后出现抑郁的迹象。那么,电子游戏和兴趣缺失到底孰先孰后呢?这些孩子和30年前听"赶时髦乐队"、穿哥特式服装的那些孩子是一样的吗?从其他学校毕业的学生是否在这个行为问题上已经做出了自己的选择呢?

欺凌"胜地"

智能手机给青少年带来了另一种痛苦。校园欺凌可以追溯到18世纪现代学校出现之始。恃强凌弱者总是比受欺凌者有优势,这让他们内心充满了权威感。这些优势包括身体优势,比如个头、性别、年龄或体重,以及社会地位方面的优势,比如穿着打扮、所属小团体或者学习成绩。由于害怕校园欺凌,每天有近16万名孩子待在家里不去上学。恃强凌弱问题一直存在,但是,越来越多的学校已经采取了杜绝恃强凌弱的政策。因此,校园恶霸们已经转入地下活动。网络欺凌是一种表达愤怒的最时髦的方式,现下很风靡。现在,你很少听说哪个学生的鼻子被揍出了血,取而代之的是学生自杀。超过三分之一的年轻人曾经遭遇过网络威胁,四分之一的人不止一次受到过网络欺凌;而超过半数的青少年曾经以某种方式参与过网络暴力。然而，当网络欺凌发生时，大多数年轻人并没有告诉他们的父母。虽然青少年总是心存愤懑，但是，能在网络上伤害他人，同时，空间距离的存在又给他们提供了一层保护，这些都让网络欺凌肆虐起来。佛罗里达州一名12岁的女孩遭遇多达15个女孩的恐吓，那些女孩利用在线留言板和信息捉弄了她好几个月。其中一条留言说，她应该"喝漂白剂去死"。最后，小女孩从水泥厂的塔楼上跳了下去。

一味点"赞"，早晚变成"坐以待毙的鸭子"……

数字技术制造了一种相对新颖而影响面很大的心理压力。你曾经把时间花在脸书或其他社交媒体上吧？不加思考地行动或评论、转发最新的煽动性表情包或者发推特而不去考虑其具体情境，这已经成为当下一种社会行为范式了。我们现在简直变成了这种模样：只看重即时满足（多巴胺驱动）和本能反应（大脑皮质受抑制），并把关注重心放在能收获多少个"赞"上。

这种情况在青少年和年轻人中尤其严重。在极端情况下，严重依赖数字媒体的青少年看起来就像"堕入了地狱"。有趣的是，对于这种情况，男孩表现为电子游戏成瘾，女孩则表现为社交媒体依赖。虽然不是所有的科学家都同意这些成瘾症状的判断标准以及这些算得上疾病，但是，现在有足够多的数据证明，互联网使用和抑郁症之间存在关联。对于那些认为自己在现实生活中没有什么朋友的青少年来说，使用互联网进行交流（例如在社交媒体上发信息）能给他们提供"某种"形式的社会交往。那些没有什么朋友的人上网并非出于社交目的（比如"上网冲浪"），然而，他们上网时间越长，就越容易抑郁和焦虑，也许是因为他们把所有的时间都花在寻找"自己"和一个难以捉摸的"理想的自己"之间还有什么差距上，或者他们盯着那些获邀参加派对的同龄人发布的照片，而令他们沮丧的是，自己没有接到邀请。

"赞"这个按钮使脸书成为互联网上访问量最大的网站。"赞"这个按钮可比任何拳头都更有力量。但是，最新数据显示，它能同时伤害点赞的人和

第14章 你是"爱它",还是"喜欢它"?

被点赞的人。女孩们尤其喜欢上传自拍照,并期待着人们络绎不绝地来点赞。如果情况并没有如她们所愿,她们就会觉得自己在人们心目中的存在感不强。虽然脸书现在不像前几年那么受青少年欢迎,但是快拍和照片墙这样的后起之秀与脸书的功能基本上大同小异。最近的一项研究表明,使用脸书与抑郁症发病之间存在关联。但是,该实验对象仅限于在脸书上时时刻刻都将自己与他人进行比较的十几岁的女孩。实际上,大多数青少年都在这样做。(关于脸书和社交媒体的更多内容请见第16章。)那么,在这种情况下,孰因孰果?如果你是一个没有安全感的青少年,且已经有了抑郁的倾向,那么你可能会在网络上来回搜索,看其他孩子在为什么东西、事情和人点赞。你的皮质醇已经对你的前额皮质产生了一定影响,你的血清素受体已经减少了。点"赞"按钮正在把青少年的焦虑和痛苦拔到一个新的高度(或者说,把他们拉进一个灾难更深重的泥潭)。青春期是一个充满痛苦的人生阶段。手机和互联网可能会促进你的人际交往能力和创造力发展,但是你同时也会付出代价。

在一项对4000多名青少年进行的为期7年的跟踪研究中发现,网络媒体使用的总量与最终抑郁症的患病率存在相关性,尤其在男孩当中。社交媒体使用得越多,意味着他们患抑郁症的风险越大。这些数据还展现出另一个主要问题——因果关系问题。换句话说,上网会导致抑郁,还是有抑郁风险的孩子会依赖互联网来发泄他们的焦虑或借网络表现自我?这是一个很难被验证的问题,我们也不能确定,尤其是在技术日新月异的情况下。但是,在对人类进行的研究中发现,伏隔核和前额皮质会随着过度使用互联网而呈现出特征性变化(见第14章),这表明动机价值的增强和不受控制的行为是受到大脑结构变化驱动的,而大脑结构变化本身就是由互联网使用驱动的。这就是**为什么当我们想要别人倾听我们的时候,我们必须用加粗的字体来表达我们自己的态度!!**

同样地,在点赞这件事情上,点赞的人也可能会遇到麻烦。最近有一项研究,研究者组建了一个虚拟的社交媒体小组,这个小组的成员实际上都是研究对象,而科学家们则决定被试能在脸书上看到哪些内容。研究者向被试展示一些虚假的事物，要求他们点赞或者表示厌恶，而在整个过程中，被试都接受了磁共振成像扫描。伏隔核只有在被试认为其他人会给某件东西点赞而他们也会跟着点赞的时候才会被激活。换句话说，他们表现出了"从众心理"。如果他们给自认为不受大家欢迎的东西点赞，他们的身体里就不会出现多巴胺增多的现象。对于社交网络两头的参与者来说，这很容易成为一个陷阱。也许我们应该称这类社交网络为"反社交媒体"。脸书、快拍等都是追求利润的商业实体，是通过销售广告来赚钱的，需要迎合广告商的需求。

非理性繁荣

如果你认为智能手机给你提供了相当刺激的体验，那么你可以去纽约证券交易所体验一把。约翰·科茨原先是华尔街的一名证券交易员，后来转行成了剑桥大学的神经学家。他研究股票交易所场内的交易员，分析他们何时、以何种方式以及为何投入到这些高风险行为中来。他记录下了交易员在牛市中睾酮和多巴胺激增、在熊市低谷皮质醇升高的情况。这种双重打击导致奖赏系统过度运转和过度疲惫，使他们打不起精神来品味成功的滋味。所以，听到英国的毒品沙皇大卫·纳特在2013年说的那番话后，也许你不会太惊讶。他认为，遭受经济大萧条打击的众多证券交易员精神太过崩溃，他们体内的多巴胺及其受体消耗殆尽，因此他们不得不借助可卡因来刺激自己业已麻木的感受世界的能力。

毫无疑问，将幸福、快乐最大化与尽可能减轻痛苦混为一谈（见第1章）影响了金融市场的固有结构和功能。由于一定程度上受到经济大萧条的影响，凯恩斯主义经济学派从1936年到1970年一直主宰着整个市场。凯恩斯主义经济学说认为，私营部门做决定，但是这一切总是在政府的监督下进行的，这就需要在必要情况下改变政策（即建立监管制度）。这种监管态势必然会限制增长，从而限制货币的生产。相反，米尔顿·弗里德曼和他在芝加哥大学的研究经济学的同事们将金钱与幸福混为一谈，而他留下的

第14章 你是"爱它",还是"喜欢它"?

影响就是:人要想更幸福一些,手头的钱就要多一些。也就是说,钱多总比钱少好。毕竟,消费者希望自己买到的东西物超所值,可到头来却是当了冤大头。的确,芝加哥学派的天赋异禀之处是将这种被称为"价格理论"的心态推及各行各业——唯一的理性行为是创造最大幸福……呃,挣最多钱的那一种。

接着,刘易斯·鲍威尔出场了。在1980年之前,天平已经开始向企业倾斜,而非向普通人倾斜。1980年,里根当选总统,芝加哥学派开始占据主导地位。银行开始以低利率借款,购买其他公司,并对这些公司进行清算,这种做法被称为"风险套利"。1999年,《格拉斯-斯蒂格尔法案》被废除,从此,银行和市场完全摆脱了管制,芝加哥学派就此取得了决定性的胜利,而我们都知道接下来发生了什么。

市场能承受的极限代价

然而,尽管市场具有不可预测性和波动性,但是它仍在发挥作用,而我们通常也会让它自行调节。当然,上瘾物质除外。我们来看一下商品价格弹性现象。这里有一个针对商品的指数,通过消费者愿意支付多少钱来衡量他们到底有多需要这件商品——对商品的渴望是由多巴胺及其受体驱动的。价格弹性指数的衡量方法是:如果价格上涨1%,那么还会有多少人坚持购买这种商品?低指数意味着人们不再购买该商品,因此该商品是有"价格弹性"的。高指数意味着即使价格上涨,人们仍会继续购买该商品,因此该商品是"无价格弹性"的。最有价格弹性的食品是鸡蛋,其指数为0.32。这意味着如果鸡蛋价格上涨1%,其消费量将下降0.68%。鸡蛋里含有的蛋白质是所有食物里质量最好的。鸡蛋是世界上最完美的食物,里面有你需要的所有营养。而如果鸡蛋价格上涨,人们就不会去买鸡蛋了。这是为什么呢?因为鸡蛋里没有任何使人快乐的东西。鸡蛋里当然有色氨酸(血清素的前体物质),但是它能驱动多巴胺吗?而价格弹性指数最高的竟然是快餐,其指数为0.81。这意味着如果快餐价格上涨1%，消费量只会下降0.19%。那么，在不受价格影响的食品中，排名第2位的是什么呢？是软饮料，其指数为0.79。这两种食物（由于糖和咖啡因的缘故）会给人带来最大的享受，而它们正好是人们无论如何都会买单的食物。当然，它们也是最容易上瘾的。那么，一个社会到底是如何把它的民众变成一群成瘾、抑郁、因吸毒而脑子混乱、肥胖、代谢不良的人的？

每一种享乐型的刺激（物质或行为）都会为其供货者带来金钱，否则他们就不会费事提供这些东西了。但是，这对个人和社会有什么好处呢？2007年，美国的博彩业创造了920亿美元的收入，其中15%是利润。尽管86%的人每年会赌一次运气，但是只有16%的人经常参加博彩活动——每周至少刮一次彩票。据估计，博彩业36%的收入来自"有问题的"博彩人士，也就是有赌瘾的人，他们占总人口的1.1%（220万人）。因此，你可以计算一下，赌博成性的人有330亿美元打了水漂，而博彩业的利润是140亿美元。从整体来看，赌博的人损失的钱比（整个行业的）利润要高出一大截。但是，没有人在意这个事情，因为这是一个"花了钱才能下场玩"的游戏，愿赌服输。如果你输了，那是咎由自取。再说，220万人的群体算不上有多庞大。

要获取制酒业的数据更困难，但是有一份报告称，2013年，制酒业的收入为3080亿美元。由于对酒类征收高额税款，其最后利润为200亿美元。但是，美国喝酒的人只占总人口的61%，酗酒的人占总人口的20%（人数是960万），他们每年每人消费3200美元。因此，300亿美元的收入都要算在酗酒者身上。而康复中心每个月可以从成瘾者身上捞取5万美元的治疗费。于是，这种情况再次出现：（成瘾者）从整个体系中损失的钱要比（行业）获得的钱更多。同样地，尽管酗酒人口达到1000万，但是大多数人并不认为这是一个了不得的大问题，因为：（1）这事跟你无关，除非你家中有酗酒者。（2）如果你喝酒，那么错在你自己。（3）酒类已经受到管制了。

现在让我们看看食品业的情况。食品业每年的总收入为1.46万亿美元，其中45%是毛利润（相比之下，博彩业、烟草业和制酒业看起来不过就挣

第14章 你是"爱它",还是"喜欢它"?

了一点零头)。然而,2015 年,美国医疗系统每年要支出 3.2 万亿美元,其中 75% 用于治疗与饮食有关的慢性代谢疾病,而在这些疾病当中,又有 75% 的情况是可以预防的。这就意味着每年有 1.8 万亿美元被浪费在可预防的疾病医治上,而这个数目是食品业利润的 3 倍。现在,我们谈论的情况是美国有超过 50% 的人患有某种形式的慢性代谢疾病(由加工食品中的糖引起),这是一个很严峻的问题。在这里,消费者很无辜,因为他们不像赌博的人那样(自主选择)"花钱去买刺激"。加工食品中的糖无所不在、防不胜防,那是食品工业出于自己的利益添加进去的。由于每个家庭浪费在医疗保健上的钱(占国内生产总值的 18%)远远超过他们的食品预算(占国内生产总值的 7%),这也造成了一场政策危机。

这与医疗保险业的情况很接近。几十年来,健康保险一直遵循"赌场模式":(1)付费赌博。(2)自行设定费率。在这个模式中,保险业希望人们生病,这样他们就不会做赔本买卖了。只要资金池有足够的钱,他们就能挣得盆满钵满。奥巴马医改计划将 3200 万病人纳入医保,那么他们能拿到的最高利润就是 15%。特朗普的医改计划又会是什么样子,且让我们拭目以待。但是,拟议的放松监管不太可能改善人们的健康状况以及医疗业或保险业的整体状况。我们可以肯定的一点是,保险公司现在希望他们的用户健健康康的,因为他们现在不可能从病人身上赚那么多的钱。但是,民众的健康状况普遍比以往任何时候都要差,一部分是慢性代谢性疾病造成的,另一部分是精神健康状况造成的。只要食品供应情况不发生变化,这两种状况就都不会得到改善。一旦损失额超过利润额,人们就会上心了。

最廉价的刺激物质

现在该是上经济学课的时候了。要获取成瘾物质,哪一种是最便宜但对社会来说却又是最昂贵的负担?尼古丁曾经是最便宜的成瘾物质。情况最糟糕的时候,肺癌每年会夺去 44.3 万人的生命,耗费的医疗费用每年高达 140

亿美元。但是，它也为社会留下了财富，因为吸烟者的平均寿命为 64 岁，他们还没来得及领取社会保险和医疗保险。在整个 20 世纪 70 年代，即使电视上禁止播放烟草广告，大型烟草公司也仍然垄断了市场。万宝路男子、穿着维吉尼亚紧身牛仔裤的漂亮女郎，甚至连医生都在大谈吸烟对健康的好处。烟草税帮助政府狂揽 250 亿美元。那么酒类呢？每年，喝酒导致 1 万人死于酒驾，2.5 万人死于肝硬化和其他疾病，其结果是每年的相关医疗费用支出达 1000 亿美元。但是，酒每年为州政府和地方政府带来了 56 亿美元的税收。

然而，让整个社会付出最高昂代价的，毫无疑问是糖，因为它浪费了 1.8 万亿美元的医疗开支，而且它杀人用的是钝刀子，社会生产力的发展就此被拖了后腿。大家都知道，糖获得了联邦政府补贴。在过去的 50 年间，全球的糖类消费增加了两倍，而美国的人均糖类消费增加了一倍。阿姆斯特丹是世界毒品之都。2013 年，荷兰首席卫生官员保罗·范德维尔彭宣称糖是"能让人上瘾的、当今时代最危险的毒品"。这番言论很出名。毫无疑问，在令人产生快乐的物质中，糖是最容易获得的。尽管糖是我们触手可及的东西，但是它仍能卖到一个更高的价格，而且我们要支付两回钱：第一次是以联邦补贴的形式（没有得到补贴的所有商品的价格都必须提高，以此来充当政府补贴的费用）；第二次是支付自己的急诊费用。我们将在第 15 章中看到整个社会是如何为它买单的。

但是，公众的认知水平正在迎头赶上。2014 年，美国全国广播公司新闻频道和《华尔街日报》联合开展了一项民意调查，其中问道：哪种物质的社会危害最大？ 49% 的人回答说是香烟，27% 的人认为是酒精，8% 的人则认为是大麻。大众的这些反应是可以理解的。令人惊讶的是，有 15% 的人认为糖是最令人担忧的物质。糖有危害，这个消息开始散播开来。世界各地纷纷出台了碳酸饮料税，试图对这个市场重拳出击，并整治其混乱的营销局面。

这个变局来得正是时候！联邦政府、华尔街、拉斯维加斯、硅谷和麦迪逊大道组成的松散联盟已经把我们带到了悬崖的边缘。再往前走一步，我们所有人都会被拖进一个无法逃脱的漩涡，那就是众所周知的"死亡漩涡"。

第 15 章
死亡漩涡

"死亡旋转"是花样滑冰双人滑的一个动作,块头更大的一方(也就是男运动员)仅凭一个大脚拇指做支撑点,在冰面上做旋转动作,而较为娇小的一方(也就是女运动员)则以几乎仰卧冰面的姿势绕着他旋转,同时她的头部越来越靠近冰面——有向心力支撑着她。这就是美国现在的处境:身陷一个死亡漩涡——实际上就是医保漩涡之中,而人们假装危险全然不存在。我们看似没有逃脱的可能,危急如斯,却没有任何力量能把我们拉离险境。事实上,离心力把我们使劲推向悬崖边缘。肥胖、糖尿病、心脏病、中风、癌症和痴呆症都属于代谢综合征疾病(还有其他疾病),它们几乎要压垮我们的医保体系。对于承受病痛折磨的人来说,这些疾病无疑是摧毁性的。在接受调查的美国人中,超过 88% 的人说,相对于金钱,他们宁愿要健康,并且只有 37% 的人相信,10 年后的自己依然健康。此外,在 50 岁以上的受访者中,80% 的人已经至少患有一种代谢综合征疾病。他们都宁愿选择健康而不是财富,可是他们的实际行动却很糟糕。然而,承受疾病折磨的并不只有他们。治疗每一种疾病的费用都很昂贵,整个社会都要为此买单,买单的具体形式为纳更多的税和支付更高的保险费。最终,代谢综合征会成为压垮医疗保险的那根稻草。目前，美国9.3%的成年人是糖尿病患者，另外有40%的人处于糖尿病前期。然而，这不仅仅是美国人面临的问题，世界各地的人都在和糖尿病做斗争。由于糖尿病的存在，英国、澳大利亚、日本、墨西哥、韩国等国的医保体系都处在举步维艰的境地。沙特阿拉伯、科威特、卡塔尔、阿联酋和马来西亚等国的国民目前的肥胖率为80%，糖尿病患病率为18%。即便石油带来了滚滚财源，这些国家也无法帮助和承保数量如此众多的病患。

合法的庞氏骗局

这些疾病到底从何而来呢？大家都认为这是肥胖肆虐的结果：卡路里摄入太多而消耗太少。儿童和成人都越变越胖，于是他们的健康就出了问题。但问题是：肥胖人口中有80%患有代谢疾病，这就意味着有20%的人没有得病。他们就是我们所说的"代谢正常的胖子"。他们的生活完全正常，以后也会颐养天年、寿终正寝而不花纳税人一分钱。他们并不会身陷死亡旋涡。与之相反的是，在体重正常的人中，有40%患有糖尿病。如果体重正常的人也得糖尿病，那么糖尿病与肥胖真的存在必然联系吗？现在，我们明白了一件事：肥胖只是代谢综合征的一个标志，而不是其致病因素。

毫无疑问，越来越多的人，尤其是穷人，他们身体的代谢系统出了问题。这在一定程度上是人口增长带来的结果：人口基数越大，生病的人也就越多。但是，在2015年，所有代谢综合征疾病（包括心脏病、中风、阿尔茨海默病、糖尿病和肾病）在校正年龄因素后的死亡率都有所上升。不仅仅是越来越多的人罹患这些疾病（发病率[1]），技术和医学的进步意味着人们比以往任何时候都能活得更久，这还意味着：在任何给定的时间点上都会有更

---

[1] 指在一定期间内，一定人群中某病新发生的频率。

第15章 死亡漩涡

多的人患上这些疾病（患病率[1]）。是的，我们可以让病人活得更长久一些，但是，寿命更长久一些并不见得是好事。此外，要活得长久一些，花费自然不菲。这些慢性代谢性疾病的发病率、患病率和严重程度都在上升，由此带来的治疗费用以及病人拖着虚弱的身躯苟延残喘熬上好些个年头的事实，导致医保体系走向崩溃的境地。斯坦福大学的经济学家拉吉·切蒂提出：个人收入直接关系到寿命长短，钱越少，你死得越早。然而，无论是贫困还是少数族裔的身份都不是导致美国2005—2015年死亡率变化的根本原因。我们让年老的病人活得更长久，这要花费很多钱。这些费用本来应该由健康的年轻人来支付，然而他们中一些人却因为药物滥用、成瘾和代谢综合征引发的并发症而英年早逝（见第9章）。

这一点在政府的各个部门中都能感觉得到，但是在社会保障领域尤为明显。社会保障是一种合法的庞氏骗局或传销模式。很多处于金字塔塔基的年轻人都会掏出钱来，他们希望等到他们变老的时候，也就是到达金字塔顶端的时候，他们现在拿出来的钱还在那里，就等着他们去领。社会保障与庞氏骗局唯一的区别在于，是美国财政部而不是伯纳德·麦道夫[2]手握这笔钱；如果你幸运的话，到时候你还能如期领取社保。但是，现在各国的社会保障体系都在告急。为了保证社会保障制度的良性运转，你需要很多处于年龄金字塔塔基的健康年轻人来支付养老金，而享受社会保障、处于金字塔顶端的老年病人则要尽可能地少。

美国的社会保障制度在20世纪90年代末开始出现难以为继的问题。在此之前，我们的政府拥有理想的社保模式。我们国家的烟民很多。尽管我们都知道，1964年，美国卫生局局长路德·特里在提交的报告中明确指出吸烟会致人死亡，然而在接下来的30年里，美国政府几乎没有采取任何措施来限制吸烟。这是为什么呢？因为精算师得出了一个结果：吸烟致人死亡的平均年龄是64岁——就在你开始领取社保的前一年。保险公司很高兴，因

---

[1] 也称"现患率"，指特定时间内总人口中某病新旧病例所占比例。
[2] 庞氏骗局的主谋。

为你在肺癌治疗上花了这么多钱之后，你也只能平均延长 6 个月的寿命。所以出现了这么一个理想的局面：你让健康的年轻人出钱支付社保，而他们还没有开始领取社保就轰然倒下了。他们真是把庞氏骗局玩到了极致！

但是，如果年轻人生病了怎么办？如果年轻人因为慢性疾病致残又该怎么办？现在我们讨论的不是如肺癌那种很快就能置人于死地的疾病，而是糖尿病、脂肪肝、心力衰竭、肾衰竭——在带走你的生命之前，你还要承受 20 来年的病痛折磨和医疗开支。更糟糕的是，如果社会保障制度要向所有身体孱弱的年轻人发放福利，这又该怎么办？当金字塔的底部坍塌时，整个金字塔就会崩塌。这就是现在正在发生的事情，全世界范围内都是如此。我的好朋友胡安·洛萨诺·托瓦尔是墨西哥政府现任的社会保障负责人，他于 2015 年 5 月在麻省理工学院举办了一场关于未来国际社会保障展望的研讨会。在研讨会上，我们讨论了经济学、养老金、老龄化和遗传学等课题。在年轻人中蔓延的慢性病是一个显而易见又容易被忽视的问题。我每天都会见到患有 2 型糖尿病的 10 来岁的孩子，他们很可能要终生带病生存（这是一种身体残疾），而且永远也找不到工作。当钱流水般花出去却没有进项的时候，做其他任何努力都不过是在泰坦尼克号上重新安排甲板椅的位置。

侵蚀金字塔塔基

我们所有的努力都集中在治病上，而不是在保健上。我们重视疾病的治疗却漠视疾病的预防。我们在药物、手术和营养药品上豪掷数十亿美元，其中一些努力确实降低了死亡率，但是，没有哪种手段能实实在在降低疾病的发病率。遥想岁月静好的旧年时光，我们染上病，然后静静死去。（这是一种理想状态吗？如果你想让医保体系顺利运转下去，这就是一种再理想不过的状态。）今天，死于心脏病或糖尿病的人越来越少了，因为我们有医疗救治手段让病人活下来。现在，这些疾病如幽灵般游荡，导致劳动生产的效率下降、经济总账的收入部分缩水。然而，它们却拉高了医疗成本，同时也拉

第15章 死亡漩涡

高了财务分类账的支出部分。我们所拥有的医疗技术手段可以帮助我们蹚过水面，但是无法将我们从水潭中救起。我们只是推迟了溺亡的时间而已。事实上，我们正在死亡漩涡中挣扎，水下的漩涡如此强劲，我们根本无法挣脱这股将我们往下拉拽的力量。

为什么会发生这样的情况？导致死亡漩涡的原因是什么？要么是我们过得如此不幸福，以至于要通过自杀来解脱（见第11章），要么是我们受到了某种外部神秘力量的恶意诅咒，而这股力量助纣为虐导致这场龙卷风来袭。我们的阿片类药物危机和代谢综合征危机有关联吗？幸福、健康、医疗和寿命有何联系？

从此，他们过着幸福的生活

毫无疑问，来自内心的幸福感会让人益寿延年。曾经有人对一群美国修女做了一个追踪实验：在她们20多岁的时候，要求她们每人写一份自传，并就其中反映出的幸福和满足感及其积极影响做了分析。后来的事实显示，那些心满意足的人比那些意难平的人活得更长久一些。但是，难道是因为那些自觉幸福的人发现自己没有必要卷入一些问题行为，例如吸烟或喝酒（这两项行为教派都不禁制）吗？得了吧，她们可都是修女。最近，对全球不同人群开展的一项更全面的评估显示，无论经济状况如何，幸福感强和生活满意度高的人都更长寿，尽管对于慢性病患者来说拥有积极的心态并不一定能延长寿命。

反过来看，健康欠佳显然不会带来幸福，而且健康状况不佳是导致死亡的主要原因。但是，感觉不幸福会直接导致死亡吗？就自杀而言，答案是肯定的。而那些压力大、不幸福、渴望得到满足的人往往会寻求奖赏性慰藉，从而滋生了一系列与多巴胺失调有关的行为，比如饮酒、吸烟和从街头购买毒品。那么，致死原因到底是不良行为还是不幸福的感觉呢？最近，有两项来自英国、一项来自美国的研究试图回答这个问题。

首先，英国科学家开展了一项针对 50 岁及以上年龄的人群（男女均有）的纵向研究。他们建模研究幸福感对于益寿延年可能起到的作用。评估幸福感的工具是一份"四点问卷"（我喜欢我做的事情；我喜欢和别人在一起；回首往事，我感到幸福；我觉得自己精力充沛）。值得注意的是，本研究在模型中考虑了抑郁症和代谢综合征疾病（如心脏病、中风、糖尿病、癌症、行动障碍、慢性肺病）等因素，但是没有询问导致这些疾病的行为（久坐、不良饮食、吸烟、酗酒、吸毒、睡眠不足）。结果显示，患有特定疾病的人，如果他的幸福感提高 25%，那么他战胜疾病的概率就更大。

然而，另一个研究得出的结论有些不同。在"英国百万女性研究"项目中，平均年龄 59 岁、已经绝经的女性被问到一个问题："你有多幸福？"约 40% 的人回答说，她们大部分时间都感到很幸福；44% 的人回答说，她们有时候能感觉到幸福；17% 的人则回答说，她们从来没有感觉到幸福。研究者要求这些女性对自身的健康状况做一个评估。调查人员对这个群体进行了 10 年的跟踪调查。死亡率与基线调查时的健康欠佳评估存在明显的相关性，而健康不佳与感觉不幸福的确有联系。但是，在对自我健康评估、奖赏驱使的行为（吸烟和纵情饮食）以及药物治疗奖赏相关的疾病（如高血压、糖尿病、抑郁和焦虑）这些因素进行校正之后，结果证明：在心脏病、癌症或其他疾病导致的死亡案例中，这些妇女内在的幸福感缺失并不会对死亡率产生影响。

第三项研究是在美国开展的，它给这项谜之研究又增添了一个难题。一组成年人在研究伊始以及三到四年后分别做了功能性磁共振成像检查，而在此期间，9% 的被试有心脏病发作史。是否他们的大脑存在某种差异，而这种差异可以作为预测指标？结果显示，那些杏仁核（恐惧中心）活跃的人的心脏最有可能出问题。杏仁核会抑制前额皮质的功能（见第 4 章），这使他们有可能去做更多危害自身的事情。

我们该如何利用这三个看似不同却又相互联系的研究结果呢？它们告诉我们，感觉不幸福本身并不是致命因素。很可能是恐惧和焦虑情绪加重了我们的不幸福感，继而导致我们有了不健康的行为（其中很多行为是多巴胺驱动的），而正是这些行为提高了我们的发病率、致残率和死亡率。这些研究

第15章 死亡漩涡

没有回答问题出现的次序——恐惧和焦虑与不幸福的感觉，哪个先出现？而到最后，这也变得无足轻重了——这些行为会持续加大死亡漩涡的杀伤力。这一切都关乎以下问题：我们如何在缺乏满足感的情况下追逐快乐、导致成瘾和抑郁，以及我们在什么情况下、如何就突然偏离了正轨。廉价的刺激物正是致命的因素，而它们又无处不在。可是，我们在这里也看到了一线希望，因为所有这些廉价的刺激物都是人类自己制造出来的。如果我们愿意的话，这些东西就可以不被生产出来。

公地悲剧[1]

医疗保障和社会保障的资源都是有限的，总共就剩下这些钱了。过去，我们只是一味增加用于医疗保障的资金。1965年，医疗保障占国内生产总值的5%。2014年，医疗保障占国内生产总值的17.5%。而到2022年，这一比例预计将达到19.9%。但是，印钞票的速度赶不上这笔支出的增速，钱已经用光了。当所有人都可以动用这笔有限的资金时，我们就会遭受所谓的"公地悲剧"。公地悲剧是指：有一片很大的地，所有的农民都在那里放牧。当牛很少的时候，一切都没有问题。但是，农民们买进更多的牛，而且让它们尽情地在这片土地上吃草，这样一来，草很快就会被啃光，牛群也就难以生存了。这是一条得到充分论证的原则：所有人都可以利用某种有限的资源，于是大家一拥而上，接着，这种资源很快被消耗殆尽，而所有人都无法再使用它了。这就是社保和医保现在面临的境况。从表面上看，这就是奥巴马医改的基础。

---

[1] 这种说法最初由哈定提出。他在1968年的《科学》杂志上发表了 *The Tragedy of the Commons*。张维迎教授将其译成《公共地悲剧》，武汉大学的朱志方教授将其译成《大锅饭悲剧》。但是，哈定的 the commons 不仅仅指公共的土地，还指公共的水域、空间等，因此有人主张将 the commons 译成"公共资源"，并将哈定描述的"The Tragedy of the Commons"译成"哈定悲剧"。

2014年10月，奥巴马总统的医保顾问、奥巴马医改的设计师伊齐基尔·伊曼纽尔博士在《大西洋月刊》上发表了一篇题为《我为什么想在75岁时死去》的文章。他在文章中指出：医保并没有延长人健康生活的时间，反而延长了人苟延残喘的等死过程。虽然我们延长了生命的长度，但是我们并没有为增强人类的幸福感或提高人类的生产力做出贡献。

数据表明，我们的寿命（或死亡过程）延长似乎已经达到了峰值。新近的研究表明，现在的人是第一代寿命比父母要短的人。在第11章中，我们注意到，人的寿命已经开始下降了。虽然这个比例看上去并不高，但是寿命整体呈下滑态势。尽管我们在医保上的支出占国内生产总值的1/5以上，但是，未来人的寿命预计还会进一步缩短。

更糟糕的是，奥巴马医改是建立在一个错误的预设之上的——健康的人会为病人买单，医生会减少病人进急诊室的概率。奥巴马医改的美好设想是：让3200万病人得到医保，而我们将通过提供"预防治疗"[1]来实现这个目标。也就是说，通过打通看病渠道以及使用药物治疗病症（例如，用他汀类药物治疗高胆固醇、用血管紧张素转换酶抑制剂治疗高血压、用口服降糖药治疗糖尿病等），你被送进急诊室的概率会大大降低。要知道，急症室的费用要比寻常的诊疗费用高出50倍。这听上去很不错，但是，这里有个问题：我们的医疗体系还无法提供预防慢性代谢疾病的服务。目前，我们只能提供治疗类的服务。医生可以让病人活下来，但是不能用药物防止人得心脏病、糖尿病、脂肪肝或肾病，就像我们不能阻止人发胖一样。而治疗这些疾病要花去医保一大笔钱。且让我们来看看，在过去的20年里，这些疾病的发病率是如何持续攀升的，尽管我们对肥胖肆虐已经有了充分的了解。一旦你心脏病发作、中风或者罹患慢性肾衰竭，你就只能成为累赘——在公地上吃草的牛现在又多了一头。三家健康保险公司巨头（联合保险公司、安泰保险公司和哈门纳保险公司）为什么退出奥巴马医改？原因不外乎一个：执行该医保计划，他们的利润上限仅为15%，而他们无法满足所有糖尿病患者的治疗需求。然而，一旦能够有效预防慢性代谢性疾病，我们就可以省下这笔钱了。

1　有中医里"治未病"的意味。

第15章 死亡漩涡

健康保障成了疾病保障

几十年来，医疗保障一直在吮吸联邦政府的乳汁。每个人都想分得一杯羹。医生、律师和保险公司是天然的对头。毕竟，医生把原本属于保险公司的利润浪费在了给病人提供医疗服务上。我们需要对病人进行各种形式的过度治疗，包括可能只会延长病人几个月生命的那些治疗。这一点在当年医疗保险的鼎盛时期表现得最为明显。大型药物公司依靠大肆治疗大肆敛财。治疗慢性疾病，尤其是那些无法治愈的疾病的费用极其高昂，可是其获利也颇丰。政府与美国医学会协商，要提供有偿服务。整套医疗程序俨然成了摇钱树，保费就反映了这一点。医生们开着大巴车，保险公司成了收取高额保费的售票员，雇人单位鱼贯上车预付了这笔钱，而病人则开始憧憬现代医药能带来奇迹。谁也不提疾病预防。而要做好疾病预防工作，单凭一个政治圈子是远远不够的。疾病预防需要全社会转变文化观念，而这无异于自断政治前途，尤其是在要赚大钱的当口。疾病预防工作不仅需要个人承担起责任，还需要整个社会，包括政府在内，也承担起责任。疾病预防听起来很不错，不过，它也就像汽车保险杠贴纸上的口号那样，喊喊就得了。如果动真格的，医生、医院、保险公司和政客，他们统统捞不到钱。疾病预防就是一个零和游戏。

在整个20世纪后半叶，此种医疗程序导致医疗保障成本居高不下，这让医生变成了老百姓心目中的坏家伙。医生失去了国会的信任，这反倒推动了"健康维护组织"[1]势力的扩张：他们试图控制医生，进而控制成本，除了"医疗保险的43%要用于保险公司的行政管理费用"那块蛋糕不能碰。那么，到底是谁浪费了这些钱？嘿，醒醒吧，他们只顾提高保费，难道不是吗？只要能保证利润滚滚而来就好。律师们很高兴，这相当于挖到了一方

---

[1] 指一种在收取固定预付费用后，为特定地区主动参保人群提供全面医疗服务的体系。1973年，在美国卫生部的推动下，国会通过《健康维护组织法》，从而在制度上确保了这一医疗保险形式的发展。

富矿。律师狂揽一气，他们最多能从一起医疗事故诉讼中挣到6900万美元。一度有将近60%的医生当过被告，理由是他们在行医过程中处置不当。所有诉讼费用均出自保险公司所得的利润。事实确实如此。

但是，公地悲剧意味着这等好事将曲终人散，草场最后落得个荒芜破败的下场。医学研究、医疗补助[1]（医疗补助用在补偿医院和医生身上）和医疗保险[2]是为人的生命健康保驾护航的，而所有这些现在都难以为继。这并不能归咎于医生的工资（相对于通货膨胀，他们的工资实际上是下降了）、住院费用、护理费用或基础设施等支出。问题的症结在于慢性代谢疾病的猖獗蔓延。这些疾病并没有直截让我们一命呜呼，相反，它们在慢慢耗干我们的躯体和精气神。如果你认为别人生病是他们自己的事，与你没有丝毫关系，那请你仔细想想这个事实：65%的医保费用是由政府支付的。那可都是你缴纳的税款。这相当于你交了双份的钱，你不仅交了自己的那份保费，还要为别人交保费。

2016年大选围绕的重点问题是：奥巴马医改是否奏效了。截至2016年，共有2000万以前被拒保或无力承担医疗保险费用的人获得了医保。保险公司的利润上限定为15%，超出这个限额的，保险公司必须退还给客户。这样的规定应该会把公司的利润降下来，对吧？倒也未必。大型保险计划已经削减了管理成本，并规定了85%的最小赔付率，但是，它们同时也提高了保费和免赔额。因此，虽然你已经享有医保，但是，你真的要用它，却没有那么容易。这些规定使得大型保险公司赚到手的钱较以前还多了，而发放给高管的奖金也更丰厚了。那三家主要的保险公司合伙退出了国家保险计划，转而寻找其他压榨对象。因为国家层面推行的医改计划只有15%的利润，保险公司就再也不能利用赌场模式赚钱了。现在想要赚钱，最好的方法就是把钱留住。也就是说，没有人生病，所以就不用赔偿医保费用了（或者干脆把保费提高到常人难以接受的程度，那就没有人投保了）。而特朗普医改还会

---

1 美国的一个医疗补助计划，由各州和联邦政府共同出资，此项资金用来支持医院和医生为符合条件的无力支付医疗费用的人士提供医疗服务。

2 美国联邦政府对65岁及以上的人提供的医疗保险制度。

第15章 死亡漩涡

继续对"房间里的大象"视而不见。实际情况是：越来越多的民众生了病，而且病情越来越严重。在食物供应体系出现实质性变化之前，整个情况都难以好转。特朗普的医改计划呢？2400万人将被拒之门外。

奥巴马医改带来的影响很可能会延续下来，这或许是一个世人意想不到的结果。在奥巴马医改之前，保险是基于赌场模式运行的，遵照"付费才能入场"的规则，而保险公司就像赌场那样设定要赔付的金额。在赌场模式下，保险公司希望你生病。生病的人越多，他们就越有借口来提高保费，从而赚更多的钱。他们没有采取措施预防疾病的动力，因为做疾病预防没有赚头。几十年前，当人生病了的时候，大企业不一定会高兴，但也不至于哭晕在厕所，因为首席执行官可以开了资历老的员工，然后用年轻一些的员工取而代之——公司要支付给老员工高额的薪酬和养老金，而年轻一些的员工不但薪水较低，而且从未听说过养老金这回事。但是，随着保费的增长，大企业意识到，保险支出的成本正在拖企业效益的后腿，因为不论他们自己的员工肥胖与否，公司每年都要为与肥胖相关的疾病支付每个人头2751美元的保费。由于保险公司的利润上限的缘故，现在保险公司希望你身体健健康康的，这可是有史以来头一遭。所以，他们现在都在为疾病预防计划买单。现在，他们希望降低自己赔付的保险费，而打造一支健康的劳动力大军是降低成本的唯一途径。

活下去

但是，如果我们能健健康康活到90多岁而不是到75岁就疾病缠身呢？我妻子的祖母一直住在明尼苏达州乡下自己的农场里，自己种口粮、打理花园，有节制地看电视，从来不看医生。老人家享年101岁。家里人唯一的憾事就是：当她百岁之时，《今日秀》的威拉德·斯科特[1]并没有在节目中念出

---

[1] 威拉德·斯科特在节目里向当天过生日的百岁老人送上生日祝福，他会一一念出他们的名字。有意思的是，他曾在该节目中扮演"麦当劳叔叔"。

她的名字。姑且让我们设想一下吧：我们所有人到垂垂老矣时依然十分健康，只需要消耗最低限额的医疗保障资源；我们能阻止国家陷入经济、社会和医疗等方面全面崩盘的境地；我们老态龙钟时还能体验到幸福。要是能美梦成真，那该多好啊！在伊齐基尔·伊曼纽尔发表在《大西洋月刊》的那篇文章中，他甚至未提及整个大危机中最大的问题——饮食。我们能扭转局面吗？我们能挽救生命并节省支出吗？我们可以，只要我们能减少它的摄入。它是一种最常见的饮食成分，是整个危局背后的推手，也是最便宜的刺激物，它就是糖。

代谢综合征可能与环境因素有关，但是，我们能确定有因果关系的因素是糖。"病残校正后的减寿年数"[1]是确定特定危险或行为对人健康和经济造成不利影响的指标。一项研究着眼于在全球范围内考察含糖饮料对这个数值的影响。这个分析有意思的地方是按年龄组分类。尽管 65 岁以上人群的患病率最高，但是他们几乎不受含糖饮料影响。相反，由于摄入含糖饮料，20 岁到 44 岁的人群中，因病残导致的减寿年数显著增加。换句话说，喝汽水、果汁和运动饮料对你的伤害，并不只在你变老的时候才表现出来。它现在就在伤害你，而这个年龄段应该是你挣钱的黄金时段，也是你向社保体系交钱的时段。

在美国，这个情况也好不到哪里去。补充营养援助计划也被称为"食品券"计划，是一个耗资 750 亿美元的计划，覆盖了美国 15% 的成年人和 33% 的儿童。这些人会拿补助买什么呢？含糖饮料排名第 2，而含糖的其他食物分别排名第 4、第 5、第 10、第 11 和第 12 位，含糖的食物饮料占全部支出的 27%。我们为什么要关心他们用纳税人的钱买了什么？因为通过该项目获得食物的人死于心脏病或糖尿病的概率，比那些有资格但不参加这个计划的人高出 50%，是那些没有资格参与这个计划的人的 3 倍。

加州大学旧金山分校的"全球健康"研究团队研究了一个课题：如果减

---

[1] 指某种疾病对某个人群造成的全面影响，用以下这个数值表现：由于疾病、因病致残以及过早死亡从而失去的（健康）存活年数/寿命。

第15章 死亡漩涡

少摄入最廉价的刺激物糖，死亡漩涡会发生什么变化。通过对代谢综合征的研究，我们发现，肝脂肪是导致各种代谢综合征疾病发生的最重要的危险因素。之后，我们通过建模来研究这个问题——如果美国发起一项运动来减少添加在食物饮料中糖的含量，那么人的患病率会发生什么变化，以及可以省下多少钱。我们建第一个模型时，假设添加糖量减少20%（这个基数是根据含糖饮料税收起征点的糖含量设定的，费城就实行这样的标准）；建第二个模型时，假设添加糖量减少50%（这样一来，含糖量仅相当于美国农业部推荐的最新的膳食指南中糖添加量最高标准的10%）。这两个模型的起止时间均设定为：从2015年到2035年。其结果非常惊人。比如在添加糖量减少20%（第一个模型）之后，美国人的心脏病和糖尿病的发病率将分别下降0.1%和0.2%，同时将减少100亿美元的医保支出。如果执行更严格的、降低50%添加糖的标准（第二个模型），美国人的心脏病和糖尿病的发病率则会分别下降0.3%和1.2%，与此同时，每年能节省320亿美元的医保费用。也就是说，在这20年的时间里，我们将会节约5000亿美元。这样的举措对于大众健康和医保体系来说都是莫大的福音。那么，又是什么推动了糖的消费量？这不是一件轻而易举就能做到的事情，不过，对于大多数人来说，多巴胺在其中起着极为重要的作用。

重新划定阵营

政治总会造就一些奇怪的同盟阵线。一夜之间，原先的死对头就不再是敌人了。过去的情况是：医生和律师是一对冤家，医生和保险公司也是一对冤家。但是，现在这些人头一回站到了同一条战线上。这次是以上所有人与那些想要维持现状的人的抗衡，前者包括医生、律师、保险公司和那些必须支付医保费用的大企业，而其对立面包括食品业、制药业、白宫和国会。突然之间，我们有了一些非常有影响力且非常富有的合作伙伴。现在我们只需要琢磨如何利用好这些资源就够了。

医保问题只是冰山上的那个尖尖小角。已经持续 40 年的经济和社会的衰退局面不能再持续下去了，现在轮到我们来收拾残局了。为什么会这样？我们做错了什么？简而言之，美国已经迷失了方向。这个问题根深蒂固，如果要深挖下去，那就像要钻到地底下进下水道一样，而且那里臭气熏天。问题的解决不在于医学的进步或者政治人物大打"医保"牌，而要仰赖幸福这门学科。而我们毫无节制的欲望——什么都想要，已经把我们带上了一条不归路。

死亡漩涡之所以具有裹挟我们的力量，是因为我们集体不幸福，而这种不幸福又促使我们拼命想要挣脱它去寻找幸福。不过，你能够游到安全地带。第五部分将告诉你如何做到这一点。

The hacking of the American mind

第五部分
挣脱头脑的桎梏,追寻幸福 4C 法则

第 16 章

人际连接（宗教、社会支持与交谈）

　　哲学家埃里克·霍弗曾说过："追逐幸福是不幸的主要原因。"对此我真是再赞同不过了——目的地不能取代旅程。皮克斯公司首席执行官约翰·拉塞特说："一段旅程就是收获。"可问题是，如果你总是在岔路口选错路，最后你可能就会迷路迷惨了！哎呀呀，幸福如此难以捉摸，这难道有什么好奇怪的吗？

　　首先，你必须认识到什么是真正的幸福。在本书的前 15 章，我希望我已经提出了令人信服的论点：（1）奖赏不等于满足感，快乐不等于幸福；（2）奖赏与多巴胺有关，满足感与血清素有关；（3）长期过度奖赏不会带来满足感；（4）企业有意识地将快乐与幸福混为一谈，其目标非常明确，尤其是在诱使你购买它的垃圾产品或染上能让整个行业获利的享乐行为时；（5）政府通过立法让民众能更容易地买到垃圾食品，或者更容易地对它们上瘾，其目的不外乎推动商业利润和国内生产总值增长，而最高法院不仅让这些行为变得堂而皇之，还出来站台；（6）购买垃圾食品或长年陷入那些行为习惯中不能自拔，长此以往浑浑噩噩地过着日子，只会让你自己和全体民众发胖、生病、变得蠢笨、败光家产、成瘾、抑郁，而且绝对不会幸福。

民众消费与经济体的健康有关，但是，它显然不是社会健康与否的指标。认为美国的政治体系（或者其他国家的政治体系，不丹除外）会将个人幸福或集体幸福凌驾于国内生产总值之上，并将其作为衡量进步的主要指标，简直是异想天开。商业当然要为国内生产总值中生产快乐的那一部分做贡献，并且政府已经将其写入法律条文。由于一味追求国内生产总值，其蚕食的社会财富超过了其给个人带来的经济损失。除此之外，死亡漩涡还在继续夺走民众的生命。对抗或消除死亡漩涡的唯一出路就是提高个人满足感，以及由此带来的整个社会的幸福感的提升。但是，我们只能靠自己去追求幸福，否则一切都不会有改观。这就是问题之所在：你必须去追求幸福。我们又该如何做到这一点？我们应该走向哪个路口？

接下来的 4 章将为你提供追求幸福的路径导航。这些指导意见都牢牢扎根于科学，所以你是不会迷路的。虽然这些模式本身无一能解决我们被企业操控的消费型社会的系统性问题，但是，它们确实有能力帮助你提高体内的血清素水平，抑制你体内的多巴胺和皮质醇分泌，进而帮助你重新找回幸福，并且最终帮助你重新牢牢把握自己的生活。在这里，我将阐述与满足感息息相关的 4C 法则：人际连接、乐于奉献、积极应对和烹制美食。之所以推荐这些做法，是因为每一种做法都是有神经科学实验结果支持的。还记得我们那 3 个边缘系统通路吧？奖赏通路、满足感通路和压力-恐惧-记忆通路（见第 2 章），这些做法对它们均能起作用。临床试验结果表明：如果使用得当，那么每一种都是有效的；如果综合使用，则效果更佳。你可以在没有处方药、没有私人教练、无需任何费用的情况下，在家里操练上述任何一种或全部方法。但是，为了达到最佳效果，你要注意以下两点：

（1）这 4 种方法都不是被动的：你必须全情投入去做，这些方法才能发挥作用。追求幸福需要人们积极主动去做一些事情。而你也将看到，在某些情况下，积极求索与无为而治有异曲同工之妙。

（2）这 4 种方法都被利用了：各色行业早已奉行"拿来主义"，并已悉数付诸实践，试图颠覆你的全部努力。他们想让你相信：他们已经垄断了幸福市场，这样一来，你就会想要得到他们兜售的东西。事实上，由于我们当前所处的"压力（倒逼）幸福"的大环境助长了大众的焦虑，幸福产业才应

第 16 章 人际连接（宗教、社会支持与交谈）

运而生。就医药而言，健康产业的诞生源于药物可以治疗疾病但不能预防疾病这样一个事实。因此，我有责任在接下来的 4 章中指出在通往幸福的道路上人们可能会走岔的道口，这样你心里就不会混沌一片了。

感知到的才是事实

我们来回想一下第 8 章的致幻剂研究。迷幻体验的中介物是血清素 –2a 受体，但是，满足感的获得似乎得益于某些致幻剂（如 LSD）与 –1a 受体的交叉反应。遗传学、抑郁症和药理学等研究（见第 7 章）都指出：为了得到满足感、得到内心的安宁、追求幸福、感受到幸福，不管你想怎么称呼它，血清素都必须与其 –1a 受体结合。显然，复杂的情绪障碍受到血清素水平的影响，而其中 –1a 受体起着主要作用。研究人员评估了同卵双胞胎和异卵双胞胎的血清素 –1a 的受体密度，由此确定血清素效应并不仅仅由基因决定，它们还受到环境的影响。这意味着：你至少名义上可以掌控自己感受满足的能力。如果你养宠物，你毫无疑问会喜欢下面这个比喻。如果想要打造一个幸福温馨的家居环境，你首先要确保你那只名叫"血清素"的猫满足地发出呼噜声，同时，你还要留心那条名叫"多巴胺"的狗——这讨厌的家伙动不动就叫个没完，你不能让它持续受到过度的刺激，否则它就会在地毯上撒尿，毁掉你的派对不说，那股异味还会在你的屋子里久久不能散去，而你的家居环境很可能就此遭到永久性的破坏。

信念之力

对致幻剂的研究为我们打开了一扇进入迷幻状态的窗户：神秘体验和满足感都离不开血清素分子起作用的信号通路。那么，除了毒品，还有能让我们经历这种神秘体验的东西吗？有，那就是宗教。有趣的是，卡尔·马克

191

思把宗教称为"人民群众的鸦片",他将其完全置于奖赏/快乐通路的范畴。宗教能发挥的最大的作用就是:影响你的血清素水平并给你带来满足感。正如你将在本节中了解到的,当宗教激活多巴胺的时候,就没有那么多的血清素了……

人们将宗教视作通往幸福的入口至少有 16 个原因,包括:心悦诚服地接受、权力、好奇心、秩序、理想主义、"自我超越"的理念、属于一个团体的归属感等等。毫不奇怪,很多宗教都试图利用这种人际连接来造福大众,这是人们获得满足感的另一种可能的途径(见第 17 章)。犹太教"修善世界"的宗旨和基督教"没有善行的信仰是死的"的理念都推崇"涓涓细流般的"个人幸福促成了集体幸福(这与"涓滴经济学"的观点相反)。幸福是奉献,是给予;奉献的对象可以是自己的孩子和其他家人,也可以是外人。东方宗教,如佛教和巴哈伊教,它们秉承同样的理念,即通往幸福的正道是你为他人做了什么。毫无疑问,有组织的宗教的主要吸引力在于它的群体基础:与志同道合的人分享共同的信仰或目标,参加宗教仪式,或者只需要知道身后有一群人在支持你。正如弗洛伊德给出的假设那样,宗教可能的吸引力在于通过肯定来世的存在使人避免对死亡的焦虑。减少焦虑(压力和皮质醇)可能增加血清素 –1a 受体,由此生成血清素,最终产生满足感。(见第 10 章)

很多人通过宗教来追求个人幸福。然而,在过去的 20 年里,越来越多的人(不仅仅是美国人)要么选择远离宗教,要么改弦易张信奉另一种宗教。这是世俗观念最终胜出了吗?难道宗教起不到任何作用了吗?也许,这只是你信奉的宗教出了问题……事实上,心理学文献表明,信教的人确实更幸福一些。但是,正如我们已经知道的,这取决于你如何定义幸福。英国国家统计局计算了信教人士的"卡内曼-迪顿生活满意度指数",发现他们的得分比不信教的人只高出一点点。一项研究仔细对比了这些数据,发现"强烈的宗教认同(笃信宗教、特别虔诚)"和"在他们的社群内建立社交网络"之间存在联系。对于那些宗教认同度较低(不那么笃信宗教)的人来说,这种社交网络毫无意义。其他研究则着眼于探讨宗教与主观幸福感之间的关系,其得出的结论略有不同。盖洛普公司对 67.6 万名教徒开展了一项调查

第16章 人际连接（宗教、社会支持与交谈）

以确定谁的主观幸福感最强烈，结果是犹太人和摩门教徒胜出。这是真的吗？相当一部分美国犹太人是不信教的，而且他们往往牢骚满腹，而摩门教徒，嗯……这些摩门教徒，他们天生就是乐天派。然而，数据显示，他们至少有3点相似之处：都有亲社会倾向、都以家庭为中心、都强调生命的价值在于造福大众。有趣的是，"十二步戒瘾法"的原则与其非常相似。一项面向全球不同国家国民的研究发现，宗教信仰和主观幸福感之间存在联系，这说明社会支持和（个人身处的）社会环境互相影响。也就是说，在贫穷的国度，笃信宗教将给人带来社会支持，而后者又会提高信徒的主观幸福感。社会互动情况似乎是这两个与幸福相关的指标（主观幸福感与宗教）产生满足感的关键因素。

当然，正如这本书所指出的，宗教也服务于一个非常重要的现实目的（克制尘世的快乐），其做法是确保奖赏和满足感相互排斥。例如：奥南自慰，泄精于地，上帝就杀死了他（《创世纪》）；以色列人崇拜金牛犊（《出埃及记》）；基督徒用"天堂"这个应许之地来抑制教徒对快乐的追逐；伊斯兰教法严禁酒、烟草、色情和赌博；摩门教徒则更进了一步，把咖啡也加进了这个名单。此外，通过引入"来世"概念，很多宗教都强调"长期修行"，而不是"临时抱佛脚"。

那么，我们的3条边缘系统通路理论是否有助于解释宗教对于信徒的幸福感产生的影响呢？神经学家萨姆·哈里斯被视作"现代无神论四骑士"之一。他做了一个实验，实验对象是15名虔诚的基督徒和15位无神论者。被试会被问到与他们的信仰有关的问题，比如"圣灵感孕说"和"耶稣复活"等，他们需要对此做出判断——这是"真的"还是"假的"。与此同时，仪器会扫描他们的大脑。结果发现，不管信教与否，每当被试自己认为某个陈述属实时，他的前额皮层就会亮起来，这表明大脑认同这种说法。大脑的其他区域也会亮，不过并不存在这种"只有认同才发亮"的特征。这一发现表明，信仰是一个认知过程，或者说，信仰是一个思考过程，而不是一种本能或者潜意识，而且这种大脑活动与宗教信仰无关。

血清素和多巴胺呢？如果血清素让你产生满足感，那么它也会让你信

193

奉宗教吗？有一组研究者对 15 名健康的被试进行了 PET 扫描，他们使用了放射性同位素标记（一种放射性化合物。它可以像血清素那样与 –1a 受体结合，这样一来就可以量化受体数量），并在中缝背核（血清素神经元的大本营）、海马体（主管记忆的区域）和大脑皮层（处理想法的地方）发现"自我超越"与"精神接受"存在联系。的确，血清素 –1a 受体的某些基因类型与这些宗教狂热特质有关联。所以，确有证据显示，血清素会影响宗教信仰。这些实验都是小样本研究，但是，它们的研究方向是一致的，因此这个课题值得研究。

与之相反，多巴胺失调是精神分裂症的特征——在病人未经治疗时是这样的。抑制多巴胺受体的药物（如利培酮）是一种颇有疗效的抗精神病药物。精神分裂症患者往往是宗教狂热分子，因为其幻听症状会令他们产生一种亲自领受上帝或天使训示的错觉。在一项小型研究中，比起其他精神病患者，精神分裂症患者更普遍地表现出宗教狂热。人们发现，帕金森综合征患者在接受左旋多巴（多巴胺的前体物质）治疗后，他们对宗教的热情要比以前高。有人提出这样的设想：多巴胺是促使一个人从普通信徒变成宗教狂热分子的诱因。当然，血清素、多巴胺和宗教之间的关系仅限于彼此存在相关性，而不是因果关系。这些都是猜测，有待证实。但是，有一点很明显，生物化学在宗教体验中的作用仍将是一个重要的研究课题。

在对宗教的科学探究中，我们可以得到一个饶有趣味的小启发——与满足感紧密相连的不是咒语，不是佛前焚香，不是佛前跪拜，而是你的社会参与度，或者说，是你的社会情感纽带。成为团体的一分子，无论其黏结剂是宗教、同属一个部落、传承同一传统，还是拥有相同的世界观、爱好或目标，你都会有更强烈的满足感。

找到志趣相投的人

人类生来就需要寻找社会支持。也就是说，人需要以人际关系的形式建

第16章 人际连接（宗教、社会支持与交谈）

立情感纽带。最初，这个纽带是母婴联系，在之后的几十年时间里，你会不间断地去寻找与他人的情感连接。社会支持对个人和社会都有益处，这是有强有力的证据做支撑的。缺乏社会支持与罹患多种疾病和过早死亡都有关系。社交接触会激活前额皮质，而这可以抑制杏仁核，从而减少压力和皮质醇生成。奖赏通路的某些部分与多种形式的看护照料有联系（如母子联系），这可以增加内源性阿片肽的分泌，从而进一步抑制压力激素。早期的研究表明，增强人际联系甚至可以提高人（包括老年人）的认知能力，并且每天与人交谈10分钟就可以降低罹患痴呆症的风险。

身为群体的一分子会让人萌生满足感，因为这里有社会互动。社会支持与积极的情绪、奖赏更容易被激活、血清素水平高有着直接的联系。相反，社会支持程度低的话，一般伴随有如下状况：消极的情绪（如敌意）、社会激励产生的奖赏较少、血清素水平低。

心怀慈悲

与他人共情、做一些抚慰他人的事情，比如去探望一位生病的友人，能给人一种与他人连接的强烈感觉，而且，这也是提升幸福感和产生满足感的主要因素。共情甚至也会对孩子的大脑产生影响。有人曾对6到10岁的儿童的脑电波模式进行研究。当这些孩子体验到满足感时，他们的左前额皮层会被激活；而当他们对他人的境遇感同身受时，他们的右前额皮层会表现得更为活跃。同情心与满足感为什么会结伴同行，这仍然是一个备受争议的话题。有理论认为，每个人都拥有一个"镜像神经元"网络，这种脑细胞在大脑里分布广泛，其工作原理有点像神经系统自带的Wi-Fi。我们来做一个实验：你给某人打电话（传统的电话，不是通过FaceTime视频电话），在交谈过程中，你对电话那头的人说，此刻你正在向他挥手问好。然后，你问他刚才做了什么动作。他很有可能也在挥手回应你。镜像神经元接收视觉、听觉和触觉信息，跟踪情绪流，并将感觉到的状态转化为情绪，然后将其传递到大脑中，从而模仿生成相同的情绪。据推测，看望病人会让他们精神振作起来。这将会让来访者的镜像神经元捕捉到病人的快乐，并在大脑中激活类似的积极情绪。同样地，给人施粥，你自己也会心生喜悦。你给别人带去喜乐，你自己会更加喜乐。

此后的研究试图通过确认一种叫作"人际同步"的现象来验证这一理论。在这种"人际同步"现象中，一方的行为会改变另一方的体验和情感，这是一种移情联系。在这个过程中，大脑的数个区域会被激活，但是没有一个区域能比我们的老朋友蟋蟀杰明尼，也就是我们的前额皮质，更加活跃，它可能会告诉大脑的其他部分要放松，不要害怕，让美好的感觉流淌。人们通过检验患有不同程度孤独症和非孤独症患者的反应来测试人际同步这个概念。当（动作、情感等的）发起人将信息输入电脑并让动作接收者模仿时，正常人会不出所料地做出同样的行为、表现出同理心，而功能性磁共振成像会检测到他们的前额皮质区域被激活了。此外，动作同步的程度与共情的程度有着密切的联系。然而，如果被试是孤独症患者，他们就无法同步做出这种举动或产生共情，而且他们的前额皮质区域也不会亮起来。这些都表明，孤独症可能是前额皮质功能出了问题。因此，前额皮质似乎协调了情绪对人际关系的反应。研究人员对关系双方的情绪反应、心血管反应、大脑状态进行了研究，研究对象包括母亲及其婴儿、吵架的夫妻、处于冲突状态的人。

看来，由于人际同步的缘故，一个人的生理状态可以改变另一个人的生理状态。举个例子，弗雷明汉心脏研究项目始于1948年，它一直在研究美国人慢性病的自然病程及其预测因子。近年来，一个最令人震惊的发现是，肥胖可以在社会群体中"传播"。通常情况下，当我们想到疾病从一个人传给另一个人时，我们想到的是某种传染性疾病。但是，在这群病人中，你是否变肥胖与你的玩伴有关：你的朋友决定了你的体重。其原因可能在于你和他们吃的是同一类食物，不管是健康食品还是垃圾食品。研究人员还发现：幸福也会以类似的方式在社交网络中传播。如果你有一个幸福的伴侣，或是有那么一个幸福的人儿生活在距离你一英里的地方，不论是你的朋友、兄弟姐妹还是邻居，那么你变得更加幸福的概率就会提高25%。不过，一旦你搬到离他们较远的地方居住，这种影响就会随之减弱。这个发现意味着什么？这意味着：在社交网络中，只有实质性的"社交往来"才能够传递幸福。然而，我们要注意一个重要的事实：这项研究的数据都是在2003年之前收集的，而脸书公司2004年才成立。

害怕被人拒绝

那么，当你身边的人拒绝你时，会发生什么事情呢？当你的男朋友、你所在辩论队的队友、你的教练或者你的整个社交网络都抛弃你时，会发生什么事情呢？情绪排斥的背后是否有生物化学机制在起作用？志愿者在以下两种情况下接受了大脑的功能磁共振成像检查，实验顺序是随机的。一次实验是用灼热的热敷带绑住志愿者的上臂，另一次实验是给志愿者看一张其前任的照片。正如预期的那样，热敷带激活了身体另一侧的顶叶，那里是感受疼痛的地方（脑干部位的疼痛神经纤维对身体另一侧的刺激做出了反应）。但是，除此之外，大脑几乎所有部分在这两种情况下被激活的地方都完全是一样的。大脑边缘系统（大脑负责情感的部分）的各个部分都被激活了，或是由于身体上的疼痛，或是由于社交排斥。有一种理论认为，大脑的疼痛中枢可能会对社会排斥过度敏感，因为在人类社会中，"流放"一直到19世纪都相当于"判处死刑"。这些研究为一颗"疼痛、破碎的心"赋予了新的含义。

社交网络乎？

显然，发展和维护人际关系是一件好事，而切断人际联系就大事不妙了。下这个断言没有什么可奇怪的。但在21世纪，人际关系是由什么构成的呢？每一组人际关系都至少要有两个人亲身参与其中。那么，如果你们是在网上建立联系的呢？如果你们没有面对面地实时进行交流，那还算是一种人际交往吗？这种联系还算得上是一种社会联系吗？你还能从中受益吗？社交媒体现在主导了人类交流领域。它们有足够的能量掀起一场革命——"阿拉伯之春"就是活生生的例子。但是，与现实中的交往相比，它们能否激发人相同的归属感、给人带来同样坚实的社会支持、使人产生同等水平的满足感呢？社交网络真的具备"社会属性"吗？曾经有多少次，你发现自己更喜欢发信息而不是面对面跟人说话？你的时间与情感投入是否有同样的回报？

这就是你被科技行业裹挟的表现。这些社交媒体公司口口声声说他们为人类提供了前所未有的沟通渠道，而且是以互联网的速度为依托的。脸书现在的用户高达17亿人，占世界人口的25%，其中，有11亿人每天至少登录一次。他们利用脸书社交、娱乐、刷自我存在感和收集信息。马克·扎克伯格是这样说的："我们的使命是让这个世界更加开放，更紧密地连接在一起。我们要达到这个目标，采取的方法是赋予人们这些权力——分享他们想要分享的任何东西，并与他们想要建立联系的任何人互动，无论他们身处地球上的哪个角落。"是的，我们的任务就是帮助人与人建立连接。但是，线下真人之间的联系呢？你能和网络上一个匿名人士建立人际关系吗？表情符号能传达你的真实情感吗？如果这种联系算不上真实的人际关系，那么你能生成镜像神经元、形成人际同步、激活前额皮质、产生共情和满足感或分泌血清素吗？我们是否就都处于"群体性孤独"状态？"群体性孤独"这个词是麻省理工学院的媒体研究员雪莉·特克提出来的。或者，我们中只有一部分人是茕茕孑立的？你有多少脸书好友？你可能很了解你中学时代熟人家孩子的名字、年龄和喜欢的运动项目，但是，你真的能和他们聊一聊吗？你会和他们一起喝咖啡吗？你会当面对他们说些什么呢？网络上的人际连接能迁移到现实生活中来吗？

现在，我们终于掌握了一些数据，可以回答一些问题了。科学家们对青春期男孩进行了纵向跟踪研究，了解哪些基线行为会导致他们到中年时（平均43岁）沉溺于网络。好吧，让我们想象一下，这些40多岁的男人沉迷于网络是怎样一番景象。他们在网上会做些什么呢？他们可能会：（1）看色

第16章　人际连接（宗教、社会支持与交谈）

情片；（2）赌博；（3）玩在线视频游戏；（4）发一些刻薄的内容到4chan或Reddit网站上。上网看猫咪的视频？这看似不会是他们乐此不疲的事情。研究人员可以绘制出一条问题发展的路径，从父母和孩子之间的冲突到各种问题行为，后者包括酗酒、吸毒、烦躁不安的症状，甚至包括抑郁症状。确实，对于那些尚未确诊抑郁症的人来说，上互联网可能就是一种合法的选择——上网能提供额外的多巴胺刺激。而早年的人格特征可以预测一个人成年后是否依赖网络。这一事实表明：网瘾问题可能是其他问题行为或精神障碍导致的结果，甚至可能是"成瘾转移"的又一个例证。也就是说，网络本身不是造成这些行为的罪魁元凶。（见第5章）

问题是，社交媒体能满足你人际交往的需要吗？对大型社交网络的研究表明，阅读他人宣泄情绪的帖子会影响你的情绪（这也说明了镜像神经元的存在）。脸书公司操控了新闻推送这一功能，如果公司有意发布包含更为积极的情绪的内容，评论区里用户的回应也会更为正面积极。反之亦然。同样地，如果某一区域"屋漏偏逢连夜雨"，该区域之外的帖子的基调就会变得更加负面，相应的评论也会变得更加负面。当然，这类研究并没有解释这种可能性——在脸书上发帖子的人会自主选择他们要发布的内容，而且他们的情感需求可能异于他人；他们不会告诉我们那些情绪是什么、有多强烈，或者他们的情绪受影响有多久了。

脸书看上去确实像是情绪的宣泄渠道，尤其是那些被压抑的情绪。例如，根据一组貌似"正常"的被试的问卷，我们看到他们的抑郁症状的严重程度与他们在脸书上发的负面帖子数量有直接的联系，这可能是他们在疾呼求救。（当然，我们想知道：这里所说的"正常"，到底用的是谁的标准。）但是，这有帮助吗？可以说有帮助，也可以说没有帮助。一项研究评估了21名患有重度抑郁症的患者（大部分是女性），并将她们与20名"正常"被试做了对比。患有重度抑郁症的人更有可能在脸书上发布贬低自己和他人的信息，并借此获得社交媒体的支持。然而，重度抑郁症患者认为自己得到的社会支持比他们实际得到的要少。也就是说，重度抑郁症、态度积极的帖子和社会支持之间没有相关性。那么，他们到底有没有得到情感上的支持呢？客观地说，他们得到了，但是，他们主观上认为没有。哪一种表述更可信呢？如果没有面对面的交流，区区一两句话的评论或者几个愁眉苦脸的表情符号是无济于事的。这些重度抑郁症患者对脸书的要求是不是太高了？这难道都是脸书的错吗？

嗯，也许是吧。很多人在脸书上发布家人、朋友以及度假时拍的温馨的微笑照。但是，脸书活跃用户的主观幸福感是否会因此受到影响？在极端情况下，它甚至会让你染上网瘾或者让你情绪低落，或两者兼而有之？一项为期两周的滞后分析表明，脸书用得越多，人的主观幸福感就越低。这项研究还揭示：同样是两周时间，真实环境下的人际互动能够提高他们的主观幸福感，然而脸书对幸福感的负面影响仍然存在。换句话说，某人在脸书上"社交"意味着在其他任何地方他都不怎么跟人打交道。那么，脸书到底有什么地方会导致人感觉不幸福呢？一项研究对人们使用脸书的情况进行了为期一周的监测，结果显示：只有在被动使用脸书的时候（阅读他人的帖子，而非发布自己的帖子），人的主观幸福感才有可能下降。然而，情况反过来的话，即使发帖子，也没有让情绪低落的人感觉变得好一些。很多精神病学领域的研究者认为：实际上，脸书让我们对现状更加不满意。想想看吧，在日本，有一个名为"居家浪漫"的照片服务项目——在你跟前任分手之后，你在网上下个单。接着，一些人就会被派到你家，假冒你的（男/女）朋友跟你拍各种合影。然后，你把照片发到网上去刺激你的前任。那么，在这一轮操作过后，谁的感觉会更好一些呢？研究人员在深入研究之后发现，看着他人光鲜亮丽、风生水起，你会心生嫉妒，而这会让那些看的人整个人都不好了。我们经常会看到同龄人中的佼佼者风光无限，所以我们会不断地把自己和一个不现实、不真实的理想人物进行比较。除了对情绪产生负面影响外，社交媒体真正戕害我们的是：它关闭了我们的前额皮质（我们的蟋蟀杰明尼），这样我们就不能抑制自己亢奋的情绪了（见第 4 章）。想一想，当人们在网上发表他们自己的观点时，网络上负面的评价是怎样风起云涌的，尤其是在 2016 年大选期间。这种效应就像在停车场乱撞别人的车子一样。（复仇女神托万达上身！）

第16章 人际连接（宗教、社会支持与交谈）

使用脸书会上瘾吗？有理论认为，有些人更喜欢在网上交流，而且上网没有节制。他们倾向于通过网络社交来逃避孤独或焦虑，并且上网这一过程产生的奖赏会强化他们的上网行为。对脸书使用情况的一项荟萃分析发现，过度使用社交媒体是满足社交需求的潜在过程，而这可能会发展成对脸书上瘾。从社交媒体中抽身，这个戒断过程如同从酒精、尼古丁或糖中抽身一样痛苦，这有什么好奇怪的呢？对了，现在是否有帮助社交网络成瘾者的康复服务呢？（参见第14章）

重要的不是你在看什么，而是你看到了什么

像麻省理工学院的雪莉·特克这样的技术观察家认为，我们已经将自己置于数字大餐之中：我们被自己的技术弄得神魂颠倒，而且，就像沉迷于加工食品一样，我们同样也会对数字大餐上瘾。她认为，数字大餐造成了共情能力和同情心的缺失：大学生因为拥有智能手机而丧失了 40% 的共情能力。为了找回满足感，我们需要恢复自己独处的能力，而我们的科技和智能设备现在已经损害了这种能力。独处不仅仅是指独自一人的状态，它是一种自我意识，不需要网络互动来确认的那种。童年期最重要的成长就是学会独处，以此促进个人成长和精神层面的成长。"如果我们不教会我们的孩子如何独处，那么拜我们所赐，他们注定将一直孤独下去。"难怪喜剧演员路易斯·C.K 不允许他的孩子们拥有自己的手机：因为关键性的社交互动，以及伴随而来的社交共情能力，这些都需要真实情境下的社交活动。"你需要培养一种能力，只做你自己，而不是去做某件具体的事情。这就是手机正在从我们身上偷走的东西……有定力枯坐一处，就是做一个有健全人格的人的能力。"现在我在诊所看到的那些孩子是这样的：他们更喜欢发信息而不是跟人说话，他们只能通过快拍进行交流，他们不会与他人有眼神的交流。这些孩子的苹果平板电脑让他们确信一点：他们从来没有而且永远不会有哪怕一秒的无聊时刻。然而，这就是不幸福如暗潮涌动的时刻。

第 17 章
乐于奉献（自我价值感、利他主义、志愿精神与乐善好施）

"金钱买不到幸福"这句格言，你听过多少回？你相信吗？你认为金钱能买到幸福吗？钱当然能买到好东西，好东西当然能给人带来快乐。但是，钱真的会给你带来不幸吗？或者说，不幸福的人只是希望他们拥有更多的钱？或者两种情况同时存在？如果不断地奖赏使人变本加厉地去追逐奖赏而扼杀了满足感，那么也许你赚的钱越多你就越不幸福？难道金钱会以剥夺满足感的形式让我们体验不幸吗？如果是真的，这种情况能被逆转吗？很多哲学家都评论过物质社会对人们满足感的负面影响——涉及家庭生活、人际关系、精神和社群等领域。普林斯顿大学社会学家罗伯特·伍思诺指出，美国89%的人认为"我们的社会过于物质化"。但是，在做进一步的访谈时，这89%的人似乎都在谈论另外11%的人。对于自己的生活，他们希望自己有更多的钱、一个更漂亮的家和一辆速度更快的车。也许这就是那些自认为是中产阶级的人闹出那么多政治动乱的原因所在——他们认为当前的经济体系已经把他们甩在了后面。但是，这并没有阻止他们消费——他们相

第17章　乐于奉献（自我价值感、利他主义、志愿精神与乐善好施）

信，没有最新的电子产品在手，他们就无法生存。问题是，为了最新款苹果手机带来的刺激，人们当真愿意承受背负信用卡债务的痛苦吗？麦当娜可能是我们视线里的第一个"物质女孩"，但是我们和她生活在同一个物欲横流的社会里。我要提出不同看法：你的血清素水平上升，并不在于你拥有多少财富，而在于你利用手中的金钱和时间做了什么事情。可可·香奈儿说得对："这世界上，有人有钱，有人富足。"你要帮助别人，有些身家总是要便当一些。

一夜暴富的人过得可能并没有你想象的那样滋润

让我们来看看那些有机会"以身亲试法则"的人士。谁会一夜之间从穷人变成富人呢？那些中了彩票的人。他们中了彩票之后，是否变得很幸福呢？彩票发行方当然希望你这样想，否则，买彩票又有什么意义呢？对彩票中奖者的第一次研究是在1978年，研究对象是22名中奖者（获奖金额从5万到100万美元不等），对照组是20名财务状况没有任何改变的人。在此之外，还有一组对照组——29名因意外事故瘫痪的人（好比没有抽中人生彩票）。那些中奖者在彩票开奖后幸福感会一下子飙升，而那些受伤者在事故发生很短的时间内幸福感会直线下降。但是，在接下来的几个月里，每一组被试的主观幸福感都回到了基线水平。事实上，也有研究指出，有人在意外发一笔横财之后财务状况会全面崩溃，甚至陷入抑郁。

然而，这样的研究存在3个问题。第一，每个研究都会考察这些人中奖后生活的不同方面，那么，他们对幸福的定义是什么？如果研究者自己也不明白其中（幸福和快乐）的区别，这又如何是好？正如卡尼曼和迪顿（见第12章）提出的问题一样，他们是在测量快乐（即"生活满意度"）还是在测量幸福感？第二，该如何测量中奖者中奖之前的基线状态？任何需要回顾过去的研究都必须持审慎保留态度。第三，也是最重要的，中奖者到底是些什么人？他们是一些手气极壮、一出手就中奖的幸运儿，还是长期买彩票的彩民？彩民沉迷于此就是为了获取金额不一的回报（见第14章），甚至在他们的心痒难忍被抚慰之后（指中了大奖），他们还要迫不及待地投入下一轮赌博。

另一种研究方法是观察谁在中了彩票之后会辞职。事实证明，大多数中奖者还是会按部就班地去上班，因为他们的职业能赋予他们自我价值感，他们能从中获得满足感。他们认为自己的工作付出是有意义的。

请瞪大眼睛仔细看

也许钱多可以买到更好的食物，意味着优质的蛋白质、富含色氨酸和 $\omega-3$ 脂肪酸，还有大量的纤维，甚至还可以雇一名大厨为你做饭。这会让人更幸福？老实说，它可能让人感觉更幸福，但是实际上它却没有做到这一点。美国农业部经济研究处对饮食模式的分析显示，从1960年到2013年，随着收入的增加，人均食品支出从17%降至9.6%。更深入一步的研究表明，在家庭之外的饮食消费，从1970年的26%增加到2014年的50.1%……所以说，我们吃饭确实有大厨伺候着！但是，在外面吃饭并不一定意味着吃得好，即便你自己认为吃好了。（汽水能免费续杯吗？）等下一次你去吃中国鸡肉沙拉的时候，仔细看一眼酱汁的配料你就明白了。此外，收入最低的那20%人口每年花在食物上的钱是4000美元（占收入的36%），而收入最高的那20%人口每年花在食物上的钱是11000美元（占收入的8%）。总的来说，美国在食品方面的支出占国内生产总值的6.7%。相比之下，法国和日本的食品支出都占国内生产总值的14%。但是，你仔细看一下我们买的食物——不是蛋、肉或鱼，而是玉米、小麦、大豆和糖——它们都有国家的补贴。换句话说，比起世界上其他地方的人，美国人能花更少的钱购买大量能带来更多快乐的食物。但是，总的来说，除了东海岸和西海岸的部分居民，我们购买的食物都算不上是优质食物。

第17章　乐于奉献（自我价值感、利他主义、志愿精神与乐善好施）

消费者称：这体验不佳

诺克斯学院的心理学家蒂姆·卡塞尔终其职业生涯一直在追索一个问题的答案——物质主义心态是否会导致人生悲剧。卡塞尔开发了一种名为"欲望指数"的心理测量工具，他界定了年轻人幸福感的四个维度：自我实现（对自己的现状感到满意）、活力（能量、警觉、感觉充满活力）、抑郁和焦虑。他利用这个工具，对青少年、美国大学生和来自其他国家失落的一代进行了测试。结果显示，同样的模式一再出现，而这跟被试的年龄以及来自何处均没有关系。那些看重财富积累的人似乎从生活中获得的满足感更少。这种"物质财富"与不怎么心满意足之间的负相关关系，甚至通过严格的荟萃分析也能得到证实（证明结果就是：你拥有的越多，你想要的就越多），而"有抱负的人生目标"与个人满足感呈正相关，甚至在限制经济状况的条件下，结果也是如此。换句话说，为个人幸福而奋斗就是你一切努力的回报。然而，只有当你的工作或所作所为超越了个人利益时，也就是你的一切努力都关乎大众福祉时，你才能体会到满足感。

人们能挣脱物质主义的思维桎梏吗？这样做会有什么重要意义吗？卡塞尔对美国和冰岛的年轻人进行了长期研究，研究时长为6个月到12年。你猜结果如何？如果他们更崇尚物质主义，那么他们的主观幸福感就会降低；反之亦然。不管时代如何变迁，这种联系都是站得住脚的。这个结论很重要，但是仍然不能证明两者存在因果关系。物质主义会消磨掉满足感吗？或者，更确切地说，难道是人们不满足于现状在先，然后物质主义——比如高级女装——的诱惑蠢蠢欲动？

要确定因果关系的存在，就要设计一种干预因子——提高或降低物质主义倾向来观察幸福感在这个过程中是否发生了变化。研究人员做了一个简单的实验：他们将一些大学生分成两组，第一组被设定为"消费者"身份，第二组被设定为"普通个体"身份。令人惊讶的是，"消费者"对实验里出现的各种各样的消费提示都会有物质主义、自私、缺乏合作、没有社交等反应，而"普通个体"则没有。显然，仅仅把自己当作"消费者"就会滋生消极的情绪。

这些例子告诉我们，财富可以夸大你当下的自我感觉，但是，它并不能解决问题。抑郁症本身跟收入状况无关，尽管寻医问药和支付医疗费用很可能要依赖经济能力。如果你有钱，身边又簇拥着并不信任的人，而你并没有感觉到幸福，那么金钱只会让问题变得更糟糕。如果你感到生活充实，有足够的钱来购买生活必需品，与他人建立有牢固的人际关系，你生活得悠然自得，这时候，金钱实际上对你没有多大用处，它不会提升你的满足感，因为血清素效应不是由财富或收入驱动的。对个人来说如此，对国家来说也不例外。本·富兰克林说过："金钱从来不会使人幸福，将来也不会。金钱在本质上不能给人带来幸福。一个人拥有的越多，他想要的也越多。"

省一分，长一智

现在是你开始做思维实验的时候了。不要把自己当作消费者，否则在花样百出的下一个流行趋势和最新营销计划面前，你会无力招架。与拉斯维加斯奉行的那套价值观恰恰相反，你的钱根本不能代表你的全部。假设一下，你拥有独特的道德和价值观，为家庭、工作和世界做出了独特的贡献。你要把自己想象成一个拥有超能力的人，而这种超能力与你的钱包或银行账户无关。你感觉如何？是否浑身充满了力量？在决定购进一个商品（它貌似能让你感觉到幸福，你必须要买下它）之前，先动用一下你的前额皮质。分别想象一下你在未来 3 个月、6 个月和 1 年的时间里享用这件商品的情景。首先，你要自问：我真的需要它吗？它会让我感到幸福吗？它会给我的生活锦上添花吗？当你以这种方式思考这件商品的价值时，你还觉得自己需要它吗？我表姐有整整一架子抗皱霜。每次当她入手一瓶新的抗皱霜时，她都坚信这瓶抗皱霜会让她看起来更年轻，因此她也会感到更幸福。好吧，如果那些面霜能改善她的个人形象，帮助她变得不再那么羞怯，进而更愿意与人交往，那

第17章　乐于奉献（自我价值感、利他主义、志愿精神与乐善好施）

么这也算是物有所值了。然而，在她每每购进一瓶新的抗皱霜时，架子上原有的那些抗皱霜，其中大多数的瓶盖甚至都还没有打开过。

卡塞尔还演示了如何将消费主义与资本主义分离开来。他开发了一套依托计算机的金融教育方案，旨在引导孩子养成存钱的习惯而不大手大脚地花钱。他随机挑选了一群青少年，让他们参与一个三阶段的干预项目，培训目的旨在减少花销、多与人分享以及存下更多的钱。他们还找来另一组孩子作为对照组。他们每半年对这两组被试随访一次，整个试验为期一年。结果显示，那些接受干预的被试表现出较低的物质欲望以及较高的自尊（尽管，在这期间他们的焦虑情况没有得到改善）。这些形形色色的研究虽然不能作为确凿的证据，但是它们仍能说明一点：钱只有在帮助人达成心愿的时候才是有价值的。

我来告诉你：职场中什么最重要

说到这里，"贡献"是一个关键概念。造福公众或者对整个社会都有贡献会带来满足感吗？你能从有意义的工作中获得满足感吗？多年来，社会学家一直致力于解答这个问题，而现在，情况已经变得很明朗了。有些工作能让你自我感觉良好，而有些工作却摧毁了你的自尊。如果你的工作是这样的/或你的老板是这样的——（1）让你违背自己信奉的价值观（例如，突破底线、牺牲工作质量），（2）将你的付出视作理所当然，（3）需要你花时间应付毫无意义或多余的工作，（4）待人不公平，（5）你的意见判断更正确，却被弃若敝屣，（6）孤立或排挤他人，（7）将人置于危险的境地（无论是针对身体的，还是情感方面的），那么，你的这份工作会让你感到非常不幸福。回到家时，你还是压力山大、疲惫不堪，只会直奔巧克力蛋糕或酒柜而去。不过，如果你是一个幸运儿并且你的工作具备以下特征——（1）凌驾于个人利益之上的（即你所做的工作对别人来说比对你自己意义更重大），（2）让你痛并快乐着（工作中会遇到困难，具有挑战性），（3）有"插曲"

（各式各样的高峰体验），（4）能反映在别处（工作完成后惠及整个社会），（5）个人成就感强烈（你对自己完成这项工作倍感骄傲），那么这样的工作可以同时让你感到满意和满足。我们要注意一点，这里所谈到的能影响你心理健康的这两组工作特征都与薪水高低无关。难怪劳动大军中不幸福的人那么多。当然，部分原因是工作压力所致——在过去的30年间，因工作导致从业人员心生悲催感的比例从1987年的40%上升到了2013年的52%。正如一句老话所说："找到一份你热爱的工作，此后你人生中的每一天都不是在工作。"这种状况会一直延续下去，除非你的职位、任务、工作地点有所变动，或是你换了一个老板。

我有一个朋友在一所戒备森严、最高安全级别的监狱里当过几年警卫。她的薪水很高，但是她要忍受巨大的压力，且睡眠严重不足，最终她对药物产生了依赖。现在她换了一份工作——在一家超市的花卉部工作。她的收入锐减，但是她在工作中获得了巨大的满足感——每天跟花花草草打交道，变着花样插花，还有，她能让顾客都开开心心的。她的睡眠大大改善了，她还摆脱了对药物的依赖。跟以前相比，她整个人都洋溢着幸福。可是，不是所有人都能够辞掉自己讨厌的工作，也不是每个人都能从修剪花草和包扎花束中寻找到内心的满足感，何况挣到手的工钱也就比最低工资高那么一点。但是，如果你心甘情愿地去做这样的工作，或是发起/参与一些能给别人带来快乐的事情，那就另当别论了。

基于道德考虑……

很明显，个人取得的成就，比如在学校表现良好，或者收到校队的录取信，都是令你颇为自得的事情，而且这些成就会在卡尼曼和迪顿的生活满意度指数测试中拉高你的得分。但是，它们会给你带来满足感吗？这取决于你内在的动机是什么。利他主义表现为：造福大众，自己却没有得到任何个人利益或回报。利他主义不会激活多巴胺，而是会驱动血清素。很多看似无私

第17章　乐于奉献（自我价值感、利他主义、志愿精神与乐善好施）

的行为并不一定完全是利他的，因为这样的行为可能会有回报，比如成为老师的宠儿、获得童子军徽章、获得公共服务奖以及争取到更快的晋升等。相反，问题在于：你的成就会推动一个超越你个人的利益、泽被他人的目标的实现吗？回答这个问题要看你受控于哪一个过程，是受控于通常被称为"道德决策"的过程，抑或另一个过程。前者是指掌控互相依赖、平等、正义、慈善和共情等想法的过程，而后者是指掌控独立、攻击、惩罚和麻木不仁等想法的过程。道德决策是由生理构造和生物化学决定的吗？这里存在两类主要的道德决策，我们的老朋友，前额皮质（我们的蟋蟀杰明尼）、血清素和多巴胺将再次成为瞩目的焦点。

利他主义与怨恨

第一种道德决策被称为"称他主义惩罚"。首先问你，如果你跟自己的脸过不去，你会不会割掉自己的鼻子？你是否曾经惩罚过别人，即使把自己拖下水也在所不惜？希望伤害他人，也包括自己，是缺乏满足感的终极表现。这种行为被称为"利他主义惩罚"，亦称"怨恨"，其根源在于：人们认为存在极端的不公正，并由此引发对抗性的冲动和情绪反应。造成人们心怀怨怼的原因有二：

第一个原因是前额皮质功能失调。心理学家通过"最后通牒博弈"[1]方式来检查大脑的这个区域，这在行为经济学中是一个很流行的实验。由一个人扮演"决策者"角色，另一个人的角色是"回应方"。心理学家给游戏双方100美元，条件是决策者和回应方要达成统一的报酬分配方案，否则双方都将一无所获。决策者提出他认为公平的分配方案，而回应方只有一次表达自己意见的机会：要么同意，要么什么都得不到。如果决策者只给回应方10%的份额，而回应方认为这个价码太低，他很可能拒绝这个提议，即便这意味

---

[1] 一种由两名参与者进行的非零和博弈。

着双方都将落得个两手空空。如果回应方的前额皮质遭受过损伤（如头部创伤），那么除了平分这笔钱，他看不到其他分配方案对自己有什么好处，因为他的同情心、羞耻感和内疚感都会降低，承受挫折的能力也有所下降。因此，在最后通牒博弈中，他总是一无所获也就不足为奇了。他看不到奖赏，因为他觉察不到自己心怀怨恨。同样地，前额皮质受损的人只知道考虑自己的利益，而不明白要直面现实、权衡利弊，进而做出最符合自己利益的决定。当你想一股脑儿毁了自己和别人的时候——因为你根本无法分辨其中的差别，甚至无法控制自己（去摧毁一切的冲动），你自己又能有多幸福？

第二个原因是大脑中的血清素水平降低。在最后通牒博弈中，正常的被试要扮演回应方两次，一次是在喝下消耗色氨酸的饮料之后（色氨酸会降低大脑中的血清素水平，参见第7章），另一次则喝下对照组的饮料。在他的色氨酸被消耗殆尽期间，回应方无法接受其他分配方案。他表现出更强烈的冲动和报复心——根据他血液中色氨酸水平的变化，这种情况是可以预见的。这表明，在生物化学层面，减少与满足感息息相关的化学分子会导致更多的冲动和怨恨行为。反过来的话，即使这个家伙脾气极坏，补充色氨酸也能极大地改善他的情绪。

人间兄弟情深

第二种道德决策被称为"规避伤害"——无论是针对自己还是针对他人。大多数人宁愿自己承受痛苦，也不愿将痛苦加在别人身上，这就是所谓的"极度利他主义"行为。在一系列实验中，研究人员要观察服用某些药剂，甚至只需一剂的药量，是否就能改变这种行为。实验所用的药剂是西酞普兰（SSRIs的一种，其作用是增加血清素）或多巴胺前体物质左旋多巴（其作用是增加多巴胺）。被试自己倒没有感到有什么异常，但是他们的行为却发生了变化。研究人员在实验中引入了一个精巧的装置——它可以对被试或者不知情的受害者施加一系列的电击。实验的被试是决策者，有权决定是

第17章 乐于奉献（自我价值感、利他主义、志愿精神与乐善好施）

否按下电击按钮。但是，在半数情况下（情况随机），他们最终选择电击自己；而在另一半的情况下，他们选择了电击不知情的受害者。只有决策者才能得到报酬，钱的数目视他们是否按下按钮而定。按下电击按钮的次数多，就意味着拿到的钱更多；而按得少就意味着拿到的钱更少。研究人员发现，在服用了西酞普兰的情况下，决策者会越发避免伤害他人，同时，他们的极度利他主义倾向加强——避免伤害他人对他们来说比挣钱更重要。相反，给他们服下左旋多巴，他们的极度利他主义的行为就减少了，这意味着金钱的欲望完全压倒了电击他人带来的悔恨之情（也就是说，左旋多巴生生把一个好人变成了一个讨厌鬼）。最近，研究人员专门针对前额皮质（我们的蟋蟀杰明尼）中的多巴胺做了一个实验。他们用一种药物让儿茶酚氧位甲基转移酶（负责清除多巴胺的"吃豆人"，见第3章）丧失了效力，之后，他们让被试玩"独裁者"游戏——类似于"最后通牒"游戏。但是，在这个游戏里，回应方并没有任何发言权。研究者通过药物提高了被试前额皮质里的多巴胺含量，被试对公平的渴望因而得到了提升。即使不能获得奖赏，他们仍然想要创造一个公平竞争的环境。由此看来，这两种药物起到的效果是一样的。我们的道德决策能力是由生物化学反应决定的，并很容易受其影响——这取决于多巴胺和血清素作用于大脑哪一个部位以及如何发挥作用，然后狠狠击打你的蟋蟀杰明尼，通过压力、睡眠剥夺或精神药物抑制前额皮质的功能，即便是暂时性的。月圆之际，我们身体里藏着的狼人都将被唤醒。这里有一条底线：满足感和利他主义是同一条阵线的，因为它们都依赖血清素；而奖赏和怨恨是一路的，因为它们都依赖多巴胺。改变神经化学反应，意味着改变情绪，意味着改变人的行为。

资产管理中见道德决策

道德决策在现实生活中又是如何发挥作用的？你当然不能到处让人吞下你给的药品，然后去电击他。但是，要确定人们是否会为了公众利益展开合作，这个并不困难。有一项开创性的研究，它研究了近1200名中国汉族农民的心理。实验里只有一个变量：他们是生活在长江以北还是长江以南。长江以北的农民种植小麦，他们都有一块自己的土地，他们各自辛劳耕作，互不干扰。他们这个群体中的个体表现出很强的独立性（"我自己过自己的，宁愿死也不会学你们那种活法。"）。长江以南的农民在水稻田里种植水稻，稻田里的水位高低至关重要。由于水会沿着地势往下流，所以他们控制不了稻田里的水位高低。某人的稻田干涸了或是涝了，这就意味着别人稻田里的情况也是一样的。因此，稻农必须团结起来，为共同的利益而并肩劳作。因此，他们的相互依赖性很强，这样，每个人稻田里的水位都升上来了（确实有"同舟共济"的意味）。有意思的是，这些稻农的表现反映了东亚地区的整体思维特点，而且他们对生活很是心满意足，如忠诚度更高和离婚率更低。而小麦种植者表现出更多的西方奖赏式思维的特点，如不屈不挠的个人主义和较高的离婚率。

做善事的回报

那么，我们能改变大脑的生物化学特点吗？当然可以，而且做到这一点不需要任何药品。天哪，那可是整本书的灵魂所在。尽管我们没有神经科学方面坚实的证据支持，但是去做志愿服务确实是提升满足感及有益健康的简单的方法。把你的空闲时间奉献给一项超越你个人利益之上的事业而不去考虑个人的得失，你就能体会到付出的意义，体验到满足感，品味到幸福。有几种机制可以解释志愿服务和情绪健康之间的联系。那些志愿者拥有更广泛的、与人面对面打交道的社交网络（见第16章），有更多的机会感到自己做出了贡献和身兼的使命。其相应的生理表现为血压降低、心跳放缓，这表明人的焦虑或压力减轻了。最近的一项荟萃分析显示，志愿服务能改善抑郁症，提高生活满意度和幸福感，而且能把死亡风险降低22%。最近，研究者对英国一项大型人口调查结果的分析证实：从事志愿服务的中老年人的心理

第 17 章　乐于奉献（自我价值感、利他主义、志愿精神与乐善好施）

健康状况有所改善。

志愿活动甚至可以改善青少年的身心状况。在一项针对加拿大高中生的随机研究中，那些自愿辅导小学生 4 个月的学生体重指数和炎症指标较低，罹患心血管疾病的风险也较低。针对干预组的分析表明，随着时间的推移，那些共情能力提升和利他行为增加幅度最大的人，还有负面情绪改善最大的人，其罹患心血管疾病的风险下降幅度也最大。所以，在让世界变得更美好的同时，你会看到一个更好的自己。

善心有善报

让世界变得更美好，如果你没有时间亲自去做这件事情，那就出钱请别人为你去做。显然，它们不是一回事。但是，这样做仍然有意义。温斯顿·丘吉尔自小就享尽金钱能带来的一切好处。他有一句名言："我们靠得到的东西来生存，但是我们要靠给予来生活。"1988 年的共和党全国代表大会上，乔治·布什在获得总统候选人提名后的演讲中谈到了"一千点光亮"，他恳请美国人民参与到慈善事业中来。好消息是，在 20 岁至 35 岁的年轻人中，75% 的人在去年曾向慈善机构捐款或捐物。这表明，尽管他们没有花时间去做志愿服务，但是他们认同"让世界变得更美好"这个理念。事实上，慈善是一种利用财富推动人类进步的方式，它超越了个人利益，旨在造福公众。因此，慈善是由同一个大脑区域和相同的神经递质来操控，这也就不足为奇了。

哈佛大学心理学家迈克·诺顿喜欢捐钱给那些愿意以后再去捐助别人的人。当研究对象得知要把"实验用慈善金"花在他们自己身上时，他们的幸福指数几乎没有发生变化。然而，当他们被告知要把这笔钱赠给另一个人（亲社会支出）时，他们的幸福感会随着捐赠金额同步上升。当然，这里有一个问题：如果他们需要从自己的口袋里掏钱去捐助别人而不是拿诺顿的钱借花献佛，他们是否还能体会到同样的幸福感？

早期的大脑扫描研究表明，无论是税收（强制性拿走你的钱）还是捐赠（自愿捐出），奖赏通路（伏隔核）和前额皮质都会发亮，这表明多巴胺可能在这两种情况下都起作用。这些通路的秘密现在正在被层层揭开。前额皮质被激活似乎是在做一个判断——可能发生的捐赠是会被当作利他行为或慈善行为，还是会冒犯被捐助者或令人生厌？血清素在其中能起到什么作用呢？在一个设计精妙的小实验中，32名欧洲学生被随机安排口服色氨酸或者安慰剂。研究者目测他们的情绪并打分，先是让他们做一些无关的任务转移注意力，然后付给他们每人10欧元的报酬。在实验地点的出口处有几个慈善机构在募捐。这些被试离开时，服下色氨酸的被试的捐款金额是服下安慰剂的被试的两倍。显然，这是一个小型研究，并不能证实其中存在因果关系。是不是拥有一副慈善心肠会让体内的血清素含量升高？施比受会让你感觉更幸福吗？这些我们都不能确定。但是，你何不付出一点，试一试呢？

第 18 章
积极应对（睡眠、正念与运动）

生活总会给你抛出难以接住的快速球、弧线球、内曲线球，而你时不时就会被球击中。尽管你已经尽了最大的努力，但是你支持的候选人还是落败了，你的孩子还是生病了，你还是没得到那份心仪的工作，那么，你如何在不发脾气或不甘服输的情况下应对这些情况呢？我知道你以前听过这些：合理饮食、锻炼、充足睡眠和长吸一口气。首先，做这些事情意味着什么？怎样做才算适度？其次，这不仅仅是为了去除你的大眼袋或者把自己塞进露露柠檬的打底裤里。这背后还有科学看不见的手在起作用。

压力是驱动奖赏（第 4 章）和抑制满足感（第 7 章和第 10 章）的主要因素之一。然而，在这里起决定作用的不是某种特定的压力源，而是个体对压力做出的反应，以及这个压力持续的时间，它们决定了个体是能很好地适应特定的压力还是会被它压垮。例如，大多数人会把考前备战或者站在奥运会赛场百米跑道上视作"积极压力"，其部分原因是这种压力来得很强烈，且在短期内就可全部释放掉，而你也将会有收获，你会看到自己在挑战结束后很开心。与之不同的是，大多数人会把工作中的高标准、严要求或者照顾得了痴呆症的父母视作"劣质压力"，部分原因在于这是一种长期存在的慢性压力,它对人几乎没有益处,而且你也基本没有指望能体验到幸福——隧道尽头根本看不到光亮。但是,长期的压力对每个人都会造成伤害;它会毁掉这些人。哈佛大学和斯坦福大学商学院最近的一份报告指出,美国每年有12万人死于工作压力过大,而造成的经济损失高达1900亿美元。爵士乐歌手博比·麦克费林在歌中恳请我们:"别担心了,开心点。"这真是说得太好了。但是,到底是什么让你忧心忡忡?你又将如何对抗这些忧虑呢?

给蟋蟀杰明尼抛个救生圈

抑制焦虑是前额皮质的功能,这是你自己体内的蟋蟀杰明尼。然而,它同时也抑制了奖赏体验。当它正常工作时,前额皮质的作用如下:减少杏仁核(恐惧中心)的输出(结果是:我不需要害怕这个)、增强海马体(记忆中心)的功能(我以前到过这个地方)、让你集中注意力、让你专注于手头的任务、减少下丘脑的活动来维持低皮质醇水平,从而保证你体内的代谢稳定。但是,如果常年的慢性压力损伤或者破坏了前额皮质区域——这种情况会发生在食物供应和生命安全得不到保障的人身上,前者不知道下顿饭有无着落,比如孟菲斯或苏丹的居民;后者害怕被卷入冲突中,比如芝加哥或伊斯坦布尔的居民——那么,认知就会失调,冲动就不会得到抑制。功能失调的前额皮质意味着对奖赏通路的制约更少,这样就有可能不停地去寻求难以捉摸的快乐,最终增加成瘾的风险。其后果还不仅仅止步于此:受损的蟋蟀杰明尼还意味着皮质醇水平升高、血清素-1a受体受到抑制,以及抑郁症的风险上升(见图10-1)。珍惜我们的前额皮质应该是首要任务。可惜的是,恶劣的环境已经连带损伤了我们的前额皮质。为了让我们的前额皮质得到所需的休息,有3种简单的方法:睡眠、正念和锻炼。但是,不幸的是,尽管它们对你的身心健康都至关重要,但是在现代社会里,要做到这些都不容易。下面让我们依次论述。

第18章　积极应对（睡眠、正念与运动）

睡出你的巅峰状态

正如我们在第 9 章和第 10 章中指出的，睡眠对改善血清素水平和情绪至关重要。较之睡眠不足的大脑，一夜好眠之后的大脑处理信息明显更有效率——杏仁核活动水平下降，前额皮质区域的连接更加紧密。长期良好的睡眠会改善你的大脑功能，包括改善你的记忆中心和蟋蟀杰明尼。相反，长期睡眠不足会导致多巴胺上升和血清素下降，而睡眠不足导致的心理压力和皮质醇上升会减少血清素 –1a 受体。压力会影响睡眠时间和质量，从而引发更多的压力。就这样，我们一步步陷入恶性循环。

睡眠不足会损害大脑的功能。在一项为期 5 天的研究中，一些成年被试被随机分到 4 个小组：（1）正常工作量 +8 小时睡眠；（2）正常工作量 +5 小时睡眠；（3）超负荷工作 +8 小时睡眠；（4）超负荷工作 +5 个小时睡眠。正如你预期的那样，不管睡眠时间长短，增加工作量都会导致疲劳和困倦，但是它不会改变定量工作绩效或清醒程度测试成绩。睡眠不足本身就会对一切认知测试产生负面影响。这也许并不奇怪，随着工作要求的增加和睡眠时间的减少，被试在所有测试中的表现都会明显变差，而且他们的大脑活动出现了实质性的变化，且伴随有大脑新陈代谢的变化，尤其是在前额皮质区域。睡眠不足还会损害免疫系统。如果你给一群健康的成年人注射感冒病毒，并将他们隔离 5 天，至于他们是否会感冒，有哪些影响因素呢？睡眠。睡眠不足的被试患感冒的概率是其他人的 5 倍。那么，增加睡眠时间能改变这种局面吗？

目前，35% 的美国人每晚睡眠时间不足 7 小时（最佳睡眠时间是 8 小时），23% 的成年人深受失眠困扰，其表现为无法入睡或无法保持睡眠状态。以 8 小时为基准，成年人每天晚上的睡眠时间缺口有 60 到 90 分钟，而这是周末睡懒觉无法补偿回来的。实际上，你的脑子内部有一个"闹钟"，它不喜欢被设定"闹表时间"，它更喜欢你每天在固定时间睡觉和起床。现在的工作大环境通常看重那些早早来上班、晚上还加班以及在晚上 11 点还能回复电子邮件的员工。然而，这实际上会影响员工的工作效率，全面降低他们的幸福感。事实上，睡眠不足导致美国人平均每年有 7.8 天工作效率低下；而给雇主造成的损失是平均每人 2280 美元。也就是说，每年总计损失高达 830 亿美元。国外的雇主和政府都注意到了这个统计数据。就在最近，法国通过了一项法律，禁止员工在下午 5 点以后和周末查看工作邮件。相比之下，很多美国人在吃饭、堵车甚至去托儿所接孩子的时候都在不停地收发电子邮件。得克萨斯州一家日托所别具匠心地在门口贴了一条告示："别打电话啦！！！你的孩子很高兴见到你！见到你家孩子，你难道不高兴吗？"

  面对睡眠不足导致的不良后果时，大多数人都会选择小睡片刻。但是，不幸的是，虽然打盹能极大地改善认知功能，但却无法修复长期睡眠不足带来的负面情绪。何况，大多数人都不会见缝插针小睡一会儿：他们选择喝咖啡或喝"5 小时能量"饮料[1]。而咖啡因会导致他们的睡眠质量下降。更糟糕的是：他们的多巴胺奖赏系统也会超负荷运转。且让我们看看你现在如何收场吧。不睡觉会严重损害你的身体健康，进而扰乱你的血清素，彻底摧毁你心境平和的最后一丝希望。一夜好眠不是什么生活奢侈品，而是生活必需品。

睡觉时声响大作

  阻塞性睡眠呼吸暂停是导致睡眠不足的最重要的原因。如果你是美国人口中那 35% 的睡眠不足人群中的一员，那么你就很有可能已经深受其困扰。阻塞性睡眠呼吸暂停综合征患者在熟睡时呼吸通道会出现堵塞，这会导致氧气和二氧化碳不能顺利进行交换（"我不能呼吸……"）。后果是：阻塞性睡眠呼吸暂停综合征会对心脏右侧造成不可逆转的损害[2]。这个疾病甚至会导致

---

1 5-Hour Energy，一种能量饮料，类似我们熟悉的"红牛"。
2 肺动脉压随血氧减低而收缩增高，因而引起右心负担加重，导致右心室肥厚，甚至心力衰竭。

第18章 积极应对（睡眠、正念与运动）

人死亡，不过其进程很缓慢，会使人遭受经年累月的折磨。人们通常会把阻塞性睡眠呼吸暂停综合征与肥胖联系在一起，理由很充分：脖子周围脂肪会导致呼吸道堵塞；阻塞性睡眠呼吸暂停会刺激饥饿激素——胃饥饿素，导致食欲增加。就这样，阻塞性睡眠呼吸暂停和肥胖形成了体重增加与代谢功能紊乱的恶性循环，最终结果是患者暴饮暴食和情绪低落。但是，了解到这里还只触及皮毛。很多体重正常的人也会得阻塞性睡眠呼吸暂停综合征，这可能是由于颈部肌肉张力降低导致呼吸道塌陷。他们代谢系统出问题的风险同样也很大。

要想确定自己是否患有阻塞性睡眠呼吸暂停综合征，最好的办法就是问问你的床伴你是否打鼾。我保证，他/她是不会说谎的。接下来还有一个好办法，那就是在自己睡觉的时候录音。还有最后一个鉴别办法——你醒来时是否头痛，而这跟头天晚上你喝了多少杯鸡尾酒全然无关。如果患有阻塞性睡眠呼吸暂停综合征，你会面临什么样的治疗选择呢？它们会起效吗？现今医学治疗的标准模式是持续气道正压通气：使用一种紧贴面部的面罩将空气吹入气管。在对300名患有阻塞性睡眠呼吸暂停综合征的女性进行的一项研究中，使用机器进行持续气道正压通气治疗不但能帮助她们入睡，而且根据她们反馈，她们的生活质量、情绪和前额皮质功能都得到了改善，焦虑和抑郁状况也有所下降。认知行为疗法也可以改善失眠症患者（难以入睡和难以保持睡眠状态的人）的临床抑郁症状。但是，持续气道正压通气治疗方法令病人感觉不舒适，而且仪器会发出噪声。实际上，这会让原本入睡就有困难的你更难以入睡，除非你习惯了机器的声响。这些研究表明，当你的睡眠改善了，你的心情也会得到改善，你的血清素水平也在朝着好的方向变化。

那么，其他失眠人士又该如何是好呢？他们似乎无法摆脱在漫漫长夜失眠的煎熬。养成良好的睡眠卫生习惯会有所帮助。拔掉卧室里所有电器的插头，这是提高睡眠质量的最好方法之一。辗转反侧睡不着？记住，遥控器是你的敌人！不要在卧室里狂看网飞公司的节目。你要保证卧室里面根本看不到电视机的踪影。遮光窗帘也会派上一些用场。有一点可以理解，你可能无法让卧室里所有的电子设备都停止运转（比如闹钟）。你可以尝试做很多事

219

情来改善自己的睡眠卫生：保证卧室里温度适宜、没有光线、有充足的新鲜空气；睡前泡个热水澡或者冲个热水澡；晚饭后不吃不喝；睡觉前一定要小便；最重要的是，睡前一小时不要看屏幕。最后一点可能是我们最难习惯的。很多美国人在查看完工作邮件、快拍或脸书之后，通过狂刷网飞公司的电视剧来对抗失眠或放松自己。但是，屏幕上闪现的蓝光会抑制你的褪黑激素（你大脑中的一种激素。在外头天黑下来的时候，它会给你发信号）分泌，导致你的睡眠周期发生相位变化。这样一来，准保你在第二天早上起来感觉很糟糕。或者，睡前你可以试着拿起一本书来翻看。

多任务处理的神话

如果睡眠充足，情况又会如何？我们的压力会减轻吗？我们的前额皮质还有我们自己会感到更幸福吗？上述研究表明，除了睡眠，工作负荷和心理压力也会影响人的主观幸福感。其他研究也证实了这一点，因为那些实验表明前额皮质功能下降，而皮质醇水平升高了。毫无疑问，对前额皮质的影响带来了这些后果：执行功能（决策能力）降低；杏仁核被频繁刺激，从而分泌更多的皮质醇，导致长期代谢功能障碍（如糖尿病）和免疫系统缺陷（如炎症）。

很多压力来源于我们使用的电子设备的屏幕，而导致我们失眠的不仅仅是它们散发出来的蓝光。全民网络成瘾尤其令人忧心，它甚至可能威胁到民众的生命安全（见第 14 章）。然而还有一种情况，很多人陷入了虽然没有那么严重但是性质也类似的境况——通常被称作"一心多用"（同时处理多项任务）。例如，你在看最新一集的《权力的游戏》，与此同时，你还会发即时信息跟你妹妹聊天，而且还不忘时不时刷一下推特。虽然早在互联网和移动设备出现之前，一心多用的现象就已经存在了，但是，这两种技术手段一朝联手，顿时让这种做法一发不可收拾。在过去的 10 年间，美国年轻人的媒体总体使用率增加了 20%，而与此同时，他们利用这些电子设备同时处理多

第18章 积极应对（睡眠、正念与运动）

项事务的时间却增加了119%以上。如此一心多用的成年人会发现自己的压力越来越大。很多人认为：能够一心多用的人都是天赋异禀的人，他们能够同时完成多项任务，而且还不影响工作质量或工作效率，真让人羡慕。对于大多数公司来说，这些人是公司的骄傲，因为他们有能力眼观六路、耳听八方，把所有的事情都安排得妥妥当当的——马不停蹄地处理文件、不休假，还总回公司加班——他们工作这么出色、卖力，相比之下，你简直就是一条懒虫！他们迫使你不得不拍马直追。我想，这并不是什么胡诌出来的事情，因为在人群当中确实有2.5%这样的人，他们就是有本事把所有的事情都料理得妥妥帖帖的。那些蒙上苍垂青的人，尽管各种杂芜的信息汹涌而至，他们的前额皮质仍然能够兵来将挡、正常运转。然而，同时处理多项任务就像睡眠不足（这两者通常会如影相随）一样，最终会给我们这样的普通人带来伤害。一项横断面研究[1]发现：那些"重度"一心多用者——惯于使用电子设备同时处理多项任务的人，他们更容易受到无关刺激的干扰，要他们筛选出无关信息也更加困难，而他们在"任务切换能力测试"中的表现比常人要糟糕。多任务处理会改变前额皮质的血液流动，大脑里与执行功能相关的其他信息处理区域的血液流动也同样会受到影响。是的。如果你花费过多的时间创制表情、不停地修修改改，并为此纠结不已，这可能就会影响你的蟋蟀杰明尼的功能。这些研究结果表明，同时处理多项任务与基础信息处理能力缺陷有关系。换句话说，大脑超常完成任务需要仰仗一些虚虚实实的信息[2]，而这样做本身可能就是导致我们情绪低落的一个主要诱因。同时处理多项任务会增加我们的心理压力，它与临床抑郁症有关，实际上可能还会增加大脑退化的风险。但是，再一次提醒大家，这里说的是相关性，而不是因果关系。如果你只是一个凡夫俗子，一心多用是否会导致你的前额皮质功能发生

1　指在一个特定的时间断面/时间点观察和研究一个群体。常用于调查某特定人群在某时间点的患病状况及有关危险因素。

2　原文是"with the help of smoke and mirrors"，烟雾和镜子是魔术表演中的道具，比喻具有欺骗性的、欺诈性的或非实质性的解释或描述。此处表示掩盖真实情况的、具有误导性的信息。

变化？如果是，这些变化是否可逆？抑或，前额皮质功能障碍的人熬夜的可能性更大，他们硬挺着不睡觉，一心多用忙乎各种各样的事情——比如在凌晨 3 点 20 分开始狂发推特？对此我们还不是很确定。

限制一心多用以改善大脑功能和情绪的做法已经开始风行。最简单的策略就是：**关掉手机！全部用黑体字，你个白痴！**（否则你以为法国禁止员工下班后收发电子邮件是出于什么目的？）你不妨试上一试。尝试一下 5 天不碰手机是个什么滋味。你知道手机就在那里，而你却不能打开它或者用它收发电子邮件。看看你自己吧：手在颤抖，额头在冒汗，就像被截了肢一般痛楚难忍——那种焦虑明白无误地表明你对手机已经产生了耐受和依赖，而这离成瘾也就不远了。知名博主安德鲁·沙利文在《纽约》杂志上发表的文章《我曾经是一个正常人》中，绘声绘色地描述了他堕入网络地狱的经历。而在康复过程中，他重新找回了自我。当然，人们离不开手机有原因：为了完成工作、支付账单、与家人保持联系。我们中有些人确实需要用手机与他人保持联系。更糟糕的是，语音识别技术（如 Siri、Alexa）已经在全球范围内取代了大量的服务岗位，而且发展势头不减。这意味着：即使你想挣脱这种联系，你也无法彻底摆脱它。尽管如此，努力花点时间不受电子设备的影响，即便一天只有一个小时，这也是你能做到的最有意义的事情之一，因为通过这个途径可以减少多巴胺和压力，改善睡眠，并有望让你的血清素发挥作用。

不要整天忙忙叨叨的，停下来放空自己！

另外，还有一条正道，它能让你的前额皮质有效发挥作用，让你的大脑变得感性，或者让你的杏仁核得到休息，那就是冥想。现在，冥想越来越受到大家的欢迎，从教室到会议室到处都有它的拥趸。冥想在世界上已经存在几千年了，很多文化和宗教都推崇它，并有很多人在练习它。例如，佛教的冥想练习需要你的大脑摒除一切杂念，这个宗教仪式能帮助你获得精神层面

第18章 积极应对（睡眠、正念与运动）

的幸福。根据现在的研究，它很有可能增强你的前额皮质的活动，疗愈你的蟋蟀杰明尼。最近风行的正念练习是一种不分教派的练习，我们对它的了解更多一些，因为我们在正念练习前后能够利用磁共振扫描仪来研究大脑。乔恩·卡巴特-津恩博士在佛教传统做法的基础上发展出了正念减压疗法，并将这种做法应用于慢性疼痛的治疗。自此之后，正念减压疗法成为减轻压力对身体和大脑影响的主流疗法。其基础理念是"活在当下"，你要学会洞察自己对过去和未来的想法和情绪，可是你不能让它们占据你的心神、左右你的行为。仅仅关注当下，你会意识到没有人能掌控过去或未来。你就像一位科学家那样行事，专注倾听你内心的声音，这样做会让你的心态更加平和。人们最喜欢的练习方法是吃葡萄干，整个过程非常非常缓慢，大约要花10分钟时间吃下一粒葡萄干。这粒葡萄干在你的舌头上翻滚，你尽量去感受它那粗糙的表皮，慢慢地咬开它——猛然间，它就不再是一粒葡萄干了。这样练习下来，你的压力就会减轻，人也不会分心了。这是你从未有过的新鲜体验。至少，这个概念听上去不错，令人心生愉悦，尽管不是所有人都赞同这种看法（参见《纽约时报》上的"生活中的冥想"系列文章）。

正念听上去是一个很新鲜的概念（有点像"洗脑"），但是很多神经科学都与它有交集。一项研究表明：冥想练习者的大脑结构明显与其他人不一样。有一个荟萃分析研究将冥想练习者和没有冥想习惯的人进行了比较。研究发现：大脑的变化与大脑特定部位的大小有关。这里所谓的特定部位包括额极皮层和脑岛（支配身体的意识）、海马体（主管记忆）、胼胝体（负责大脑的左右半脑之间的信息传递）以及（也许它们是最重要的）前扣带皮层和前额皮层（蟋蟀杰明尼，这些区域的活动能阻止你做蠢事）。当然，我们还要讨论因果关系问题。冥想对你的前额皮质有帮助吗？抑或是前额皮质功能更好的人会选择冥想？还是两种情况兼而有之？我们现在就缺这方面长期的纵向数据。然而，一项针对患有创伤后应激障碍以及创伤性脑损伤的退伍军人的研究确实有了一个发现：在完成以正念为基础的训练3个月后，被试的病情得到了改善，而且这种训练增强了与共情能力有关的特定区域的神经联系。所以，你感觉好多了，而且就整体而言，你变成了一个更好的自己。这是双赢啊!

　　就像任何技能一样,要掌握正念技巧需要每天都练习。那些练习正念的人对它都抱有很高的期望,但是这绝对不是一件稍有涉猎就有效果的事情。我本人就是一个非常焦虑的人,所以,8年前我参加了正念减压课程,就在加州大学旧金山分校奥谢尔综合医学中心。我本人觉得这段经历很有意义,尽管我并没有按照要求每天都练习。我明白了一点:人们之所以焦虑其实是"在想到未来时感到心神不宁"。而问题是,未来永远是一个未知数,而且我总是有点儿杞人忧天。站在今天,我担心明天会发生什么。接着,明天到来了,而我又会一个劲儿操心后天的事情,如此循环往复。所以你永远无法控制自己的情绪。这真是一个折磨自己的上好法子。一味把注意力集中在明天可能发生也可能不会发生的事情上,以及纠结昨天做过的事情,那么我就会错过今天发生的事情,今天所有的乐趣和喜悦就会与我擦肩而过。由于我总是执着于展望未来和纠缠过去,所以我把自己生生逼成了慢性压力的受害者,导致我总是错过今天的幸福时光。

　　能意识到这一点,我就算是开悟了,就像我脑子里有一个灯泡被点亮了,这也是我写作这本书的部分原因。每当思绪把我带到明天或昨天以及未来可能会发生或者不会发生的事情上(这总是会导致焦虑),我就努力把自己的注意力重新集中在今天发生的好事上(当然也有坏事发生)。要我自己做一个评价,那就是:今天,就在此时此刻,情况通常是相当不错的。我发现自己变得更冷静,不会那么坐立不安,也不那么容易分心了。我也不会胡吃海塞了:我不饿的时候就不吃东西,因为我不会再为了减压转而从食物中寻求慰藉。我陶醉于今天的一切。那么,明天呢?明天很快就会到来,一切自有安排。我在自己的苹果手机里下载了一个减压的App。我发现,使用它的最佳时段是在飞机上——飞机驶离登机口,在停机坪上排队等待起飞的时候。对于等待这件事情,我曾经非常不耐烦……现在我不会了。

　　你试试看……现在,你闭上眼睛去感受周围的一切。你听到了什么?你感受到了什么?你能感觉到自己的脚抵着地板吗?你的双手是放在这本书上还是放在电脑上?你闻到了什么?专注于现在,而不要去管"明天需要做什么""晚饭吃什么""这个周末怎么过"。花上5分钟时间,你试着把注意力放在一句话上……它可以是任何一句话,比如"我在这里""我吃饱了""我很满意""我很安全"。在这5分钟时间里,除了呼吸之外,其他一切都是让人分心的东西。你还是找不出一句话来念叨?那就在心里默默感谢别人吧……整整5分钟时间哦。列一张感谢名单,把你要感谢的人和事情都列上去。真正去做这件事情比你想象的要难,是吧?试着每天坚持5分钟,一直坚持30天,看看这个做法是否会改变你。还有,它是如何改变你的?

心念对身体的影响

我所在的加州大学旧金山分校的"奖赏-饮食"课题组做了一个研究:在肥胖患者的标准饮食锻炼计划之外,再加上为期12个月的正念干预以及为期6个月的随访。其中一半被试只接受饮食和锻炼干预,另外一半被试还额外接受正念训练,并按照要求每天练习大约40分钟。对于实验结果,我们有点惊讶:与对照组相比,正念组只减掉了一小部分(并不显著)的超标体重。但是,他们练习正念时间越长,摄入的糖分就越少,血糖控制得也越好,这表明他们的新陈代谢状况有所改善。然而,当我们观察特定的脂肪堆积情况时,我们发现正念组减掉了很多内脏脂肪(大肚子),而他们的皮下脂肪(大屁股)基本上保持不变,这让我们深受鼓舞。

内脏脂肪和身体里的其他脂肪都不一样。皮下脂肪占到你体重的5%到45%,而内脏脂肪只占4%到6%。所以,当你站在体重秤上时,你测量的到底是哪个部位的脂肪,你自己也不知道。皮下脂肪在很大程度上不具有代谢活性,一旦形成就极难消除。但是,过多的皮下脂肪并不会导致代谢问题——人们因不喜欢自己身材"走样"而承受的心理压力除外。事实上,皮下脂肪或形成"大屁股"的脂肪在某些情况下是有保护作用的。相反,内脏脂肪才是代谢综合征和抑郁症的罪魁祸首。在对成年人和青少年的研究中,这一点都得到了很好的印证。

在加州大学旧金山分校开展的"成人正念研究"中，几乎所有被试的代谢健康状态都得到了显著改善。被试的空腹胰岛素、葡萄糖、甘油三酯在12个月的研究过程中都有所降低，这些指标甚至在干预结束后仍然在下降。这些数据表明：正念冥想可以减少内脏脂肪，从而改善各种健康参数。虽然目前还没有进行任何前瞻性研究，但是，正念很可能从一开始就能阻止这些代谢问题的发生。

怎么能确定你的内脏脂肪容易堆积不仅仅是受到遗传因素的影响呢？为了排除其他因素的影响，我们必须把同卵双胞胎作为研究对象。芬兰最近的一项研究选择了10对同卵双胞胎成年男性作为被试，每一对双胞胎的体重和体重指数都相仿，饮食习惯、生活条件等也都大致相同。他们唯一的不同之处在于闲暇时间的体育运动情况。每组双胞胎中有一人很热爱运动，另外一个则是成天黏在电视机前的"沙发土豆"。研究人员评估了他们所有的代谢参数、消耗的卡路里、脂肪堆积情况。对于每一组双胞胎来说，不爱活动的那一位比他的兄弟都多了大约4磅内脏脂肪，这可能就是不爱活动的一方比他们爱运动的同胞兄弟重4磅的原因所在。正是这种内脏脂肪与他们的心血管健康、空腹血糖和空腹胰岛素水平息息相关。这项研究清楚地告诉我们，不运动与内脏脂肪堆积有关——这与能量摄入、基因、家庭背景或抚养方式都无关。根据一个人的内脏脂肪可以预测其未来是否得代谢疾病。内脏脂肪是身体内最具有可塑性的脂肪：它是最容易减掉的脂肪。内脏脂肪才是对运动反应最敏感的脂肪。

运动不仅能塑形，还能重塑你的大脑

医生们一直都知道：为了身体和精神健康，运动是最好的选择。每个人都认为运动会让人减轻体重，然而世界上没有任何研究文献表明：运动本身就能让人减掉体重——它会让人减掉内脏脂肪，但是也会让肌肉变得更加厚实，所以这两种因素一综合，有时体重甚至会上升。

第18章 积极应对（睡眠、正念与运动）

这里有一个问题：运动能治疗重度抑郁症吗？它能让没有抑郁症的人感到更幸福吗？很多人都听说过，内啡肽会随着剧烈运动而升高，换言之，会出现"跑步者的快乐"（"跑者高潮"）。运动是否也能打开通往幸福的大门呢？现在已经进行了很多前瞻性的研究，绝大多数实验都证明：运动比不运动强，运动和 SSRIs 类药物治疗抑郁症的效果不相上下；而运动与 SSRIs 类药物结合，要比单独服用 SSRIs 类药物效果更好。具体做什么样的运动并不重要，有氧运动和力量训练一样有效。对这些发现的解释是，我们知道压力会导致皮质醇上升，而皮质醇会导致海马体的新生细胞减少。我们不确定其原因何在，也不知道这里面的作用机理。但是，海马体细胞越多，人的幸福感就越强；海马体细胞越少，人患抑郁症的概率就越大。锻炼既能促进海马体新细胞的生成，又能阻止压力导致的细胞死亡。我们认为，抗抑郁药物起作用的原因之一就是，它们也能促成海马体中新细胞的生成。如果我们以某种方式抑制或打压这些细胞的生长，抗抑郁药物就根本起不了作用。

也许运动最大的好处就是能带来前面提到的"跑者高潮"，也就是那些坚忍不拔的马拉松运动员能体验到的突然出现的欣快感。这种现象要归功于内源性阿片肽——β-内啡肽的分泌。也就在新近我们才得知，其额外的镇静和减轻焦虑的作用是由于同时分泌的内源性大麻素所致。内源性大麻素是我们身体里的"带劲儿的"隐秘物质，它遍布大脑，但是不会引发（吸毒或喝酒后出现的）强烈的食欲。

如果你是一名马拉松运动员，那就太好了。但是，运动对那些不快乐但是不一定患有临床抑郁症的普通人有效吗？这些数据就更难获得了。针对众多研究对象的大样本分析表明：运动对改善情绪有显著效果，即便天性喜怒无常的青少年，也能从中受益——运动对情绪和抗抑郁的作用可见一斑。当然，跟以前相比，现在的孩子运动得少了，因为一些孩子总是放不下他们的智能手机或者沉迷于《魔兽世界》而不能自拔。还有，研究者对1500名老年人的一项荟萃分析发现，锻炼能有效减轻抑郁症状。

但是，这些都是实验研究……而人们并不是生活在真空之中的。天气、温度、风和海拔高度都会影响人的运动欲望和运动表现。中国的一个研究团队正是考虑到这些因素，他们通过地理编码（利用这些地理变量）来比较世界上 28 个国家的国民幸福水平。他们也对国内生产总值数值进行了修正（见第 12 章）。他们的研究发现，在对所有干扰因子进行修正之后，体育活动与人的幸福感有相关性，而缺乏体育活动与极强烈的不幸福感有关联。

冥想和运动的效果都是真实存在的，但是，它们可能不足以将抑郁症患者变成一个快乐的人。不如将这二者结合起来？这里是否存在叠加效应？有一项短期研究将这二者结合了起来。首先，被试做了 40 分钟的正念练习，然后，他们在跑步机上再跑上 40 分钟。实验进行了 8 周时间。结果表明，这两种方法双管齐下，其缓解抑郁的效果比单独使用任何一种方法都要好。

事实上，任何增加心理压力的刺激都会抑制前额皮质功能，最终导致成瘾，而任何导致内脏脂肪（堆积）的刺激都会增加人患抑郁症的风险，对此，我们不应感到惊讶。相反，如果有一样东西（不拘什么形式），只要它能够削弱这两种情况中的任何一种，它就可以扭转这些负面情绪。郑重声明：以上所有的方法均已经过测试和验证，确保有效。不然，你交的钱包赔包退（但是，由于这些办法统统都不需要钱，所以你也不要指望退款什么的）。

听说有一个专门针对……的 App，嗯嗯，真的有吗？

我们现在来说说科技行业试图吸引你的新手段。很多公司和 App 制造商打着"健康"旗号向公众提供"个性化"的健康监测服务和应用程序。那么，到底怎样才算健康呢？大多数保险公司将健康定义为"不生病"，因为（被投保人）没有生病就意味着保险公司不用赔付保险金。如果你不去找他们，那你一定还是活蹦乱跳的。参加运动训练的人将四体康健等同于健康。但是，如果你身体健康，而经济上一贫如洗，那又如何是好？又或者说，你

第18章 积极应对（睡眠、正念与运动）

睡眠很不好，那又该怎么办？冥想教练将健康定义为一种精神上的宁静祥和或者没有压力的状态。但是，如果你是因为抽了几根烟或灌下几杯酒才平静下来的呢？每个人都有自己对健康的定义。健康确实有异常丰富的内涵，而满足感稳居首位。

这些公司会向你兜售一种可穿戴的电子设备，它可以做很多事情：监测步数、血压、血糖。它们会卖给你一套送到家门口的即食食品，在你需要锻炼和睡觉的时候，电子设备会发出声音提示你，并能预设你要分别花多少时间在运动和睡眠上。有些人会因为这些App改变自己的行为。市面上现在有4万多个健康和健身领域的智能手机App。这些数字应用程序可以监测你的情绪健康状况。它们采用的技术包括自我监控、按照完成情况提供反馈和目标设定等。其中一些App还利用奖章和金钱奖励等游戏化的手段来吸引和"驯化"用户。它们会监测你的专注程度，并设置自动提醒功能。你还可以用这些App和你的朋友来个竞赛，看看谁先升级。我们就像是巴甫洛夫的那些狗，被训练得只知道对手机上的铃声做出反应。显然，这是一个新兴的小众热门行业。

所有这些听上去如此美妙，简直令人难以置信。不过，实际情形确实如此美妙。哦，是的，这些公司和App可以监测你的每一次心跳，并生成大量数据。但是，它们真的能改善你的健康状况吗？一项针对27个智能手机App随机对照试验的文献系统综述显示，这些App的效果并不明显——只有一半App有效。在使用App之外，那些有效改善了健康状况的人一般还采用了其他办法（例如请助理教练或教练）。这些研究的持续时间都不长，从1周到24周不等，平均研究时间为10周。只有一半的研究监测了连续使用智能手机App的情况。而我们也知道，使用App的频率通常会在4到6周后下降，因为这些App还没有学会将数据转化为个人可以使用的信息。由于缺乏可付诸行动的指导数据[1]，大多数用户终将减少App的使用。黄金时代已至，而算法技术还没能跟得上。

---

1 该数据指标为"清晰且高效"。

再论主要"嫌疑对象"

　　压力和久坐问题已经存在一段时间了。然而在今天，成瘾和抑郁症已经成为压倒一切的首要公共健康问题。现在，我们必须面对西方社会和文化中最有害的毒瘤，最有危害性的罪魁祸首。就危害程度而言，其导致的成瘾、抑郁、疾病和不幸福比其他所有肇事因素加起来的还要多。不只美国，整个世界都受其荼毒，无论老少、贫富，无论白种人、非洲裔美国人、拉丁裔美国人、亚裔美国人，无论受过教育、没受过教育，现在他们统统陷入了这种有毒物质的庞大包围圈。这种有毒成分伪装成我们的朋友，我们的"居家必备良品"，我们最好的朋友。这种有毒物质已经侵入我们的家庭、学校、工作场所和我们的身体，我们还心甘情愿地为它大开绿灯——这东西就是：有毒食品。

第 19 章
烹制美食（为自己、朋友和家人下厨）

这就引出了最后一串问题：在过去的 40 年间，所有这些脑通路是如何被改变的？为什么成瘾和抑郁在当今高发的疾病中分别排名第 5 位和第 6 位？——仅排在各式各样的代谢综合征（心脏病、高血压、2 型糖尿病、癌症）之后。也许是因为人们以为自己不会接触到某些有害的物质，而实际上，他们却已经中招。也许这种伤害已经蔓延到全国，不管你属于哪个社会阶层，一概逃脱不得。又或者，这种态势已经遍及全球？导致这个局面的原因有很多，但是我们目前还没有找到对其采取行动的那个原因。

它目前几乎影响了世界上每一个人——不管他来自哪个阶层。如果在我们不知情的情况下，所有我们入口的食物当中都被添加了这种危险物质呢？如果摄入这种东西恰好会致人成瘾呢？最廉价的令人快乐的物质是什么？

当然，这个答案是糖，另一种白色粉末状毒品。现在你会想：真是妙啊！我都快读完整本书了，鲁斯蒂格现在又要开扯糖这东西了！确实，我还要旧话重提，再跟大家谈谈糖这个东西。糖不仅极大地损害了我们的身体健康，而且对我们的心理健康也造成了很大危害。且让我证明给你看。糖是一种隐秘的成分。事实上，几乎所有加工食品的配方里都少不了糖，它能让加工食品变得美味可口，而最终目的就是能把它们卖出去。正如我在第 6 章中所论述的，糖完全符合滥用物质的标准，因为它具有毒性、能让人上瘾。它也符合被监管物质的标准，因为它无处不在（人们无法摆脱它），而且对社会有危害。即使食品店里的大多数食物都偷偷添加了糖，你也不会察觉，因为在食品成分标签上，糖有 56 个不同的名称，而你不可能知晓所有的名称。那么，你又如何避免自己买到含有糖分的食物呢？如果被去掉果肉纤维的水果榨成果汁，而它们的食物成分标签却自称没有加糖，你能相信吗？如果糖的生化特性毁了你的肝脏，它的追逐享乐的特性让你的大脑兴奋无比、让你想要摄入更多的糖分，你又该如何避免自己臣服于糖的诱惑？

给点甜头[1]

美国心脏协会主张，每天成年女性最多摄入 6 茶匙糖，成年男性最多摄入 9 茶匙，儿童则为 3~4 茶匙，2 岁以下的幼儿不应该碰糖。世界卫生组织和美国农业部则较为宽容，宣布每人每天糖摄入量的上限是 12 茶匙。然而，当今美国成年人平均每天摄入的糖达到 19.5 茶匙，儿童的平均糖摄入量则高达 22 茶匙。美国的拉丁美洲裔、非洲裔和印第安人，他们的糖消费量比他们高加索人种的同胞要高出 25% 到 50%。这些少数族裔由于大量摄入糖，尤其是软饮料中的糖，相比之下，更容易染上代谢综合征类疾病。我们还知道，同样是这些少数族裔，当他们罹患严重的精神疾病时，他们的死亡率会更高。当然，这些现象都还只表现为一种相关性，而不是因果关系。

这里有一个难题：如果我们决定减少自己饮食中的糖摄入量，结果又会如何呢？如果我们有意识地将汽水、糖果、蛋糕和冰激凌——我们通常称之为甜点的所有东西——一股脑儿地从我们的家中扫地出门，同时也把它们

---

[1] 标题原文为：sweeten the pot，意为"增加有利条件/利诱成本"。而 pot 本身有大麻的意思，此处有"加糖即加入毒品"之意。

第19章　烹制美食（为自己、朋友和家人下厨）

通通排除在我们的饮食结构之外，结果又会怎样呢？实际上，我们吃下去的糖还是会超出最高摄入标准，因为我们已知的含糖饮食中的含糖量只占我们饮食中全部糖摄入量的51%。这就意味着，我们摄入的另外49%的糖来自我们并不知晓的含有糖分的食物和饮料——沙拉酱、烧烤酱、汉堡包、汉堡中夹的"肉"，还有所谓的健康食品，比如格兰诺拉麦片[1]和什锦麦片早餐[2]。你不要指望我说什么果汁对健康有诸多好处，果汁基本上就是不含纤维的糖水——你得糖尿病的风险依然还存在。所以，即使不吃甜点，你的糖摄入量还是会超标，因为你吃下去的加工食品中也含有糖分。

食品业大声疾呼，声称糖是他们的产品中必不可少的成分。以下是食品业在食物中加糖的一些理由，我会解释这套说辞为何能给他们带来好处，但同时却会危害你的健康。

（1）**糖能增加食物的体积**。你有没有想过，幸运护身符[3]（一种谷物食品）里为什么有做成星星、心形、月亮和三叶草形状的棉花糖？因为孩子喜欢这样的东西？嗯，是的，孩子确实喜欢，但是个中真正的原因是棉花糖比燕麦便宜。暄软蓬松的棉花糖能占据包装盒子里很大一块空间，比起全部用燕麦做原料，这个行业就可以节省一部分燕麦的成本；成本下来了，他们就可以卖出更多盒装的幸运护身符。这个商业战略真是了得！

（2）**糖能让食物拥有诱人的棕色**。香蕉之所以诱人，与它的外观呈棕色有关；而这也是我们往烤架上的排骨涂抹烧烤酱的原因。这种反应被称为美拉德反应[4]，或"褐变"反应。这种反应无时无刻不在你的细胞里进行，而它

---

[1]　一种谷类早餐食品，成分通常包括燕麦、麦芽、芝麻、水果干或坚果。

[2]　一种用碎果仁、干果和谷物混合制成的早餐食物，食用时倒入牛奶、豆浆、酸奶或果汁。

[3]　由烤燕麦片和彩色的多种形状的棉花糖两部分构成，后者占整个食品体积的25%以上。

[4]　一种普遍的非酶褐变现象。简单地说，美拉德反应是在蛋白质、碳水化合物或糖被加热时发生的一连串化学反应，其最明显的特点是能让食物变成诱人的棕色，同时也让食物的味道更醇厚、更有风味。

会带来两个结果：蛋白质分解和形成自由基，自由基则会进一步损害细胞。美拉德反应还有一个名称：老化反应。这个反应发生时，它每次都会释放出一个氧自由基，它与过氧化氢类似，能有效地杀死你皮肤表面的细菌，但是也能杀死你的肝细胞。这就是那么多得了脂肪肝的人会发展到肝硬化这一步的原因。而果糖导致的老化反应的速度是葡萄糖的7倍。你的身体，尤其是你的肝脏，在糖的作用下会衰老得更快，就像酒精对身体造成的伤害一样。可见，糖会危害你的身心健康。

（3）**糖能提高食物的沸点**。这给焦糖化反应创造了条件，让食物变得非常美味。但是，这不过是美拉德反应。经年累月，它就会导致你的细胞老化。现有数据表明，果糖会使你的海马体"焦糖化"，这会致使多巴胺的传递陷入失控状态，进而摧毁你的前额皮质，即压扁你的蟋蟀杰明尼。

（4）**糖是一种保湿剂（它能吸收并锁住水分）**。新烤出来的面包过多久就不再新鲜了？也许两天？食品店里销售的面包呢？很有可能会保鲜三个星期。你有没有想过其中的缘由？制作市面上销售的面包，面包师会用糖来代替水，在这里起作用的机理被称作"水的活性"，因为糖不会蒸发：糖会在面包中占据一定空间，而糖分子在烘烤过程中会紧紧锁住水分，所以面包能保鲜。此外，糖还会从空气中吸收水分，所以这样的面包在出炉后不会迅速变干。加糖这种做法对食品业有好处，对你的健康则不然。

（5）**糖是一种防腐剂**。你有没有试过在室温环境下把一瓶汽水暴露在空气中？当然，碳酸逃逸出来后，这汽水就不再含有碳酸成分了。但是，细菌或酵母会在这样的水里滋生吗？根本不可能。

这里引出的问题是：由于肝脏喜糖，加到食物中的那一勺勺糖是否值得我们付出这样的代价——身体健康每况愈下、承担身体变残疾的风险和医疗成本上升。答案是：全世界每年仅含糖饮料一项就造成18万人死亡，而其导致永久性残疾的人数也不少，占到残疾人总数的10%。在20到45岁的人群当中尤其如此，这个年龄组的残疾率达到了前所未有的水平，其中一些残疾是与糖的摄入有关的心理健康问题。

第 19 章 烹制美食（为自己、朋友和家人下厨）

少放点糖

我所在的加州大学旧金山分校代谢研究小组最近完成了一项研究，我们选择了 43 名患有代谢综合征的儿童（拉丁美洲裔和非洲裔美国人）做被试，他们的年龄在 9 岁至 19 岁之间。他们每天至少摄入 50 克糖。我们研究了他们的基本饮食对代谢健康不同方面的影响和不同器官的脂肪堆积情况。然后，我们在接下来的 9 天时间里为他们提供相同热量的食物，蛋白质、脂肪、盐和碳水化合物的比例也与他们平常的饮食相同。唯一的区别是我们用淀粉（葡萄糖）代替了他们饮食中添加的糖（葡萄糖 + 果糖）。这相当于我们将他们的饮食中糖所提供的热量从 28% 削减到了 10%，而其他所有情况都保持不变。我们用百吉饼代替了甜甜圈，用烤土豆片代替了加糖的酸奶，用火鸡热狗代替了照烧鸡肉。我们给他们吃的并不是什么健康食品。我们提供的都是加工食物，但是其中添加的糖分在经过处理后有所下降。我们让他们各自带一个体重秤回家，要求他们每天称体重。如果他们的体重下降了，我们会建议他们多吃一些，确保他们在试验期间的体重基本不变。他们按照我们的要求进食。9 天之后，我们再次对他们的身体状况做了检测。

你猜结果如何？在吃了 10 天的低糖食物之后，他们新陈代谢的各项指标都有了明显的改善。他们的皮下脂肪（屁股部位的脂肪）没有发生什么变化（毕竟他们的体重没有减轻），但是他们的内脏脂肪（大肚皮）减下来了。更重要的是，他们的肝脏脂肪下降了很多。他们的血脂（心脏疾病风险的指标）也下降了。这一切就发生在短短的 10 天时间内。我们在不改变被试体重的情况下，提高了他们的代谢健康水平和生活质量。最重要的是，他们都感觉好多了！他们的精力更充沛，他们的注意力更集中。而且，据他们的父母反映，他们在课堂上也不怎么调皮捣蛋了。

那么，他们的心理健康状况是否有变化呢？嗞嗞冒泡的软饮料（碳酸饮料居多）带来的快感是否值得我们付出情绪恶化的代价呢？在学龄前儿童中，饮用含糖饮料与行为问题有关。在青少年中，饮用含糖饮料与暴力、严重抑郁症和自杀念头有关。澳大利亚和中国的一些研究表明，含糖饮料的消费与感觉不幸福有关，与慢性疾病的发展无关。此外，一项针对挪威孕妇的研究发现，含糖饮料的摄入与产生孤独感有直接关系。当然，这些研究显示的都是相关性，而不是因果关系。这些数据并没有言之凿凿地下这样的定论：喝汽水会让你感到孤独和抑郁，变得有暴力倾向，或者孤独、抑郁和暴虐的人更有可能喝汽水或吃本杰瑞冰激凌作为对自己的奖励。

忌肥甘厚味

吃东西的原因至少有3个：饥饿、奖赏和压力。在 SHINE[1] 研究中（见第18章），我们加州大学旧金山分校的"奖赏-饮食"课题组研究了肥胖女性的奖赏系统是如何促使她们开始摄入有问题食物的，以及压力是否会增强机体对特定食物的奖赏反应。

我们发现，在我们的研究中，三分之一的被试（肥胖女性）会报告她们饮食失控的次数，而当她们失去控制力的时候，她们就会倾向于吃肥甘厚味（高糖、高脂）的食物。问题是：基于正念的干预能否同时减轻她们的压力和对食物的渴望，从而改善她们的新陈代谢健康和心理健康？

首先，我们需要确定这些被试是谁。加州大学旧金山分校"奖赏-饮食"课题组开发并测试了"基于奖赏的进食驱动力量表"[2]（以下简称"RED量表"）。我们还发现，如果受奖赏驱动的饮食摄入量减少，这就预示着正念减肥试验成功了。其他研究表明，被试（肥胖女性）的奖赏通路中多巴胺受体（耐受性）会减少。这些数据表明，多巴胺和内源性阿片肽系统（见图2-1）都参与了这种基于奖赏的进食驱动。

---

1 一种多中心随机对照试验，第18章中提到的加州大学旧金山分校的"奖赏-饮食"课题组做的研究就属于这类研究。

2 the Reward-Based Eating Drive scale（RED）。

第19章 烹制美食（为自己、朋友和家人下厨）

其次，我们需要进行的是寻找奖赏驱动进食的一个生物标志物的实验，它能向被试和我们显示：处于超负荷状态的奖赏系统是导致她们饮食行为改变的根源。我们已经知道，有些人会服用一种叫作"纳曲酮"[1]的药物（这种药物专门阻断她们体内的内源性阿片肽受体，目的是阻止整个奖赏行为的完成，见第3章）。服药后，她们经常会感到恶心，不大吃得下东西，尤其抗拒甜食和高脂食物。但是，这种药不会改变她们对常规食物，如蛋白质、水果和蔬菜的摄入。纳曲酮是一种廉价、安全的化合物。它可以压制毒瘾患者的奖赏系统，但是对其他人几乎没有什么作用。在实验中，我们的一部分SHINE被试服用了一片纳曲酮来彻底阻断奖赏系统。我们注意到，RED量表基线分数最高的被试，服用纳曲酮后会感到恶心，这表明该被试的基线内源性阿片肽功能最强。在另一项研究中，我们发现，RED量表测试得分最高的肥胖女性在服用纳曲酮药片后，她们对食物的欲望下降最为显著。在这一系列的研究中，我们发现，在我们压制奖赏系统的实验中，那些行为受奖赏驱动影响最严重的人，她们的反应最激烈。因此，我们敢确定：我们已经找到了研究食物上瘾的一条正确的生物学路子。

最后，我们需要验证是否可以通过行为干预（如正念）来影响奖赏系统，从而减少她们对食物的渴求和她们的精神压力。我们跟踪研究了这些被试的饮食和运动干预情况，并对其中一部分人采用了正念干预。相比于那些接受普通干预，即不特地针对奖赏驱动下的饮食习惯进行干预的人，那些饮食接受正念干预以及正念减压干预的人，她们的奖赏驱动型饮食量剧减，她们的体重进而减轻。这个结果也许并不令人诧异。更重要的是，体重减轻的关键在于减少摄入与奖赏相关的饮食，而不在于心理减压。有意思的是，这些奖赏系统支离破碎的易感人群在冥想状态下，在额外接受提高专注力的训练之后，她们的状况改善更为明显。（见第18章）

在这一系列实验中，我们证实了：

（1）不是每个胖人的情况都是一样的。

---

[1] naltrexone，环丙甲羟二羟吗啡酮，一种麻醉药拮抗药，药品商标为Revia。

（2）有些人会对某些食物上瘾。

（3）那些人确实是高糖、高脂食物（比如巧克力蛋糕）的老饕。

（4）这种异常的饮食行为是由奖赏系统功能失调引起的。

（5）压力不断积累会使人失去对进食的认知控制。

（6）阻断奖赏系统会瓦解奖赏系统和压力系统的运作。

（7）正念可以恢复奖赏系统和压力系统的功能、改善情绪和饮食紊乱状况，降低代谢综合征的风险。

于是，问题来了。假如你是一个喜欢甜食的人，也许你会拼命克制自己，远离那些容易撩拨人的诱惑：汽水、蛋糕、冰激凌。你免不了会忍不住，还是去吃那些东西。但是，如果你的食物里混入了糖，而你却不自知，那又该如何是好？如果这种惹人上瘾的物质无处不在、藏匿在所有的食物里，而你却毫不知情，你能戒掉对这种物质的依赖吗？

并且，他们在添加糖的基础上，还有其他小动作——降低第9章中提及的、能增加满足感的色氨酸和 ω-3 脂肪酸两种分子的含量。色氨酸在加工食品中含量很低，因为含有色氨酸的蛋白质成本相对昂贵。ω-3 脂肪酸的价格更加昂贵，而且往往会给食物带来一种鱼腥味。

加工食品糖含量高、色氨酸含量低、ω-3 脂肪酸含量低，可它们都是奖赏系统的最爱！但是，吃了它们，随之而来的就是成瘾和抑郁的风险。

对用糖大户开战，打赢攻坚战

我的朋友们，上述就是美国乃至全世界都"恋上"加工食品的原因。加工食品业行事隐秘，他们不仅在甜点里加糖，连主食和调味品都不放过。其结果是：食品业现在已经让我们对糖欲罢不能了。（见第14章）脂肪和盐，虽然它们本身不会让人上瘾，但是，它们扮演助纣（糖）为虐的角色。（见第6章）另外，他们还大摇大摆地在软饮料、能量饮料、咖啡饮料和其他类似的饮料中添加第二种法定上瘾物质——咖啡因，这就是他们的第二道迷魂

第 19 章 烹制美食（为自己、朋友和家人下厨）

阵。而咖啡因的苦味远非糖的甜味能完全抵消的。咖啡因的存在还凸显了糖的重要性，或者说其奖赏特性。这两种嗜好都是完全合法的，因为糖和咖啡因都被美国食品药品监督管理局认定为"安全物质"。这意味着加工食品业可以在任何食品中随心所欲地加入任何数量的糖和咖啡因，而且这样做没有任何法律后果。对安全物质的认定是全华盛顿监管得最少的行政法律（行为）。安全物质的认定结果为整个加工食品业的兴旺发达奠定了基础。这就是加工食品业在 40 年前改变了我们的食品供应结构以及我们从那时起就变得疾病缠身和不幸福的始末和缘由。这也是每个借鉴我们美国食品供应模式的国家都遭遇同样噩运的原因所在。就连美国政府问责局也表示，认定安全物质这种做法很危险，律师们也开始呼吁把糖从安全物质的名单中移除，就像之前将反式脂肪从安全物质的名单中移除一样。旧金山的一群医生、律师和企业家成立了一个名为"食·真食材"（EatREAL，其网址是：eatreal.org）的非营利组织，旨在通过改变全球食品供应结构来扭转与饮食有关的疾病肆虐的现状。我们的长期目标是将糖从美国食品药品监督管理局的 GRAS 名单中移除。有幸担任这个组织的首席科学官，我感到很自豪。

这里有个好消息：几十年里狂揽创纪录利润的软饮料和快餐行业，在 2012 年之后，突然之间就开始走下坡路了。在过去的 30 年里，麦当劳、可口可乐和百事可乐的表现一直超过标准普尔 500 指数。2014 年，由于利润不断下滑，可口可乐公司时任首席执行官穆赫塔尔·肯特宣布解雇 1.8 万名员工（可是节省下来的那笔钱后来被用于广告，尤其是针对儿童的广告）。2015 年，麦当劳时任首席执行官唐·汤普森因业绩不佳被解雇。由于市场对糖的需求下降，英国糖业巨头泰特利乐公司下调了 2015 年的利润预期。一些公司已经意识到这个问题，并试图提前采取行动，他们甚至拿加工食品中含糖量下降这个全球趋势做文章。举个例子，荷兰的食品连锁店阿尔伯特·海因承诺降低数百种自营品牌食品中的含糖量，包括酸奶、饼干、蛋奶沙司和番茄酱。

此外，为了应对肥胖和糖尿病在全球蔓延的态势，一些国家也独自研究对策。他们正在努力对抗势力根深蒂固的食品业游说人士，有些国家还出台了食糖消费税（针对汽水和垃圾食品），试图通过减少市场供应达到减少人们消费的目的。到目前为止，墨西哥和英国已经颁布了这样的税法，而澳大利亚、新西兰、南非、印度，甚至沙特阿拉伯也正在考虑类似的立法。目光转到国内，我们已经看到了有7个美国城市——旧金山、奥克兰、伯克利、奥尔巴尼、加利福尼亚、芝加哥和费城，正在通过征收食糖税来减少食糖的消费。到目前为止，政府采取的举措还没有表现出他们在健康和幸福理念方面有任何变化。自然，反对的声音也很多。但是，除了前面提到的游说人士，还有持这种观点的人——认为这事完全属于个人责任范围。可是，真的是这样吗？

在世界其他国家里，软饮料和加工食品的用糖量正在上升，原因是那里的政策环境很宽松，就像烟草业曾经经历的情况一样：一旦美国开始限制香烟的生产和消费，烟草公司就转移到海外，努力培养新的瘾君子群体。在那些国家，含糖饮料行业占有优势，因为人们必须喝水，但是他们不怎么信任自己国家的供水质量。那么，是谁在为大多数第三世界国家提供净水设备？你猜对了……可口可乐。

糖的大众"洗脑"策略

多年来，食品业一直在混淆我们的视听。他们反复用那句看似"常识"、实则荒谬无比的"一卡路里就是一卡路里"来转移批评。关键在于卡路里的数量，而不是质量——至少50年来，这句托词一直是他们的商业战略的核心。加州大学旧金山分校一个研究公共政策的同事从故纸堆里刨出了一批最早可以追溯到1965年的行业文件。这些文件显示：糖研究基金会（制糖业的公关部门）给两位科学家支付了一笔可观的费用（可以折算成如今的5万美元），授意他们在《新英格兰医学杂志》上发表两篇评论文章，其目的是为糖开脱，并将导致心脏病的责任嫁祸给饱和脂肪。此外，这些文件还显示：1971年，这些公司涉嫌派人插手（美国）国家卫生研究院的工作议程，

第 19 章　烹制美食（为自己、朋友和家人下厨）

并成功地将龋齿研究的重心从减少糖的摄入量转移开来，转而去推动一种防龋齿疫苗的研发。这种疫苗到末了也没能研制出来。食品业继续插手原本应该客观的科学研究，无论从喻义还是从字面意义来看，这句话都没毛病。在制糖业资助的 6 项研究中，有 5 项指出含糖饮料不会导致体重增加。而在独立科学家进行的 12 项研究中，有 10 项表明：含糖饮料明显导致体重增加。就在最近，可口可乐被曝光贿赂 3 名科学家，让他们成立一个名为"全球能量平衡网络"的机构，并将肥胖肆虐归咎于人们缺乏运动。事实上，汽水行业已经豪掷总额超过 1.2 亿美元的资金，授意接受捐助的 96 个独立的公共卫生组织推动除了食品业监管以外的任何活动。

另外，加工食品业还有一个小花招：重新界定食品成分比例。以花生酱为例，如果你在一个百吉饼上涂花生酱，标准用量是两汤匙花生酱，里头含 188 卡路里和 3 克糖。可是，很少有人在制作花生酱和果酱三明治时只会挖两勺花生酱。还有能多益[1]，为了争抢市场份额，即将世界各地贪吃花生酱的儿童顾客都争取过来，他们试图削弱对手的竞争力，竟然成功说服有关方面将其产品（巧克力榛子酱）认定为"果酱"而不是花生酱。所以，它的成分比例应该更低，一汤匙只有 100 卡路里（仅为竞争对手的一半）。能多益希望你不会注意到那 10.5 克的糖含量。

更糟糕的是，我们的加工食品已经被食品业"设计"成含有各种维生素、矿物质和各种添加剂的"强化型"食品——具体成分随潮流而变（番茄红素、黄酮类化合物、白藜芦醇），号称能给我们提供身体需要的所有营养。这就是价值 1210 亿美元的保健品产业的基础。你需要闪亮顺滑的头发！紧绷光滑的皮肤！坚挺傲人的胸部！而难得的"天然"营养食物/营养物质有：公牛精液、荷荷巴[2]、荔枝、覆盆子酮、巴西莓果。你应该从里到外做个清洗，灌个肠，喝果汁！你订阅的网络新闻页面总会弹出来一些新的、诱惑

1　意大利厂商费列罗旗下的巧克力榛子酱品牌。

2　又名霍霍巴，一种墨西哥原生植物。也表示从其种子中榨取的荷荷巴油，一种很好的滋润及保湿用油。

你去点击的小弹窗，里面有幸福和永葆青春的灵丹妙方。美国食品药品监督管理局并不监管保健食品，企业也不必证明其功效，毕竟，它们只是"食品"。但是，你永远不会看到这种弹窗："为了幸福，我做了什么！"那种文章介绍的是真正的食物，它们能改善你大脑里的生物化学成分，给你带来真正的幸福。

而在另一头，食用甜味剂行业还是坚持"一卡路里就是一卡路里"的论调，言下之意是：他们的产品是更佳选择，能提供甜味又不含卡路里，这当然也是那些肥胖人士的最佳选择。目前，含有人工合成糖分的饮料占到全球市场的1/4。这里只存在一个小问题：它们起不到任何作用。最近有一项荟萃分析，梳理了以人工合成甜味剂替代饮料中的糖的所有研究，结果显示，那些实验研究对象的体重绝对没有发生变化，而且这里又出现了一种人们现在已经很熟悉的现象：由食品业资助的研究显示，被试的体重减轻了，而独立科学家开展的研究表明，被试的体重绝对没有变化。

加工食品：一个失败的实验

我来给大家科普一下。加工食品会让你上瘾，让你感到极度不幸福，最终可能杀死你。加工食品是你根本无法躲避的东西，因为它无处不在。世事无绝对，不过，你必须非常小心才能做到这一点。华盛顿永远不会与我们同舟共济，因为它把保护美国企业的利益凌驾于保护美国公众的责任之上。所以，这个社会上的每个人都只能自求多福。基于全书介绍的科学知识，我向你们公布幸福的不二法门——**为你自己、为你的朋友、为你的家人亲手做真正的食物**！这是一种人与人的"连接"，你会和你喜欢的人（或者是你爱的人）坐在一起；它也是一种"奉献"，因为你在做有意义的事情；它需要你专注地去做一件事情，所以"应付"起来更容易；而且，除非你想用什么不寻常的玩意让人老惦记着它，否则它就"不会上瘾"。加工食品的含糖量远远超过了你自己亲手制作的食物。如果你使用真正的食材，做出来的东

第19章 烹制美食（为自己、朋友和家人下厨）

西会很美味——这是人们感到心满意足的关键因素。真正的食物意味着低糖和高纤维，而纤维会为你体内的微生物群提供食物，所以你身体里的细菌也会感到幸福开心。你的体重可能会减轻，而且，你患所有慢性代谢综合征的风险肯定会降低。你会与那些试图让你和你的家人上瘾的公司死磕到底。

问题是，现在三分之一的美国人不会做饭，他们已经成为食品业游戏最终的牺牲品。使用微波炉不是做饭，它只是把水煮开。如果你不知道怎么做饭，你的余生就会受制于食品业，并且你的孩子也会耳濡目染，不会去学做饭。你可以寄希望于买现成的食物，有些公司会采购真材实料，（处理之后）再送到你家门口，你自己只需要简单加工一下就可以端上桌。同样地，你还可以把烹饪这一环节假手于人，有一些公司心甘情愿地为你代劳，宁愿把他们自己的厨房弄得烟熏火燎的，也不让你受这份累。要想变得出类拔萃，仅仅靠选修课外课程以及加入辩论队是不够的，实际上，其诀窍是烹饪和（以下这点会让你感到惊讶）把时间花在彼此身上。要超越别人，光靠低头盯着你最喜欢的电子产品也是无济于事的，你要就有意义的话题跟别人交流意见。如果你想改善自己的健康状况、让自己变得更幸福、提升自己的成就感和社群归属意识，还有，你想增进家人的健康和幸福感，那就没有什么事情比为自己做饭及与他人共享美食更奏效的了。当然，这会占用你很多时间。但是，它会帮你省下很多钱——确实很大一笔钱，无论是就食物开支而言，还是就（将来可能产生的）医疗费用而言。

加工食品与任何其他滥用物质没有什么不同。随着科技的发展，智能电子产品进入了普通大众的生活，随之而来的是人们一心多用、同时处理多项任务，还有久坐以及睡眠不足等问题。在过去的40年间，你可能已经陷进"问题行为"泥潭之中。然而，在这些问题行为的奖赏面前，你根本无力反抗，因为这些奖赏正是你需要的。或者更准确地讲，是你想要得到这些奖赏。也许所有人都想要得到这些奖赏，而从众本身就是一种压力。不管怎么说，你还是花钱让自己陷入了这个境地，最终走进了他们设置的圈套。

这些"秘笈",你妈妈应该都知道

美国是企业–消费复合体的发源地,但是这个模式现已在世界各地开花。几十年前随着国内生产总值的出现,我们就不再是有独立意识的个体了。我们现在都有一个统一的称号:消费者。科技、睡眠不足、物质滥用和加工食品,所有这些都将我们的满足感赶尽杀绝了。它们还增强了我们的欲望和依赖性,让我们变得抑郁。4C法则联系、贡献、应对、烹饪中的任意一种都可以帮助你——通过优化多巴胺水平和降低皮质醇水平来限制人体对奖赏的需求,从而将你从成瘾的泥潭中拉出来,并通过增强满足感和血清素的作用,使你摆脱抑郁。这些策略都不是什么新鲜的办法,尽管它们背后的科学原理对我们来说是新鲜的知识。其实,在你孩提时期和迈向成年的那个阶段,这些做法你妈妈都曾经对你耳提面命过。但是,此后你可能没有时间去照做,因为你一直忙着一边发信息,一边还大口痛饮可口可乐——快乐的召唤太强大、太直接了。

追求幸福是我们与生俱来的权利。幸福原本是我们伊甸园里固有的东西,但是,我们上当受骗了,我们把幸福弄丢了。取代伊甸园的是一个充满世俗快乐的花园,我们也因此每况愈下。有的人万劫不复,陷入了永世被诅咒的深渊。但是,我们最初的伊甸园就在你的面前,就隐藏在你自己大脑的那幅纱幕后面。你可以随时选择重新走进自己的伊甸园。我已经做出了抉择。我建议你们现在也做出选择。是时候重新拥有你原初的乐园了。

后 记 | The hacking of the American mind

  2014年，我在美国一所重要的医学院举办了围绕糖和成瘾问题的精神病学研讨会。这所大学附属医院的药物滥用康复项目的负责人是一名40多岁的女士。她曾经有过阿片类药物依赖的历史，后来她设法摆脱了对药物的依赖。当被问及药物依赖和戒除依赖对她意味着什么时，她回答道："当我吸那几口时，我感到很幸福。那种新生活给我带来了快乐。"听到这里的时候，我大吃一惊。当然，后来的事实正好相反。人们吸食毒品是为了重温他们第一次与毒品亲密接触时的快感。但是，他们永远不可能如愿以偿。因此，他们会注射越来越多的毒品，可是获得的快乐却越来越少。这位女士将快乐错认作幸福并不是一种偶然，而这就是她当年成为瘾君子的原因，尽管她现在正在康复。

  多巴胺—血清素—皮质醇之间的联系，我至少在30年前就知道了，那时我在纽约洛克菲勒大学神经生物学实验室攻读博士后。但是，直到遇见这位不幸而又万幸的女士并与她交谈之后，我才意识到，这个看似微不足道的理解混乱（将幸福与快乐混为一谈），可能对解释"人们为什么上瘾"起着至关重要的作用。如果她确信自己在吸食毒品的时候很幸福，我想其他人也会有同样的感觉。从那以后，我同很多精神病学和药物滥用治疗领域的同事进行了交流。他们证实了，他们的病人普遍持这种观点。

不久之后，我在明尼苏达州和家人一起度假。在 2001 年品食乐公司[1]被通用磨坊收购[2]之前，我的妻妹曾经在明尼阿波利斯[3]负责品食乐公司的消费者反馈部门。她必须处理愤怒的顾客的所有投诉电话。让顾客大为光火的情况有：主打品牌[4]的面包团没能发起来，或可以马上送入烤炉的（冰冻半成品）饼干或羊角面包表面有冻斑。虽然 10 多年前她就不干那份工作了，但是，她仍然与前同事们保持着愉快融洽的关系。他们差不多每年聚一回，美餐一顿。她的一个朋友几年前做过减肥手术。她对我妻妹说："你看起来棒极了！好苗条！你是怎么保持身材的？"我妻妹回答道："我不需要吃太多的东西。不饿的时候就不吃。"她的朋友颇不以为然："不吃东西？谁饿了才吃啊？我们谁也不饿。吃东西是一种享受，幸福时光啊。"

那是一个令人恍然大悟的时刻。还有多少人走上了这条歧路呢？是啊，我每天都在接触和治疗肥胖儿童。我可以看到或听说他们的父母给他们吃什么，以及他们在自己可以做主的时候吃下的那些东西。我明白，为追逐幸福而吃东西，这件事不仅仅是一个传说。很多病人都告诉我："食物是我的朋友。"毕竟，在他们需要食物的时候，它总是在那里。它会给他们带来慰藉，它永远也不会离开他们。嗯，你可能会说，这正是肥胖人士的问题所在：他们不饿的时候也吃东西！对于某些肥胖人士而言，这种说法很有道理。但是，这里还有问题需要回答。首先：他们为什么要打着幸福的旗号去吃东西？他们是怎么走到这一步的？是什么导致他们需要一种不会和他们唱反调的东西充当朋友的角色？其次：有一大票瘦人在不饿的时候也吃东西，他们和肥胖人士患有同样的由代谢综合征引起的疾病，如 2 型糖尿病、心脏病、脂肪肝、高血压、癌症和阿尔茨海默病等。有多少瘦人注定会死于某种或多

---

[1] 主营冷冻面团和面包半成品。

[2] 密西西比河两岸有两家百年老店——左岸是通用磨坊，右岸是品食乐。两家公司都在美国南北战争以后，依靠着密西西比河的水流，沿河修建了大型磨坊，进行面粉生产。100 多年来，两家公司互相竞争、各有发展。2001 年，历时 130 多年的跨越密西西比河的"战争"总算有了一个结果，品食乐和通用磨坊宣布合并，建立新的通用磨坊公司。

[3] 美国明尼苏达州最大的城市，位于该州东南部，跨密西西比河两岸。

[4] 品食乐的品牌形象就是一个圆滚滚的面包团娃娃，他头戴雪白的糕点师帽子，只有帽子上的公司名称和眼睛为蓝色。

后　记

种代谢性疾病，只是因为他们不知情？

对于刚入行的人来说，上述两件小事都有可能仅仅被当作临床中的小插曲而一笑置之。但是，从科学角度和我的临床经验来看，情况并非如此。在我为本书爬梳资料的时候，西方文化的阴暗面以及它是如何操控我们的信仰和行为的，变得越来越清晰，令人心情沉痛。我们的社会将金钱及其能带来的快乐凌驾于其他所有东西之上，然后把这些情绪与幸福混为一谈，对此我们都已经习以为常了。如果父母不曾对孩子言传身授这些理念，那么电视或互联网也会去做这件事。因此，我不得不写这本书。

有多少人沉迷于某种行为或物质，而自己还认为这只是他们彰显个性的标签？他们可能会说"哦，我特别爱吃甜食"或"我很久以前就是个巧克力狂"，或者他们采用购物疗法，并将整个过程发布在脸书上，以此来刷存在感。没有人天生就是那个样子。你必须首先激活多巴胺通路。这是一种奖赏，但是，这也是一种习惯——"这种感觉真好"。一旦开了头，这些行为都会通过激活奖赏通路得到强化。然后，多巴胺受体开始减少。很快地，每个人都成为主流消费文化的一分子，每个人都变成我们经济车轮上的又一个齿轮。我们的经济以拥有享乐物质为荣，如拥有第二大消费商品（咖啡）、第四大消费商品（糖）和第八大消费商品（玉米，它会被制成含有高果糖的玉米糖浆）。

我希望这本书传达的信息是：快乐本身并没有什么错，但是它不能就此挡了幸福的路。快乐和幸福并非形同水火，尽管在本书中为了不让读者混淆这两个概念，我极尽可能地把幸福和快乐区分开来。毕竟，华尔街、拉斯维加斯、麦迪逊大道、硅谷和华盛顿特区已经迷惑了太多的人。我写这本书的目的就是：科学地分析这两种看起来都很积极的情绪之间的区别，分别仔细研究它们，并观察当你重新将快乐和幸福合二为一时会发生什么。你可以，你也应该，在生活中同时拥有快乐和幸福。这两者会相得益彰。生活中总会有这样的高光时刻——你可以同时体验这二者（你支持的球队赢得了美国橄榄球超级杯大赛总冠军或者赢得奥运金牌、参加婚礼、圆满的假期、迎来一个新生命，或者工作完成得很漂亮），这些事情将满足感的基线体验提升到了喜悦或兴高采烈的程度，而我们可能还会发现，有些经历简直让人欣喜若狂。有时候，我们的情绪翻江倒海，按捺不住，甚至会哭出来。这些事件很可能在我们的记忆中留下深深的痕迹，并有可能伴随我们直至生命的终点。将来，当我们把它们从潜意识中拉出并审视的时候，那时，奖赏这种感觉已经烟消云散，但是满足感仍然长存于我们的记忆深处。千万记住，能带来快乐的东西往往很昂贵，但是，能让人感受到幸福的东西却往往花不了几个钱。

人类会因为追逐快乐而走向灭亡，这个预言是奥尔德斯·赫胥黎说的。他还曾说："我们的心头所好会毁了我们。"在《美丽新世界》（1932）一书中，他描绘了人类的下场：到了2540年，因无知、科技发展、无休止地寻欢作乐和追逐物质财富，人类走向了毁灭。然而，他的预言成真提前了4个世纪，因为我们现在已经走到了这个境地。我们来看一个相反的情况。托尔斯泰迷会想起《战争与和平》（1865）中的情节——男主人公皮埃尔·别祖霍夫被法国人监禁后，他有充裕的时间来思考人生的意义。那里的一位囚犯的镇定平和让皮埃尔肃然起敬，他开悟了："不要用什么聪明才智来应对生活，而是要全身心去拥抱人生……人是为了幸福而来到这世间的，幸福就安放在人们内心，简单的生存需求得到满足，人就会心生喜乐。人生所有的不幸，其根源都不在贫穷，而是由于物质太过丰盛。"皮埃尔被囚期间，在他的设想里，"人有德行"和"生活简朴"就是获得满足感的捷径："一个人需要满足的基本需要包括美食、保证身体清洁和享有自由——这一切对于如今的皮埃尔来说都是奢望，而这越发坚定了他的想法——但凡拥有以上几点，一个人就已经非常幸福圆满了。"

从快乐和幸福中获益的关键是要理解这两者的区别，因为即便快乐和幸福不是那样水火不容，这二者仍然可能是对立的。人生有很多享乐的机会，很多东西都能给你带来快乐。但是，任何东西都不能让你感到幸福。人生经历能让你感到幸福。有一些人能让你感到幸福。你也可以让自己幸福。有很多可行的方法，而我已经在这本书中大致概述了这些方法。然而，每一种方法都需要你揭开自己大脑里的那块纱幕。你会面临很多障碍——你的老板、你的朋友、你的家人，当然还有你自己——他们会把你拽离正轨，但是你可以想办法不让他们得逞，而且你要清楚，兹事体大。套用本杰明·富兰克林——这位自身就是一个极尽享乐之能事的主儿，惯看烈火烹油、鲜花着锦——的一句话：那些贪图享乐、抛弃真正幸福的人，他们终将两手空空。科学研究得出的也正是这个结论。

致 谢 | The hacking of the American mind

如引言所述,我不是一名精神病学家或治疗物质成瘾的医生,但是,我学东西很快。在学习过程中,我遇到了一些非常好的老师。

一共有 5 个不同的研究团队与我合作,其成员包括科研人员和临床医生。每个团队都能帮助我更深刻地去理解贯穿本书始末的这些概念。首先要提的是我的同事们,我在加州大学旧金山分校奥谢尔补充医学中心的同事们,他们一直在帮助我打造奖赏进食驱动和糖成瘾效应的概念。在我来到加州大学旧金山分校的第一天,我就认识了埃莉萨·埃佩尔,自此之后,我们一直是朋友。而奥谢尔团队的其他成员,包括阿什利·梅森、尼科尔·布什、杰夫·米卢什、埃里·普特曼、道格·尼克松、帕蒂·莫兰、金·福克斯-科尔曼、詹妮弗·道本米尔、芭芭拉·拉拉亚、玛丽·达尔曼、彼得·巴凯蒂、迈克尔·阿克里和弗雷德里克·赫克特在内的所有人,他们都在不知疲倦地努力帮助肥胖症患者。第二支团队是我的代谢研究团队,其成员分别来自加州大学旧金山分校和杜鲁大学。我们一道通过从儿童饮食中去除糖的成分而发现了糖的毒性,并揭示了糖在引发慢性代谢性疾病中所起的作用。我要感谢让-马克·施瓦兹、凯西·穆里根、亚历杭德罗·古格利乌奇、苏珊·诺沃洛斯基、比瓦·塔伊、迈克·温和艾卡·埃尔金·卡克马克。第三支团队是我在加州大学旧金山分校卫生政策研究所的同事们，他们认识到，非传染性疾病是人类有史以来对全球健康造成最大威胁的疾病，而这些疾病都是由享乐物质导致的，最初是酒精，然后是烟草，现在是糖。劳拉·施密特、斯坦·格兰兹、克莱尔·布林迪丝和克里斯汀·卡恩斯深知科学与政策之间的那扇旋转门，他们促成了这项研究工作的结果向公众广而告之，这个宣讲工作很有意义。第四支团队是我在加州大学旧金山分校全球卫生中心的同事们，他们可以灵活运用政策并将其转化为资金（这相当于省下了钱），而这是政府唯一关心的事情。我要提几个人：吉姆·卡恩、里克·弗曼、亚历克斯·古德尔，以及我的营养师路易斯·罗德里格斯——他目前正在攻读我的研究生。在将这一理念传播到国外（美国之外）的过程中，他们都发挥了重要作用。最后一支团队，我在加州大学旧金山分校青少年和儿童健康体重评估门诊的临床研究小组，在那里，我们并不直接上手治疗肥胖症（这是行不通的），而是治疗代谢功能障碍（胰岛素问题），并见证病人体重不断下降的整个过程。佩翠卡·蔡、凯瑟琳·史密斯、梅瑞狄斯·拉塞尔、路易斯（我要再次提到他）、南希·马蒂森和梅根·墨菲，他们是我乐此不疲地每天都去诊所坐诊的动力。我还要感谢马克和林恩·贝尼奥夫，他们对这项工作抱有信心，我要感谢他们支持我们在加州大学旧金山分校开展的研究。

我还与很多精神病学家合作，其中一些人还同时研究多巴胺和血清素对大鼠的作用，他们的工作有助于我们深入阐释本书之中的概念。他们中包括拉里·特科特、史蒂夫·伯纳塞拉、尼科尔·埃文娜、阿什利·吉尔哈特、马克·戈尔德、拉吉塔·辛哈、阿尼亚·贾斯特雷波夫、马克·波腾扎、埃里克·斯蒂斯、马克·乔治和杰夫·卡恩。我在山景城[1]曾度过一个愉快的周末，当时，与史蒂夫·罗斯、布莱恩·厄普、亚当·加扎利和约翰·科茨的交谈让我受益匪浅，他们帮助我将整套理念变得更为完整和丰满。特别值

---

[1] 位于美国加利福尼亚州圣克拉拉县，面积31.7平方公里，与附近的帕罗奥多市、森尼韦尔市和圣何塞市组成了硅谷的最主要地区。

致　谢

得提到的一个人是比尔·威尔逊（不是我们熟知的那位导演），他是一位观察力异常敏锐的临床医生，能够透过现象看本质，一眼就看出病人的行为模式；他还帮助我理解了碳水化合物对于大脑功能障碍、头脑混乱和人们感到不幸福所起的作用。

这本书的脉络也与历史和法律的发展过程相契合。我特别要感谢我的前法律顾问，加州大学哈斯廷斯法学院的大卫·费格曼和玛莎·科恩，他们现在成了与我并肩作战的同事。此外，我还要向加州大学洛杉矶分校雷斯尼克食品政策和法律中心的迈克尔·罗伯茨致敬。

就在美国，我们成立了一个名为"为营养负责任研究所"的非营利机构，它是一家名为"食·真食材"的新的实体机构的科学支持部门，旨在为改变全球食品供应提供科学依据。我们的最终目的是根除儿童肥胖和2型糖尿病。我的同事乔丹·什兰·什拉因、沃尔弗拉姆·奥尔德森、劳伦斯·威廉斯以及非常支持我们的董事会，一直在推动这一事业的发展。我们还与旧金山本地的两个姐妹组织，辛迪·格申和帕姆·辛格发起的"健康城市挑战"和安德里亚·布鲁姆的"加强人际联结"合作。美国心脏协会的朱莉·考夫曼也是一位热心的支持者。

我们的粮食供应之战是一场国际性的运动，我已经在好几个大洲拥有了一些了不起的同盟军。在英国，全国肥胖论坛的阿西姆·马霍特拉和戴维·哈斯拉姆阐述了肥胖的危害，杰克·温克勒协助我们提出了这一论点。而在英国实施糖税之际，"向糖宣战"的格雷厄姆·麦格雷戈和同事们也把自己的声音反映到了政府官员的耳朵里。我要感谢墨西哥国家公共学院的胡安·里维拉·多马尔科和社会保障部的胡安·洛萨诺·托瓦尔。墨西哥出台汽水税也有他们的一份功劳——他们在幕后做了一些工作，此举造福了墨西哥人民。在荷兰，艾伯特·范德维尔德、马蒂金·范贝克、彼得·克洛斯、汉诺·皮尔斯、彼得·沃索和芭芭拉·克里斯滕是非营利组织"食物生活"的成员，他们的工作非常出色。在澳大利亚和新西兰，我的同事罗里·罗伯逊、加里·费特克、西蒙·桑利、基隆·鲁尼、罗德·泰勒、大卫·吉莱斯皮、萨拉·威尔逊和格哈德·桑伯恩，他们立场坚定地反对学术界和议会里那些根深蒂固的势力，后者试图损害澳大利亚普通民众的利益。我还要感谢一些貌似不太可能的国际盟友——金融业人士。曾供职于瑞士信贷的斯特凡诺·纳泰拉是一位真正多才多艺的人（尤其在写作和绘画方面）。没有人能比他更透彻地理解这个问题的重要性，他正在利用自己的社会影响力与企业抗衡，为打造一个更美好的社会而努力。里昂证券的卡洛琳·利维和菲利普·沃利也值得高度赞扬，他们帮助我们传递了"糖在食品供应中扮演了不光彩的角色"这个信息。

其他学院的教师也给我帮了很大的忙，他们完善了我的知识结构。我在加州大学旧金山分校的前领导沃尔特·米勒一直是绝不妥协的科学家的楷模。辛西娅·梅隆和欧文·沃尔科维茨给我讲授了类固醇和大脑功能的知识。诺贝尔奖得主斯坦利·普鲁西纳和我在科学圈里最好的朋友霍华德·费奥多夫，他们向我详细介绍了糖的危害——糖有可能通过大脑中的脂肪酸诱发痴呆症。迪特尔·梅耶霍夫给我解释了酒精中毒的神经影像表现。贾斯汀·怀特指导我学习行为经济学。米歇尔·米特斯-斯奈德建议我从脂质和线粒体入手研究，劳雷尔·梅林则给我讲解了压力、消极情绪及其对肥胖的影响，南希·阿德勒给我讲了弱势群体与疾病的社会决定因素，陈玉龄给我介绍了东亚人口有关的问题，阿尔卡·卡纳亚向我介绍了南亚人口的情况。我还要感谢让我领略了 ω-3 脂肪酸魔力的牛津大学的亚历山德拉·理查森、在加州大学伯克利分校讲授积极心理学课程的达切尔·凯尔特纳、加州大学欧文分校的营销学教授约翰·格雷厄姆。

另外一些人则协助我了解了公共卫生信息。凯莉·布朗内尔是杜克大学桑福德公共政策学院的院长。马特·里克特是普利策奖得主，他写过关于发网络信息和手机使用问题的文章。"常识媒体"的吉姆·斯泰尔是第一个跟脸书叫板的人。很多媒体人士也参与到传播本书欲传达的理念的行列中来。《大西洋月刊》的科尔比·库默、联邦俱乐部的帕蒂·詹姆斯和比尔·格兰特、纪录片《甜蜜的负担》（2014）的制片人和劳里·戴维和导演斯蒂芬妮·索提格、纪录片《糖衣》（2015）的导演米歇尔·霍泽和制片人贾尼斯·达维以及《不吃糖的理由：上瘾、疾病与糖的故事》一书的作者加

致　谢

里·陶布斯，他们都是我的盟友。

2015 年 8 月的一个周末，我和朋友弗雷德·阿斯兰、杰克·格拉泽、杰克的妻子埃莉萨·埃佩尔及她的父母，与佛教导师詹姆斯·巴拉茨在山上不期而遇。那个周末，我们练习冥想，真是岁月静好啊。我、弗雷德还有杰克都坚持下来了，我们仨都应该得到一颗金星做奖励。詹姆斯也应该得到一颗，因为他居然能忍受得了我们仨。你也可以找个时间试试冥想。我们活像被拘禁的小孩子。但是，那次经历也算开启了一段新旅程，它将宗教、正念练习与神经科学结合在一起了。

本书的主旨和内容决定了写作此书异常艰辛。我的经纪人珍妮·唐纳德和出版商卡罗琳·萨顿不得不承受我数次停工带来的影响。停工的事因包括申请补助金、自己生病以及我母亲去世等。他们本可以撒手不管，但是他们并没有这么做，因为他们选择了相信我。他们坚持陪我走到了最后，我非常感激。我还要感谢如下好朋友的鼎力相助：马特·张伯伦，他让我的互联网保持正常运转；我的图形设计大师格伦·兰德尔和蔡珍妮；马克·戈尔德、沃尔特·米勒、埃莉萨·埃佩尔、大卫·费格曼、阿什利·梅森、比尔·威尔逊和凯西·莱德曼，他们阅读了我最初的手稿，并提了宝贵意见。

我还要感谢我的写作团队：我的编辑艾米·迪茨和我的研究员迪安娜·华莱士。艾米的父亲是一位神经病学家，他以杏仁核这个单词的前 3 个字母给她取名，此举有点预示了她未来人生道路的走向。这是我们两人第二次一道揽下紧急的重大任务，幸好我们还没有到"相爱相杀"的地步。艾米赋予这本书 3 个特质。首先，她在华盛顿大学获得了公共卫生硕士学位，因此她能够以宏观的视角看待健康问题，并能将艰涩难懂的科学概念掰开揉碎，帮助普通读者理解。其次，身为一名正在康复的（物质依赖）患者，她能够将自己的经历以及她的朋友们的经历融进这本书，从而给通常惹人反感的成瘾话题增添一点人性化的色彩；同时这也能帮助我进一步理解我正在做的是怎样一件事情。最后，她是一个擅长搞气氛的家伙。这本书原本很有可能味同嚼蜡，不堪卒读，但是，艾米凭借她的风趣才智和对流行文化的熟稔，顿时让这本书变得妙趣横生又不会突兀离题。希望这书能聊博读者一笑。迪安娜在奖赏行为、多巴胺和认知神经科学方面具备广博的专业素养，她在得克萨斯大学西南医学中心获得博士学位，当时她的导师是艾里克·内斯特。后来，她又去了加州大学伯克利分校做博士后工作，她的导师是马克·德斯波西托。目前，她在加州大学旧金山分校担任研究员。她还嫁给了一个同行——加州大学旧金山分校血清素研究员迈克·多诺万。迪安娜可以说是这本书写作的"勘误神器"。她负责查阅文献，这是为了确保论文的内容与我设想的情况一致，并确保这些论文都通过了审核。有时候她找到的结果令我很懊恼。她是一个才华横溢的助手，确实很了不起。然而，艾米和迪安娜的个性截然不同：艾米热爱交际，迪安娜则娴静端庄。在那段日子里，我的咆哮与口不择言总是会把她们某个人逼到抓狂。但是，如果没有她们，我是不可能写出这本书的。我爱她们。

最后，我要最诚挚地感谢我的家人。我要感谢我的妹妹卡罗尔·鲁斯蒂格-贝雷斯，在我最艰难的时刻，她出面料理了母亲的一应事务。在我缺席的情况下，她果断地挑起了我们家庭的重担。我还要感谢我的妹夫马克·贝雷兹，他为我提供了营养方面的媒体报道以及食品行业随后的激烈反应等媒体信息。我必须向我的妻子朱莉及我的两个女儿米利娅姆和梅瑞狄斯表示最衷心的感谢，她们是这世上我最爱的人，我对她们的爱胜过世间万物。由于这本书的写作，在差不多两年的时间里，我们家里所有人都承受了压力。在工作、旅行和写书的间隙，我有时不能前去参加本该出席的家庭活动。别人有些微词，我也有所耳闻。好消息是我们虽然负重前行，但是我们最终没有被打垮。现在，既然这本书已经初具雏形了，那么我就可以回归丈夫和父亲的角色了，而这正是我乐在其中、倍感幸福的事情。